KB144111

New Introduction to Tourism

신 관광학개론

함봉수 · 전약표 · 나인호 공저

백산출판사

머리말
PREFACE

집을 떠나 관광지를 거쳐서 다시 집으로 돌아오는 개인활동인 관광을, 근래에는 세계 각 국가가 앞다투어 국가적 고부가가치 정책사업으로 추진하게 되었다. 이러한 추세로 인해 세계경제에서 관광산업의 비중은 10.4%에 이르며, 고용도 8.1%로 큰 비중을 차지하는 산업이 되었다. 21세기에는 세계의 중추산업으로 자리잡게 될 것으로 예측되고 있다.

세계 각국은 관광관련 산업과 관광시장에 지대한 관심을 보이며 자국의 핵심 정책과 산업으로 초점을 맞추고 있는 실정이다. 관광의 사회문화현상과 정치·경제적 환경과의 상호의존성에 관심을 갖게 된 것이다. 우리나라도 각종 국제행사 유치 등 관광활성화를 통한 새로운 사업효과를 얻기 위해 노력하고 있다. 이러한 상황에 맞춰 개인들도 새로운 삶의 가족형태와 비즈니스 구축, 개인의 자유로움 등을 추구하고 있다.

이러한 혁명적인 시점을 살아가는 우리에게 급변하는 주변여건과 관광 전략산업에 발맞추려는 관광에 대한 이해가 절대적으로 필요하고, 더 잘 알려고 하는 것은 매우 자연스러운 것임을 재삼 강조해도 지나치지 않을 것이다.

이에 본서는 관광의 원론적인 개념과 총체적인 내용을 기초로 하여 관광에 입문하고자 하는 분들을 위한 안내서가 되도록 구성하였다. 앞부분에는 관광의 개념과 역사, 영향, 관광객의 행동을 소개함으로써 관광에 대한 다양한 접근을 통하여 쉽게 다가갈 수 있도록 하였고, 후반부에서는 관광에 관련한 다양한 사업분야를 현 상황과 실정에 맞게 실용적으로 설명하여 소개하였다.

　기존에 출간된 국내외 학자들의 자료 등을 수집·정리하여 참고하는 과정에서 많은 부족함과 미비함을 깨닫고 통감하였으며, 이런 부분을 보완하여 이해하기 쉽게 설명하고 세계 곳곳을 여행하며 담은 다양한 모습들을 유용하게 기술하려 노력하였다. 그러나 저자의 부족함으로 충분히 이해하게 하는 데는 다소 부족하였으리라 생각한다. 하지만 계속적인 연구로 부족한 부분을 보완하는 노력을 해나갈 것이다.

　본서가 나오기까지 많은 성원을 보내주신 백산출판사 진욱상 사장님과 오랜 시간 애써주신 편집실 여러분께 감사드립니다.

함봉수·전약표·나인호

차 례
CONTENTS

제1장 | 관광의 개념

제2장 | 관광의 역사

제3장 | 관광학의 체계와 연구방법

제4장 | 관광의 영향과 효과

제5장 | 관광객의 행동연구

제12장 | 카지노사업 및 관광정보사업

관광의 개념

관광의 개념

관광은 외부적인 환경과 개인의 다양한 욕구 및 심리상태에 따라 다양하게 작용하는 복합사회현상이며 시대적 배경과 사회문화적 가치에 따라 의미를 다르게 해석할 수 있다.

현대의 관광은 경제발전으로 인한 가처분소득의 증가와 육상 및 항공교통의 발전으로 이동의 편리성을 가져와 여가시간 활용의 욕구와 삶의 본질적인 의미를 찾는 데 중요한 역할을 하고 있다. 또한 관광은 일상에서는 접하기 어려운 일과 경험을 새로운 상황과 조건에서 다양한 체험을 통해 접하고 타국 또는 다른 지역의 문화, 정치, 경제, 풍속, 경관, 교육 등에 관하여 다양한 체험을 하며 즐거움을 추구하는 동시에 자신의 지식과 교양을 풍부하게 하고 있다.

제1절 관광의 의의

1. 관광의 어원

동양에서는 중국 주(周)나라 시대(B.C. 12~A.D. 3) 『역경』(易經)의 "관국지광 이용빈우왕(觀國之光 利用賓于王)"이라는 구절에 그 유래를 두고 있다. 관국지광

(觀國之光)이란 용어에서 연원하여 관광(觀光)의 용어를 사용하게 되었다. 관(觀)은 '자세히 살펴본다'는 의미이고 광(光)은 '다른 지역의 빛나는 문물, 제도, 문화, 풍속, 예술, 산업' 등의 뜻이 내포되어 있다.

즉 나라의 빛을 본다는 의미는 당시의 지배계급이 다른 지역 및 타국의 아름다움, 발전상과 풍물을 보고 견문을 확대한다는 의미가 담겨 있다.

우리나라 최초의 공식기록은 고려 예종 11년 송나라 방문 사신의 조서부분에서 발견되며, 1385년 정도전의 『삼봉집』(三峯集)에서 외국의 문물과 제도가 기록된 『관광집』(觀光集)과 『조선왕조실록』「관광방」(觀光坊)의 기록에서 찾아볼 수 있다.

서양에서의 관광이란 용어는 순회한다는 의미의 그리스어 'tournus'와 'torons'에서 어원을 찾을 수 있으며, tourism이란 용어가 처음으로 쓰여진 것은 1811년 영국의 스포츠월간 "The Sporting Magazine"이라는 잡지에서였다. 다른 용어로는 여행이 힘들었던 여행의 암흑기(A.D. 500년)에 유래된 고행과 노고의 의미를 가진 travail에서 파생된 travel도 들 수 있다.

2. 관광의 정의

관광의 의미는 시대적 변천성과 지역의 특성에 따라 다양하게 파악될 수 있으므로 사전적 정의와 여러 학자들이 내린 정의를 살펴볼 필요가 있다.

1) 사전적 정의 : 다른 지방이나 다른 나라에 가서 그곳의 풍경, 풍습, 문물 등을 구경함
2) Webster 사전 : 출발지점으로 다시 돌아오는 여행, 그리고 사업, 즐거움, 또는 교육을 위해서 여정표에 계획된 여러 장소를 방문하는 외유여행
3) 그뢱스만(Glücksmann) : 체재지에 일시적으로 머무는 사람과 그 지역 사람들 사이에 생기는 관계의 총체

4) 메드생(J. Medecine) : 사람이 기분전환을 하고, 휴식을 취하며 인간활동의 새로운 국면과 환경을 접함으로써 경험과 교양을 넓히기 위한 여행을 하거나 주거지를 떠나 일시적으로 체재함으로써 성립되는 여가활동의 일종

5) 슐레른(H. Schulern) : 일정한 지역, 주, 혹은 타국에 들어가 체재하고 돌아가는 외래객의 유입, 체재 및 유출의 형태를 취하는 모든 현상과 사물이며 그중 특히 경제적인 현상을 나타내는 개념

6) 베르네커(P. Bernecker) : 상업상이나 직업상의 이유로서 이동하는 것이 아니며 일시적이고 자유의지에 따라 타지로 이동하여 생기는 관계 및 결과

7) 훈지커와 크라프(W. Hunziker & K. Krapf) : 외래관광객이 여행지에 머무는 동안 일시적이든 계속적이든 영리활동을 목적으로 정주하지 않는 한, 관광객의 체재로 인하여 생기는 모든 관계와 현상의 총체적 개념

8) 김진섭 : 사람이 일상의 생활권을 떠나 다시 돌아올 예정으로 타국이나 타지역의 풍속, 제도, 문물 등을 관찰하며 견문을 넓히고 자연풍경들을 감상, 유람할 목적으로 여행하는 것

9) 군(C.A. Gunn) : 여행기간 동안 대가를 목적으로 한 고용활동을 제외하고 인간이 일상의 거주지를 떠나 자유로이 여행하고 적어도 1박을 하는 과정에서 생겨나는 현상체계

이상과 같은 다양한 관광의 정의를 기초로 하여 관광의 속성을 찾아 특징을 정리하면 장소, 방향, 활동, 기간, 행위성향 등의 측면에서도 살펴볼 수 있다.

첫째, 장소적 측면의 특징에서 보면 관광은 일상생활권을 벗어난 다른 지역에서 이루어지며 이는 지역과 공간적 영역을 벗어난 장소적 이동의 전제를 의미한다.

둘째, 관광의 방향적 측면의 특징으로서 관광은 여러 목적지로의 이동과 체재로 시작되며 관광이 종료되면 주거지로 돌아오는 회귀성이 있다.

셋째, 활동적 측면의 특징으로서 관광이란 여가활동의 한 형태이다. 목적지로의 이동행위와 목적지에서의 체재 및 휴식, 오락행위 등 기분전환, 경험의 확대,

아름다운 경관의 체험, 견문확대 등 개인의 다양한 욕구를 반영하는 다양하고 자발적인 활동이다.

넷째, 기간적 측면으로서 관광목적지로의 이동 및 체재는 영구히 이동하는 것이 아니며 일시적이고 단기적인 성격을 갖는다.

다섯째, 행위성향적 측면에서 관광은 적절한 소비활동과 더불어, 사회문화적 행위도 포함한다. 전 여정 중에 생기는 모든 행위는 언어, 풍속, 인종 등의 차이로 자기문화와 다른 문화에 영향을 주게 되며 문화의 교류현상을 가져온다.

이와 같은 속성을 토대로 관광이란 개인의 다양한 욕구에 따라 일시적으로 자신의 일상권을 떠나 다시 돌아올 예정으로 타 지역 또는 타국에 머물면서 풍물감상 등 즐거움을 추구하고 관심분야의 체험과 참여 또는 욕구를 충족시킬 수 있는 행위를 하는 모든 총체적 활동과 현상이라고 정의할 수 있다.

3. 관광객의 정의

관광객의 용어는 관광현상을 보는 관점에 따라 관광객 또는 관광자로 부르고 있다.

우리나라에서는 관광객이란 용어를 1960년대에 관광하기 위해 찾아온 외국인을 대상으로 한 관광사업적 측면의 용어인 손님(客)의 의미로 사용하였다. '관광자'는 1980년대에 관광에 대한 학문적 접근이 활발하게 진행되면서 관광현상의 사회학적 측면의 개념으로 사용된 것으로 보인다.

따라서 이 두 용어는 현상을 보는 관점에서 경제학적 측면의 '관광객'과 관광행위의 주체가 되는 인간행위를 연구대상으로 하는 사회학적 측면에서의 '관광자'로 나누어 볼 수 있다.

유럽에서는 이러한 '관광객'의 정의가 경제적 행동에 따른 관광객들의 통계적인 목적에서 이루어졌으며, 이러한 통계적 목적의 정의를 토대로 국제기구 등에서 세계 각국의 견해를 수용하여 공통적인 정의를 내리게 되었다.

관광객에 대한 정의를 살펴보면 다음과 같다.

1) 오길비의 정의

영국의 학자 오길비(F.W. Ogilvie)는 1933년 「관광이동론」에서 관광객을 "1년 을 초과하지 않는 범위 내에서 다시 돌아올 의사를 가진 채 자신의 거주지를 떠 나서 돈을 소비하되, 그 돈은 여행 중에 벌어들인 것이 아니라 거주지에서 취득 한 것이어야 한다"라고 정의하고 있다. 이와 같은 정의는 관광의 경제적 효과를 통계적으로 측정하는 데 필요한 기준이 되는 정의라 할 수 있다.

2) 국제노동기구의 정의

1937년 국제노동기구(ILO : International Labor Organization) 통계전문가회의 에 제출한 보고서에서 국제관광객이란 "24시간이나 또는 그 이상의 기간 동안 거주지가 아닌 다른 나라를 방문하는 사람"으로 정의하였다.

3) 국제연맹의 정의

1937년 국제연맹(League of Nations) 회의에서 국제관광통계의 통일성을 확보 하기 위하여 관광객을 "24시간 혹은 그 이상의 기간 동안 거주지가 아닌 다른 나라에 여행하는 사람"으로 정의하고, 구체적으로 관광객과 관광객이 아닌 사람 으로 분류하였다.

4) 경제협력개발기구의 정의

경제협력개발기구(OECD : Organization for Economic Cooperation and Deve-lopment)에서는 회원국들 간의 통계방법을 통일하기 위하여 관광객을 국제관광 객과 일시 방문객으로 분류하였다.

- 국제관광객(international tourists) : 인종이나 성별, 언어, 종교 등에 관계없이 자국을 떠나 외국의 영토 내에서 24시간 이상부터 6개월 이내의 기간 동안 체재하는 자
- 일시방문객(temporary visitors) : 24시간 이상 3개월 이내의 기간 동안 체재 하는 자

5) 국제관설관광기구의 정의

세계관광기구(UNWTO)의 전신인 국제관설관광기구(IUOTO : The International Union of Official Travel Organizations)에서는 1963년 이동의 자유원칙에 상반되는 제약으로부터 관광이동을 자유롭게 해야 한다는 원칙하에 각 나라의 여행절차를 간소화하도록 권장하고, 통계의 기준으로 관광객을 분류하였다.

가. 방문객(visitors) : 방문국에서 보수를 위한 직업에 종사할 목적이 아닌 이유로 일상적인 거주지가 아닌 다른 나라를 방문하는 자
나. 관광객(tourists) : 방문국에서 최소한 24시간을 체재하는 일시 방문객으로서 다음과 같은 목적으로 여행하는 자
  (1) 위락, 휴가, 건강, 학습, 종교, 스포츠
  (2) 사업, 친지, 가족, 국제회의참가
다. 당일관광객(excursionists) : 해상 여행자를 포함하여 방문국에서 24시간 이내 체류하는 자

6) 국제연합(The United Nations)의 정의

1967년을 '국제관광의 해'로 지정하고 관광객을 세분하여 정의하였다.

가. 관광객에 포함되는 자 : 방문객, 관광객, 당일방문객

나. 관광객에 포함되지 않는 자 : 국경근로자(border workers), 통과여객(transit passengers), 무국적자(stateless person), 장기이주자, 단기이주자, 외교관 영사, 군인, 망명자(refugee), 유랑인

7) 와합의 정의

1975년 와합(S. Wahab)의 저서 『관광경영』을 통해 관광객의 분류를 다음과 같이 하였다.

1. 여행참가자의 수에 따른 개인과 단체관광객
2. 여행목적에 따른 위락, 문화, 보건, 스포츠, 회의참가 관광객
3. 이용교통수단에 따른 육상, 해상, 항공관광객
4. 연령에 따른 청소년, 성인관광객
5. 성별에 따른 남성, 여성관광객
6. 상품가격과 사회적 계층에 따른 호화, 중산층, 복지관광객

8) 세계관광기구(UNWTO)의 정의

많은 국가에서 관광 통계자료의 기준으로 삼고 있다. 「관광통계에 관한 유럽 지역 실무단회의 결과보고서」에서는 [그림 1-1]과 같이 관광통계 대상자와 제외 되는 자로 구분하고 있으며, 관광객, 방문자, 당일관광객으로 분류하고 그 외에 관광에서 제외되는 자로 구분하여 국제관광객에 대하여 세부적으로 분류하였다.

가. 관광통계대상자

(1) 관광객 : 타국에서 국경을 넘어 유입되어 방문국에서 24시간 이상 체재하 는 방문객으로서의 위락, 휴가, 스포츠, 사업, 친척·친지방문, 공적인 업 무, 회의참가, 연수, 종교 스포츠행사 참가 등의 목적으로 여행하는 자

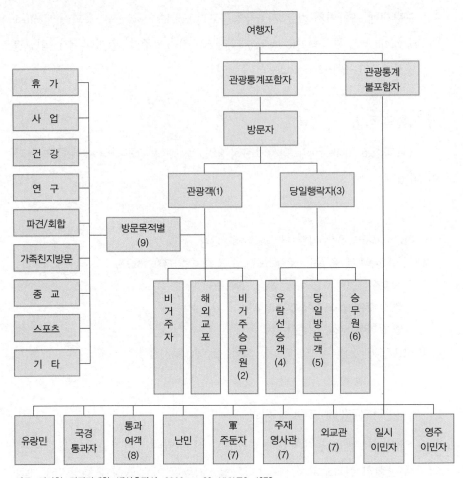

자료 : 김사헌, 관광경제학, 백산출판사, 2003, p. 62 ; UNWTO, 1978.

주) (1) 방문대상국에서 최소한 1박 이상 하는 자.
 (2) 정박 또는 체재하는 외국선박 및 항공기 승무원으로서 상대국 숙박시설을 이용하는 자.
 (3) 대상국에 당일 동안만 방문하였다가 타고 온 선박 또는 기차에 돌아가 취침하더라도 방문국에서 최대 1박 이상 체재하지 않는 자.
 (4) 대개 당일 행락자에 포함. 이들을 분리시켜 분류하는 것도 가능함.
 (5) 왔다가 당일에 떠나는 방문자.
 (6) 대상국의 주민이 아닌 자로서 당일 이내에 한해 체류하는 승무원.
 (7) 주둔국과 모국 간의 이동여행자.
 (8) 공항 또는 항구 내의 '통과자 대기구역'을 벗어나지 않는 자. 대기가 하루 이상인 경우 관광객 통계에 포함시켜야 함.
 (9) 로마회의(1963)에서 정의된 주된 방문목적.

|그림 1-1| UNWTO의 관광객에 대한 분류

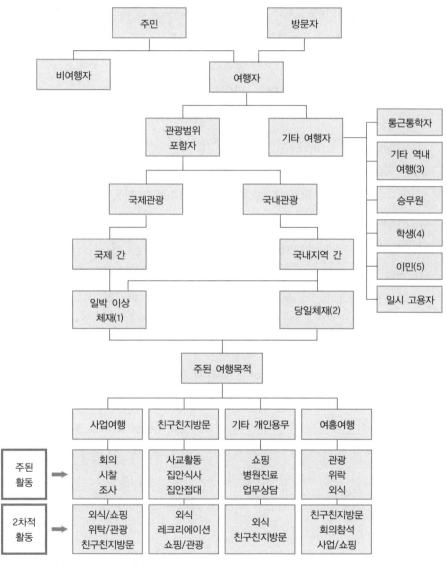

자료 : 김사헌, 관광경제학, 백산출판사, 2003, p. 82 ; Chadwick, 1994, p. 68의 (그림 1)을 토대로 재조정.
주) (1) UNWTO의 국제관광 정의.
    (2) UNWTO의 당일여행자 정의.
    (3) 관광범주에 드는 자보다 단거리를 여행하는 자(예: 50마일 이내 등).
    (4) 집과 학교 간을 통학하는 학생(기타 학생은 관광범주).
    (5) 국외이민, 난민, 이사, 유목민 등 새로운 거주지로 향하는 모든 이동자.

|그림 1-2| 방문자, 관광객, 여행자의 종합분류

(2) 방문자 : 자기의 통상거주지가 아닌 국가를 방문하는 외국인, 해외에 거주하는 국민, 승무원(방문국의 숙박시설 이용자) 등

(3) 당일관광객(일시 방문객 : excursionist) : 방문객 중 방문국에서 24시간 미만 체재하는 자(선박여행객, 당일방문자, 선원, 승무원 등)

나. 관광통계에서 제외되는 자

(1) 국경근로자(border workers) : 국경 근방에 거주하면서 다른 나라로 통근하는 자로 정기적으로 국경을 자주 넘어 거주지로 되돌아가는 점에서 단기거주자와 구별된다.

(2) 통과승객(transit passengers) : 공항의 지정된 장소에 잠시 머무는 항공통과여객이나, 상륙이 허가되지 않는 선박승객과 같이 국경을 넘어 타국에 도착하였으나 C.I.Q를 통해 공식적으로 입국하지 아니한 자

(3) 무국적자(stateless persons) : 여행을 증명하는 항공권 등 교통이용표만을 소지하고 있는 자로서 방문하고자 하는 나라에서 국적불명으로 인정하는 자

(4) 장기이주자 : 1년 이상 체류하고, 체류국에서 보수를 받는 취업목적 입국자와 그 가족 및 동반자

(5) 단기이주자 : 1년 미만 동안 체류하되, 체류국에서 보수를 받는 취업목적 입국자와 그 가족 및 동반자

(6) 외교관 영사 : 대사관, 영사관에 상주하는 외교관과 영사, 그 가족 및 동반자

(7) 군인(members of the armed forces) : 국내에 주둔하는 외국군대의 구성원과 그 가족 및 동반자

(8) 망명자(refugee) : 인종, 종교, 국적, 특정단체의 회원가입 또는 정치적 이유 등으로 인한 두려움 때문에 자국에서 벗어나 있으며, 이로 인하여 자국의 보호를 받을 수도 없고 받으려 하지 않는 자로 자국으로 돌아갈 수 없는 자

(9) 유랑인(nomade) : 거의 정기적으로 입국 또는 출국하여 상당기간 체류하는

자나 국경에 인접하여 생활하는 관계로 짧은 기간 동안 매우 빈번하게 국경을 왕래하는 자

제2절 관광의 분류

관광은 관광객의 활동영역과 국적이나 국경, 또는 목적 등의 다양한 기준으로 구분하여 분류할 수 있다.

1. 국적과 국경에 의한 분류

관광객의 국적이나 국경을 기준으로 나누어 분류하는 국내관광과 국외관광으로 구분할 수 있다. 국내관광(domestic tourism)이란 관광객의 관광행위가 자국의 영토에서 이루어지는 것을 말하며, 국외관광(outbound tourism)이란 관광객의 관광행위가 타국을 방문하여 행해지는 것을 말한다. 국제관광(international tourism)은 내·외국인에 관계없이 법적으로 정해진 국경을 넘어 행해지는 관광이며, 외래관광(inbound tourism)은 자국의 영토 내에서 이루어지는 외국인의 관광행위를 의미한다. 국민관광(national tourism)이란 자국 국민이 행하는 국내관광과 국외관광을 포함하는 것이다.

2. 목적에 의한 분류

관광의 동기는 다양하며 그로 인하여 나타나는 관광행위의 목적은 크게 두 가지로 나누어 볼 수 있다.

첫째, 순목적관광이다. 이는 관광행위의 자체를 목적으로 하는 순수한 관광행위로써 개인의 취향과 오락·휴양·위락·견문확대 등의 목적을 가지고 관광활

동하는 것을 말한다.

둘째, 겸목적관광이다. 이는 두 가지 이상의 목적을 가지고 행하는 관광행위로써 '업무를 겸한 관광'이나 '회의참석과 관광을 병행하는 형태', '운동경기참가 또는 관람을 겸한 관광', '종교집회와 성지순례를 겸하는 형태'와 같이 여러 가지 목적을 가지고 관광활동하는 것을 말한다.

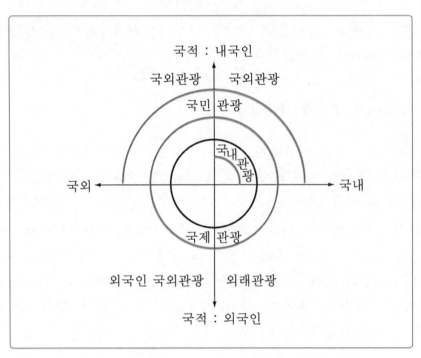

자료 : 김사헌, 관광경제학, 백산출판사, 2003, p. 80.

|그림 1-3| 국적과 국경에 따른 관광의 분류

3. 지역구분에 의한 분류

지역은 '일정하게 구획된 어느 범위의 토지' 또는 '전체 사회를 일정한 특징으로 나누어 구분한 특정한 공간영역'이라고 할 수 있다. 이러한 지역을 기준으로

하여 관광을 구분할 수 있다.

첫째, 일정한 지역 내에서 이루어지는 역내관광(intra-regional tourism)이다. 역내관광은 '특정 지역에 속해 있는 관광객이 동일한 지역 내의 관광지로 이동하는 여행행태'를 말한다. 예를 들어 관광객의 활동영역을 대륙을 기준으로 보면 아시아지역에 거주하는 사람이 아시아 지역의 타국을 관광하는 경우에 해당되고, 국가를 기준으로 예를 들면 자국민이 자국을 관광하는 행태를 말한다.

둘째, 특정한 지역 내에 속한 관광객이 다른 지역으로 이동하는 형태인 역외관광(inter-regional tourism)이다. 역외관광이란 '특정 지역에 속해 있는 국가의 관광객이 다른 지역의 국가로 이동하는 여행행태'이다. 예를 들면 지역범위를 대륙을 기준으로 하였을 때, 아시아대륙의 거주자가 아시아 이외 지역인 미주지역이나 유럽 등으로 관광하는 형태이다. 관광활동 영역을 국가기준으로 보면 자국민이 타국을 관광하는 것을 말한다.

4. 관광활동유형에 의한 분류

관광객이 주거지를 떠나 관광목적지를 거쳐 주거지에 돌아오는 과정의 활동유형에 따라 경유형 관광과 목적형 관광 및 체류형 관광으로 구분할 수 있다.

경유형 관광이란 다양한 목적지를 연결하여 방문하는 형태의 관광활동이며, 목적형 관광은 구체적인 목적을 가지고 관광하는 활동유형이다. 그리고 체류형 관광은 한 장소를 선정하여 체재하며 휴양이나 수련·캠핑 등의 관광활동 등을 말한다.

5. 기간에 따른 관광의 분류

관광객이 주거지를 떠나 관광지에서 체류하는 기간에 따라 당일에 이루어지는 관광과 숙박을 하는 관광으로 구분할 수 있다. 당일관광이란 '관광목적지에서 숙박하지 않고 당일에 주거지로 돌아오는 형태의 여행'이며 숙박관광은 관광지에서 최소한 1박 이상을 숙박하여 체류하는 형태를 말하며 체류기간에 따라 단기숙박관광과 장기숙박관광으로 구분된다.

제3절 관광과 유사개념

1. 여 가

1) 여가의 의미

'여가'(leisure)의 어원은 여러 문명권에서 찾아볼 수 있으며 불어의 Loisir(로와지르), 라틴어의 Licere, 희랍어의 Schole 등에서 비롯된 '자유, 허가, 가능성'의 의미를 가지고 있다. 여가는 학술토론이 열리는 장소 등 학문적인 연구를 추구할 수 있는 장소와 관련성을 가지고 있다. 'Schole'는 영어 'School'과 'Scholar'의 기원이 되는 단어로 교육과 밀접한 관련이 있다.

또한 여가는 물질적인 관계와 무관하며, 개인적인 자유와 스스로 선택한 자기결정이며 직업과 관련된 업무로부터의 해방이라는 의미를 담고 있다. 'Schole'는 조용함, 평화, 남는 시간(spare time), 자유시간(free time) 등을 의미한다. 이것은 시간의 여유라는 개념보다는 의무에서 벗어난 구속이 없는 '상태'를 의미한다.

라틴어인 'Licere'는 영어 'Leisure'의 어원이며 '허락되다' 또는 '직업이나 고용 혹은 약속으로부터 자유롭게 된다'는 의미로, 시간적 자유의 개념보다는 자유정신에 더 가까운 개념이라고 할 수 있다. 여가는 '자기 임의로 사용할 수 있는 자유재량시간'의 의미로 받아들여 사람들이 어떤 의무에서 벗어난 자유로운 시간으로서 여가를 인식하고 있는 것으로 볼 수 있다.

여가를 구성하는 요소는

첫째, 생활의 필수적인 일들을 제외한 시간의 개념으로, 이는 일상에 있어서 필수적으로 반드시 해야 하는 시간이나 내용보다 그 이상의 의미를 가져야 한다. 즉 여가란 무엇인가를 열정적으로 추구할 수 있도록 충분한 에너지가 남아 있어야 하며, 여가를 즐기기 위한 적절한 심리상태도 전제되어야 한다. 여가는 단순히 자유롭다거나 의무가 주어지지 않은 구속되지 않는 시간만을 의미하는 것이 아니다. 여가의 기회를 가진 사람의 풍부한 감수성과 더불어 창조적 태도가 요구된다.

둘째, 즐거움이나 기쁨을 위해 무엇인가를 행하려는 생각 또는 심상이나 태도이다. 이것은 단순한 육체적 회복만을 위한 시간이 아닌 심리적 조건이 요구되는 것이다.

여가시간과 여가활동은 시간적 관점에서 볼 때 절대시간에서 생리적인 필수시간, 노동시간과 그에 따른 부속시간을 제외한 잉여시간으로서 개인이 무엇이든 자기 스스로 사용할 수 있는 적극적인 가치부여 의미를 갖는 자유재량시간이라고 할 수 있다.

즉 '여가를 즐긴다'는 말은 일상의 일반적인 시간에서 벗어나 자유로이 사용할 수 있는 시간과 행동을 포함하는 개념이라고 볼 수 있다.

현대사회에 있어서 노동시간의 단축과 개선된 경제적·사회적 조건, 다양한 가치관의 변화가 여가시간 및 여가활동을 증가시키는 요인이 되었다. 대중관광시대로 접어들면서 많은 사람들이 다양한 여가활동에 참여하고 있으며 그중 대표적인 목적지향적 여가활동 중 하나로 관광의 형태를 들 수 있다.

2) 여가의 정의

가. 아리스토텔레스의 고전적 정의

여가에 대한 고전적 견해는 아리스토텔레스에 의해 규범적으로 가장 명확히 정립되었다고 한다. 이 개념은 그리스의 고전적 철학시대에 정립되었기 때문에 고전적 개념이라 일컬어지고 있으며 여가가 갖추어야 하는 규범이나 유형을 규정하고 있기 때문에 규범적 개념이라고도 한다.

　아리스토텔레스는 각 개인이 여가를 향유함으로써 이상과 사고를 공유할 수 있는 친구를 가질 수 있으며 여가를 향유하는 사람만이 진정으로 행복하다고 말하였다. 이에 따르면 여가란 마음과 영혼이라고 볼 수 있는데 이와 같은 관점에서 보면 여가에 있어서 '시간'은 무의미한 것으로 보고 있다. 다만, 여가는 시간을 필요로 하지만 각 개인의 상태나 조건, 습관 또는 재능에 따른 것이며, 시간이 결코 여가의 본질은 아닌 것으로 규정하고 있다.

나. 자유재량으로서의 여가

　여가를 생활을 돌보기 위한 필수적인 일들을 행한 후에 남는 잔여시간으로 보는 견해로 가장 대표적인 학자로는 크라우스(Richard Kraus)를 들 수 있다.

　그러나 '자유로운 시간'이란 '의무가 주어진 시간'(obligated time)이라는 개념의 반대개념으로 이는 임의로 사용할 수 있는 시간 동안에 자신이 단순한 육체적 회복이나 의무에 준한 것들을 완수하기 위한 시간으로 사용할 수도 있는 것이다.

　이러한 견해는 일하는 시간(work time) 외의 시간을 여가시간에 포함하는 것이지만, 사실 여가의 본질적인 의미는 '인간이 진실로 하기 원하는 것을 행하는 것'으로서 의무가 없는 자유로운 시간뿐만 아니라 일하는 동안에도 여가처럼 즐길 수 있는 것이다. 예를 들면 음악가, 철학가, 사색가 등이 자신의 일에 최선을 다할 때 여가에 가장 가까울 수 있기 때문이다.

　일하는 시간 중에도 여가가 발생할 수 있는 것과 마찬가지로 의무가 주어지지 않은 시간(unobligated time)이 모두 여가는 아니다. 즉 잠자는 시간이나 버스를 기다리는 시간이나 TV뉴스를 보면서 소모하는 시간과 여가는 차이가 있는 것이다.

여가를 자유재량시간이라 말하는 것은 여가 그 자체를 위해 선택된 활동과 여가의 전제조건이 필요조건이 되는 것이다. 하지만 자기가 가진 모든 시간이라고 해도 여가의 상태를 확보해주지는 못한다.

다. 사회학적 개념으로서의 여가

리스만(David Riesman)은 『고독한 군중』(The Lonely Crowd)이라는 저서에서 여가행동을 설명해주는 주요 학문분야로 사회학의 깊이와 유용성을 지적하면서 문화를 내부지향적 문화와 외부지향적 문화로 구분하였다.

내부지향적 문화에 속한 구성원들의 성향은 개인주의자들로서 자신들에게 즐거움을 주는 요소들을 내부에서 선택한다.

외부지향적 문화에서는 구성원들이 타인의 행동에서 해야 할 일의 실마리를 찾으며 다른 사람들이 지향하는 것과 일치하거나 그것에 동조하고 싶어한다고 한다. 그들은 친구나 이웃에 뒤떨어지지 않는 생활을 한다고 느끼거나, 그러한 여건을 마련함으로써 안도감을 갖게 된다고 한다.

이러한 집단의식(group consciousness)이 야외 레크리에이션(outdoor recreation), 취미, 자아실현(self-realization)활동과 같은 것들을 활성화시키는 것으로 보고 있다.

이러한 이유 때문에 사회학적 관점에서 여가란 사회적 현상이며 여가를 이해하기 위해서는 여가가 발생하는 문화를 이해해야만 하는 것이라는 시각이다.

라. 심리학적 개념으로서의 여가

여가란 개인이 하는 일련의 행위로서 자아성장(self-growth)과 자아계발(self-development)에 관련된 시간이라는 개념이다. "여가란 자유로운 행위로서 자신이 선택한 활동에 참여하는 것을 의미한다"고 뉴링거(John Neulinger)는 정의하고 있다. 그 외의 다른 심리학자들은 생활의 이면에 있는 목적을 구축하기 위한 시간(leisure is time for building back purpose into life)이 여가라고 정의하였다.

이와 같이 심리학적 측면에서의 여가는 목적이 행동인 것이며 개인적이고 바람직한 결과들을 가져다준다는 점을 강조하고 있다.

여가를 갖는 사람은 개인이며 여가에 참여하는 활동은 생산적이거나 일상에서 발생하는 일 중심의 활동들과는 다른 모습으로 인식되고 있다.

마. 세 부분의 의미로서의 여가

여가를 긴장완화(relaxation), 오락(entertainment) 및 개인의 인성개발(deve-lopment of the personality)의 세 가지 요소가 존재한다고 듀마제디어(Joffre Dumazedier)가 주장하고 여가를 포괄적으로 접근하였다. 그 내용을 보면 첫째 요소는 인간활동은 대부분 긴장이나 스트레스에 노출되어 있기 때문에 인간의 소외감과 긴장완화에서 벗어나려는 욕구를 끊임없이 요구하게 되어 여가가 갖는 특성을 통하여 이를 해결할 수 있다고 보았다. 여가가 갖는 두 번째 요소는 오락의 기능으로 현대인의 불안감이나 권태를 벗어나는 방법이 오락을 통하여 가능하다고 보고 있다. 세 번째 요소는 인성개발로서 여가에 대한 심리학적 접근방법과 함께 고전적 여가관념과도 유사성을 가지고 있다는 것이다.

듀마제디어는 자유로운 활동을 강조하였고, 자유로운 활동이 정보획득과 새로운 관점의 개발 및 인성의 깊이와 폭을 확대할 수 있는 시간을 제공해준다고 주장하였다. 이런 의미로 여가는 독서나 여행 및 환담 또는 단순한 사색의 형태로도 나타날 수 있다.

또한 여가는 일상과 생존경쟁을 벗어난 활동영역으로 여가활동을 통하여 자신의 참모습을 발견하거나 현실과 이상 간의 차이를 인식하게 되며, 삶의 가치를 찾아 의미 있는 무엇인가를 시작하게 된다는 것이다.

이러한 관점으로 여가란 "휴식과 기분전환 또는 지식의 확대 등을 위해 임의대로 하는 활동이다"라고 정의하였고, 휴식과 오락을 통하여 개인의 성장과 관련시키고 있다.

3) 여가의 긍정적 기능

가. 자아실현

건전한 여가활동을 통하여 인간의 기본적 욕구 충족과 인간의 사회적 책임완수 및 충실한 삶의 영위에 도움을 주게 된다. 직업이나 생업과 관계없이 자신의 취미와 특기를 살릴 수 있으며, 빠르게 변화하는 사회현상으로 인해 뒤떨어지기 쉬운 사회요구능력과 정보 등을 보완하고, 다양하고 자유로운 사회활동에 참여함으로써 개인의 발전을 도모하고 사회발전에 도움이 될 수 있는 기능을 가지고 있다.

나. 휴 식

현대인들은 정신적 노동의 증가와 일상생활의 복잡성, 업무에 요구되는 전문성으로 신체의 피로와 정신적 스트레스를 항상 받으며 휴식의 필요성을 절실히 느끼고 있다. 여가는 이러한 피로를 줄여 활기를 넣어주며 다시 일할 수 있는 힘을 생성시킬 뿐만 아니라 간단한 운동과 같은 활동으로 운동량이 부족한 현대인들에

|사진 1-1| 온천욕을 즐기는 관광객

게 신체적 균형을 찾아주거나 질병을 예방해주는 역할을 하기도 한다. [사진 1-1]은 터키의 파묵칼레에서 심신의 피로를 풀기 위해 온천욕을 즐기는 관광객들의 모습이다.

다. 심리적 안정

변화 없는 밋밋한 일상과 단순한 작업의 반복, 노동의 기계화와 자동화에 의한 인간소외현상 등은 현대인들에게 스트레스로 작용하여 생활을 지루하고 권태

로운 것으로 느끼게 한다.

이러한 권태로운 상황에서 평소에 선망하던 지역을 여행하거나 여가활동을 통한 새로운 도전이나 경험을 함으로써 현대인의 정서불안과 욕구 등의 해소 및 성취감, 만족감 등을 느끼며 심리적 안정을 찾을 수 있게 해준다.

라. 사회적 적응력 향상

여가를 통해 자신이 갖는 사회적 지위를 자연스럽게 자각하고, 사회적 역할을 배우게 되며, 인간관계의 조화적 태도와 기술을 익히게 하는 사회적 기능을 갖는다. 여가를 통하여 폭넓은 사회적 접촉이 가능하고 가족과 사회구성원으로서 자신의 역할을 인식하고, 상대방의 존재를 인정하게 되고, 공동체의 일원으로서 자각을 경험하게 된다.

4) 여가의 부정적 기능

가. 여가의 향락화

여가에 대한 잘못된 인식과 활용은 사회와 국가에 병폐를 초래할 수도 있다. 여가를 퇴폐나 향락의 수단으로 잘못 이해하면 매춘·범죄·마약·청소년범죄의 원인이 될 수 있다. 또한 향락사업을 부추겨 국민의 생활과 가치관 형성에 부정적 영향을 미칠 수도 있다.

나. 나태와 무기력

여가시간의 잘못된 활용이나 창조적이고 능동적인 방향으로 이용되지 못할 때에는 구속력이나 강제력이 부족하여 생기는 나태함과 무력함이 발생할 수 있다. 따라서 늘어난 여가시간을 어떻게 활용하느냐는 것이 사회적 관심사가 될 수 있어 여가시간을 적극적으로 활용할 수 있는 방안을 강구하여야 한다. 맹목적인 여가활동으로 사회의 병폐가 발생하지 않도록 해야 한다.

다. 여가의 상품화

여가시간이 확대됨에 따라 여가를 단순히 상품으로 취급하게 될 가능성이 높아졌다. 여가를 이윤의 추구 수단으로 취급함으로써 여가의 저속화된 상품이 생겨날 수 있는 것이다.

예전에 평범하게 행해졌던 활동까지도 상품화하여 소비를 조장하고, 이윤추구의 대상이나 유행의 대상이 되고 있다. 이러한 현상이 지속되면서 여가가 갖는 자유로운 개념과 심리적 안정을 가져오기보다는 오히려 더 불안한 요소를 제공하게 되는 것이다. 한편으로 여가의 상품화는 여가활동이 경쟁대상이 되어 전문화해야 할 필요성이 대두되었다. 여가를 즐기기 위한 특별한 기술을 습득할 필요가 생기게 되었고 여가활동의 본질 퇴색과 일부 여가활동을 기피하는 현상까지도 가져올 수 있게 한다.

5) 여가에 영향을 미치는 요인

여가는 다양한 서비스기술에 의하여 변화되고 있다. 오락은 관객의 선택에 따라 스포츠와 연극 및 다양한 예술행위로서 가시화되고 있다. 여행은 대중화되어 가고 있으며, 비용적인 측면에서도 저렴해지고 있다. 서비스 고용은 사회적 부응과 훈련의 결과로 만족도 측면에서 수요보다 공급이 앞서가는 추세이다. 향후 여가활동은 더욱 다양화하고, 고급화되어서 경제분야에서 주요한 요소가 될 것이다.

여가는 변화를 가져오는 요인이 될 뿐 아니라 변화에 의해 영향을 받는 요소가 되기도 한다. 여가는 그 자체로서 변화될 뿐만 아니라 여가를 둘러싼 수많은 환경의 변화, 경제적 변화, 문화적 변화, 정치적 변화, 그리고 기타 모든 변화와 변수들에 의해서도 영향을 받게 된다.

2. 레크리에이션(Recreation)

라틴어 recretio에서 유래된 것으로 새로운 것을 창조하고 회복과 재생이라는 의미를 가지고 있다. 여가선용과 기분전환, 위안, 오락, 취미 등의 즐거운 목적을 가지고 행하는 활동이라고도 할 수 있다. 레크리에이션은 즐거움을 전제로 하며 이를 통해 인생의 활력을 회복시키고 생산적인 취미, 흥미 있는 활동, 놀이를 찾아서 궁극적으로 자기발전을 추구해 나가는 것이다.

레크리에이션의 형태는 놀이, 게임, 스포츠, 오락, 취미, 봉사 등의 종류와 범위로 다양하게 나타날 수 있다. 자발적 의사로써 여가시간에 행해지는 활동으로 육체 및 정신, 감정 등을 표현하게 되므로 단순한 휴식과는 구별되는 개념이다.

1) 위락의 의미

'위락'(recreation)이라는 단어는 라틴어의 'recreatio'라는 어원에서 비롯된 말로, '원기를 새롭게 회복시키는' 재생의 의미를 갖고 있다. 그러므로 위락이 갖는 전통적 의미는 일로부터 벗어나 다시 회복되어 새로운 활동을 할 수 있도록 개인의 원기를 재충전하고 재창출하는 일련의 과정이라 할 수 있다.

위락을 회복(restoration)의 개념으로 이해하는 학자들은 활동의 형태에 초점을 맞추고 그 활동의 조건으로 사회적 수용 여부의 조건에 따라 결정되는 것으로 설명하고 있다. 대부분의 학자들은 위락을 비의무적 활동(unobligated activity)으로 보고 있다. 사회학 사전(dictionary of sociology)에서는 위락을 "개인이나 집단이 여가시간에 추구하는 어떠한 활동이며, 자유롭고 즐거우며, 어떠한 보상을 초월하여 강요되지 않고 전개되는, 스스로 원하여 이루어지는 활동이다"라고 정의하고 있다.

사회적 수용이론(social acceptance theory)을 지지하는 허치슨(Hutchinson)의 경우 "위락은 활동에 자발적으로 참여하는 개인에게 즉각적이고도 본원적인 만족감을 제공해 주는 사회적으로 수용할 수 있는 여가로서 가치 있는 활동"으로 정의하고 있다. 또한 위락을 '도덕적으로 순수하며 심적으로나 육체적으로 고양되는 활동'으로 정의하기도 하며, 롬네이는 위락을, '어떤 활동'이라기보다는 오히려 정서적인 부분으로 파악하면서 개인적 반응, 정신적 반작용, 일련의 태도, 접근, 생활방식 등으로 규정하고 있다.

그러나 최근의 정의들은 위락을 도덕적으로 순수하고, 완전한 하나의 활동(activity)이며, 일(work)과 대립된 개념이 아닌 인간의 복지 제공수단으로 규정한다.

2) 위락의 개념

위락의 개념을 명확하게 정의내리는 일은 쉽지 않으며 학자들의 관점에 따라 각각의 다양한 이론을 제시하고 있다. 이들의 이론 속에는 각 학자들의 관점에 따라 다른 의미의 정의를 내리고 있으나, 그 속에는 위락에 대한 함축적인 의미가 포함되어 있다.

가. 욕구충족수단으로의 위락개념

슬라브손은 '욕구해소에 기여하는 경험'으로 설명하면서 각 개인은 자신의 지적 욕구를 충족시키기 위한 방법을 모색하며 욕구 충족의 실현을 위한 노력을 기울인다고 보았다.

잭스는 인간이 회복 가능한 손상된 어떤 부분들을 원상회복시키거나 손상을 방지하는 재창조로서 위락을 정의하고 있다.

내쉬는 위락을 내적 자극과 충동을 표현하려는 인간 욕구를 만족시켜 주기 위한 수단으로 보고, "위락이란 여가에 대한 욕구의 명확하고 적극적인 표현이다"라고 설명하였다. 또한 인간의 창조적인 사회적 기여의 정도라는 관점에서 위락활동을 평가하고, 위락적 생활양식이란 결국 적극적이며 활동적인 참여의 경험이며, 위락을 행복과 동등한 것으로 평가하고 있다. "행복한 사람은 노래를 부르

며, 춤을 주고, 장차 성인이 되어서의 역할과 일을 위한 실행을 준비하기 위한
어린 시절의 놀이가 위락"이라고 인식하였다.

나. 여가활동(Leisure time activity)으로서의 위락의 개념

위락 서비스제공자들에 의해 가장 널리 받아들여지고 있는 정의는, 위락을 단
순히 '사람들이 자신들의 여가시간 동안에 참여하는 활동'으로 보는 것이다.

이러한 활동으로서의 위락에 대한 견해는 사람들이 신체적 위락이나 스포츠
와 동의어로 생각하는 편중된 선입견을 갖는다는 것이다. 따라서 위락에 참여하는
사람들에게 가장 적절한 활동이 무엇인가에 대한 지식과 상관없이 단순한 활동
을 위하여 소비자의 욕구에 부응하는 서비스제공자의 관점에서 보는 개념이다.

뉴메이어는 위락을 '개인이나 집단이 자신의 여가시간 동안에 추구하는 활동'
으로 정의하고 있다. 여가시간 동안에 발생하는 행동적 표출과 본질적으로 가치
있는 활동에서 찾을 수 있는 보상과 동기를 강조하고 있다.

다. 개인과 사회에 대한 가치로서의 위락개념

위락은 개인과 사회의 '선'을 위한 도덕성과 사회적 가치의 기준을 고양시켜
주는 데 기여한다고 보는 시각이다. 이와 같이 도덕적으로 함축된 의미는 밀러
와 로빈슨, 메이어와 브라이트빌, 버틀러와 같은 학자들에 의해서 제기되었다.

밀러와 로빈슨은 위락을 여가 속에 참여하는 과정으로 보았으며, 놀이는 어린
이의 성장에 기여하는 자유와 행복 그리고 표현적 행동이며, 반드시 어떤 놀이를
필요로 하는 것은 아니지만, 항상 적절하고 만족스럽게 여가를 활용하는 것과 관
련된 특별한 가치체계의 틀을 갖는다고 보았다.

메이어와 브라이트빌은 위락을 통해 융통성, 자발적 참여, 보편성, 여가몰입,
즐거움에 대한 동기부여, 형태의 다양성, 그리고 활동 등과 같은 부산물들이 창
출됨으로써 인간의 복지, 긍정적인 정체성, 만족, 성장, 창조성, 균형 잡힌 능력,

심정포용력, 개성, 신체적 조정력, 사회성, 부정적 태도의 극복 등에 영향을 미칠 수 있는 것으로 인식하였다.

버틀러는 위락이란 행위에 대한 어떤 보상체계를 위해 의식적으로 수행되는 것이 아니라 일련의 의미 있는 활동을 뜻한다고 보았다. 일반적으로 개인의 여가 내에서 경험되거나 어떤 특정한 시간 내에서 특정활동의 참여로부터 발생된다. 이러한 활동과정을 통하여 참여자가 만족을 느끼게 되는 것을 위락이라고 할 수 있다.

각 학자들의 견해를 종합해보면 위락이란 어떤 구체적인 유형이 아니라 개인적으로 자유로운 선택에 따라 즐거움을 저해하는 사회적 압력이나 성향들을 반감시키거나 반작용의 기능을 갖는다고 볼 수 있으며, 인간의 삶에 긍정적인 영향을 갖는다.

라. 재창조로서의 위락개념

심리적으로 균형을 잃게 되면 사람들은 균형을 유지하기 위하여 다시 균형을 이룰 수 있는 방향으로 행동하게 된다. 이러한 개념으로 쉬버스는 불균형을 이루었던 감각이나 욕구충족의 정도가 위락활동을 통하여 다시 균형을 회복하게 된다고 주장하고 있다. 또한 위락이란 무엇인가를 완성하게 하는 경험이며, 심신을 강화시켜 주는 수단으로 작용하고, 개인 내부의 조화와 일치성을 이루게 한다고 보았다.

3. 놀이(Play)

놀이란 인간의 본능적이고 무조건적인 욕구를 반영하는 행동이며, 놀이를 통하여 인간행동을 이해할 수 있다. 놀이는 외부의 보상이 아닌 내면적인 충족을 위해 자발적인 특성을 갖기 때문에 강요받지 않고 자유로운 즐거움을 추구하게 된다.

크라우스(Kraus)는 놀이에 대해 "내적인 목적을 달성하고 자기 동기화된 일정한 형태의 인간행위 또는 동물행위이다"라고 했다. 일반적으로 놀이는 즐거운 것이고 경쟁, 탐험, 문제해결, 역할부여 등의 요소를 포함하기도 한다고 보았다. 또한 놀이는 자유로운 활동으로서 과정 및 결과의 불확실성, 비생산적 활동, 규칙의 지배, 가상성 등의 특징이 있다. [사진 1-2]는 놀이를 통하여 역할분담과 문제해결의 능력을 키우는 중국 카쉬가르의 놀이하는 아이들의 모습이다. [사진 1-3]은 아이들이 강요받지 않는 훈자의 놀이를 즐기는 모습이다.

|사진 1-2| 카쉬가르 골목에서 노는 아이들 |사진 1-3| 훈자의 놀이를 즐기는 아이들

1) 놀이의 의미

많은 인류학자들은 놀이현상을 연구하는 것이 인간행동을 이해하는 하나의 수단이라고 말하고 있다. 놀이는 인간의 보편적인 활동으로 이질적 문화권에 속한 어린이들도 유사한 놀이를 하고 있고 보편적인 리듬을 사용하는 것으로 나타났다고 한다.

이러한 놀이는 인간의 특별한 활동의 한 유형이고, 독특한 행동이므로 일과 같은 유형의 행동과 구별될 수 있다. 결국 놀이란 참여의 방법을 설정하는 마음의 상태로, 어떤 행동의 지향(orientation)에 의해서 결정되는 것이며, 다음과 같은 특성을 지닌다.

가. 내재적 보상

어린이들이 놀이를 하는 것은 생활을 즐기려는 동기에서 비롯된다. 놀이란 '그 자체가 하나의 목적이며 자아충족의 활동'이다. 놀이행위자 자신이 선택한 놀이에 참여함으로써 즉각적인 보상이 이루어지게 되므로 어떤 외적인 보상을 위해 수행되지 않으며 내면적인 자아충족(self-content)을 위한 수단이 되는 것이다.

나. 자발성

놀이는 타인에 의한 강요나 강제되지 않는 자발성의 특성을 갖고 있다. 일반적으로 놀이를 하는 사람도 사전에 놀이에 대한 계획을 세우지 않으며 놀이의 불규칙성 때문에 놀이는 임의성을 띠게 된다. 따라서 놀이란 자유롭고 임의적이며 자발적인 것으로 놀이 그 자체를 위해 이루어지는 활동으로 정의되고 있다. 놀이하는 사람은 일상의 규칙인 외적 환경에 의해 강요되지 않는다는 점에서 놀이는 선택의 자유를 의미한다.

다. 즐거움

놀이는 강요받지 않고 외적인 보상도 없기 때문에 즐거워야 한다. 즐겁지 않을 경우에는 지속적으로 놀이에 참여하지 않게 되기 때문이다. 놀이는 자신이 스스로 선택한 활동으로부터 나오는 즉각적인 만족으로 인해 즐거울 수 있는 것이다.

라. 집중 및 몰입

놀이는 개인이 놀이할 마음이 생기고 흥미가 지속되어야 한다. 계속된 놀이행동은 그 놀이에 정신을 빼앗겨 열중하는 데서 발생한다. 『놀이하는 인간』(Homo

Ludens)의 저자 호이징가(Johan Huizinga)는 "놀이는 우리의 마음을 사로잡는다. 그것은 놀이에 참여하는 사람을 완전히 몰입하게 하는 황홀하고 매혹적인 것이다"라고 하였다.

마. 자아표현의 수단

놀이는 해당 참여자의 개성을 나타내준다. 업무에 관하여 근로자들은 정확하게 같은 방법으로 과업을 수행해 나갈 수 있으나, 놀이의 경우에는 통제된 환경에서도 제각기 다르게 나타날 수 있다. 놀이는 '욕구와 동기를 갖고 자아의 표현을 모색하는 것'이라고 할 수 있다.

바. 가상성

놀이하는 동안에 각 개인은 물리적 세계나 사회적으로 통용되는 일상적 규칙과 법을 따르지 않을 수 있다. 누구든지 원하는 단체활동의 구성원이 될 수 있고 운동선수나 미지의 세계를 탐험하는 탐험가가 되는 가상적인 존재로 놀이를 할 수 있는 것이다.

2) 놀이에 대한 이론

놀이에 대한 이론은 심리학과 사회학의 학습이론에 대한 일반적 지식이 형성되기 시작하면서 수정보완되고 재구성되어 이론적 틀을 형성하기 시작하였다. 20세기 전후의 생태학, 심리학, 그리고 발달이론 등과 같은 정보유형을 토대로 관련학자나 학파에 의해 조직화되었다.

가. 생물학적 이론

생물학적 이론에서는 개인의 놀이는 행동에 대한 통제력이 결여된 것으로 인식하며 이것은 놀이가 개인의 본능에 의하여 동기부여되거나 결정되는 것으로 보기 때문이다.

놀이는 다양하게 변동하는 내적 에너지의 상태를 균형 있게 해주는 자율적인 메커니즘이며, 내적 에너지의 균형을 유지하기 위해 결정되는 진화본능에 의해 동기화되는 것이다. 이와 같은 생물학적 이론들을 네 가지로 분류하여 보면 다음과 같다.

(1) 잉여에너지이론

잉여에너지이론은 가장 오래된 또한 자주 인용되는 놀이에 대한 정의 중 하나로 놀이를 '넘쳐흐르는 에너지의 목적 없는 소모'로 본다. 놀이의 결과로 발생되는 행동은 목적이 없으며 임의의 행동으로 표출되는데, 예를 들면 춤추고 웃으며 손뼉 치고 발을 구르는 것과 같은 행동이다.

(2) 긴장완화

긴장완화(relaxation)는 놀이를 통해 일상생활의 피로와 긴장을 풀어주는 활동으로 보는 것이다. 즉 일상생활을 위해 소모된 에너지는 놀이시간을 통해 보충된다.

(3) 사전연습

이 이론은 놀이를 생존을 위해 필요한 기술 습득 이전에 유전적인 충동을 연마하는 실습이나 연습으로 생각하는 것이다. 이러한 사전 연습 또는 본능적 실행이론에서 놀이에 대한 자극은 성인생활에 대한 본능적 대비로써 간주되며 연습은 완전히 발달되지 못한 본능을 숙련시키기 위해 필요하다고 보는 것이다.

(4) 반 복

생물학적 유전이라는 일반적 주제에 근거한 이론으로 '성장하는 어린이는 동물에서 인간으로 이행해가는 진화사실'로 표현하고 있다. 즉 놀이란 그 종족의 문화발달을 반영해주는 거울이므로 놀이를 통해서 그 종족의 역사가 되살아난다고 보는 시각으로 개체의 발달은 인종이나 종의 발달을 반복하므로 어린아이들은 동물, 야만인, 유목민, 농경민, 그리고 부족의 단계를 거치는 동안 발생했던 위험한 행동들을 재수행한다고 보는 것이다.

반복이론은 생전에 필요로 하는 특성은 유전적으로 타고난다고 가정하고 있는데 이러한 반복이론을 통해 많은 놀이활동에 대한 설명이 가능하다. 즉 물놀이는 인류의 조상이 물고기였다는 설과 관련지을 수 있으며 나무에 매달리거나 오르는 놀이는 인류의 조상이 원숭이였음을 뜻하는 것일 수도 있다는 것이다.

나. 환경적 이론

앞서 언급한 놀이에 대한 생물학적 또는 전통적 이론들은 생리학적 균형과 생물학적 유전의 유지와 관계되었다. 이와 같은 19세기의 놀이이론들은 다윈의 진화론에 영향을 받았으며 주로 어린아이들의 놀이행동을 대상으로 고찰하였으나 심리학적인 결과들은 무시하였다.

20세기에 들어서 학자들은 놀이의 유형학에 초점을 맞추고 학습의 중요한 심리학적 측면들을 강조하기 시작하였는데, 심리학적 접근을 강조하는 주요 이론들은 정신분석, 행동주의, 그리고 인식의 세 가지로 개발·정립되었다.

(1) 행동주의적 이론

행동주의자들은 학습을 강조하며 실험적 상황에서 명백한 행동의 객관적 관찰에서 얻은 결론에 근거하고 있다. 행동주의학자인 헐(Hull)은 놀이를 2차적인 강화와 추동력 감소의 결과와 관련시켜 설명하고 있다. 놀이를 통해서 얻게 되는 즐거움과 같은 보상은 추동력 상태의 감소, 즉 놀고자 하는 욕구의 감소로 여겼으며 이는 학습에 필수적인 것으로 가정하고 있다.

놀이는 자극반응(stimulus-response)의 결합에 의해 결정되고 자극과 반응의 결합은 학습화 또는 조건화될 수도 있으며 보상은 자극과 반응 사이의 연결을 강화시켜 준다는 것이다.

놀이는 칭찬, 인정, 지위, 명예, 위상에 의해 강화되며, 놀이 행위자는 환경적 상황과 2차적 강화에 의해 통제되는 존재로 인식된다.

(2) 정신분석학적 이론

정신분석학의 창시자인 프로이트(Freud)는 "즐거운 경험은 추구하려 하고 고통스러운 경험들은 회피하려 한다"고 가정하였다. 일반적으로 사람들은 골치 아픈 일들은 신경을 긴장시키므로 가능한 한 신경을 덜 쓰려고 노력한다.

이렇게 볼 때 놀이는 긴장감소의 수단과 골치 아픈 사건들을 극복하는 하나의 방법으로 간주되며 인식된 즐거움의 정도 또는 고통의 정도에 의해 결정된다. 놀이는 만족되지 못한 충동에 의해서 촉진되며 긴장을 해소하기 위한 방법으로 인식된다. 또한 놀이의 반복으로 숙달 정도가 높아지면 긴장의 정도는 점차 낮아지며 놀이의 참가자는 수동적이고 무력한 방관자가 아니라 능동적으로 상황을 창조하게 됨으로써 갈등의 근원이 더 이상 진행되지 않게 하는 것이다.

다. 인지이론

전통적인 놀이이론들은 생리학적 토대에 국한되어 있었으며 환경론자들 또한 그 범주에서 관찰할 수 있는 행동영역에 국한되었다. 생물학적, 환경적 요인들 모두가 행동에 중요한 영향을 미치고는 있으나 어떤 또다른 차원이 결여되어 있음을 깨닫게 됨으로써 새로운 학파가 출현하게 되었다.

인식이론들은 놀이를 개인의 정보처리기계로 보았으며 적응과 동화를 위한 수단으로서의 놀이와 환기모색으로서의 놀이라는 두 가지 측면을 제시하고 있다.

(1) 적응과 동화

스위스의 교육심리학자인 피아제(Jean Piaget)는 지적 발달의 기능으로서 놀이를 설명하고 있다. 놀이란 '적응'과 '동화'의 두 가지 인식과정의 차이에서 나오게 되며, '동화'는 어떤 대상 또는 수용된 정보가 개인의 인간적 욕구에 현실을 적응시켜 개인의 발달수준에 순응되는 것이며 '적응'은 외부세계의 현실에 맞추어 정보 또는 대상의 현실에 개인이 순응하는 것이라고 하였다.

놀이는 동화(assimilation)가 우선적으로 지배하고 있으며 동화에서 실제 사건들은 놀이 속에 굴절된다. 예를 들어 빈 상자가 하나의 장난감 자동차가 될 때 어린이는 동화된 것이다. 그러나 그 어린이가 빈 상자에 바퀴를 달고자 할 때는 적응의 형태가 되는 것이다.

(2) 환기모색

놀이의 주된 목적을 환기나 자극 모색측면의 심리적 활동으로 보고 있다. 놀이에서 중요한 것은 인간과 동물들이 일련의 정보경로로부터 또다른 정보경로로 전환할 수 있는 선택적 주의(selective attention)의 능력을 갖고 있다고 보는 것이다. 더욱 중요한 사실은 정상적인 환경상황과 조화롭지 않을 때 발생하는 어떤 신호체계가 있다는 것이다.

환기모색의 주요 내용을 보면 개인의 능률적인 상태와 최적의 환기상태를 유지하기 위해 노력하는 것을 전제로 한다. 환기수준은 환경적 투입의 불확실한 정도와 환경에서 나타난 정보의 지각된 양을 반영한다. 놀이는 가정과 반영의 근본적이고 중요한 학습경험과 마찬가지로 개인과 환경과의 상호작용을 하는 수단으로 작용하게 되며 환경에 대한 이해를 증진시켜 주고, 복잡한 환경과의 상호작용을 조정해주는 역할을 제공하게 된다.

제**2**장

관광의 역사

제2장 관광의 역사

서양의 관광 발전단계

1. 기원전 관광

인간이동의 역사는 원시시대의 추위와 굶주림, 외부의 위협으로부터 벗어나 적절한 안식처를 찾는 등 자기와 종족보호를 위한 행동에서 찾아볼 수 있다. 농경사회가 형성되면서 공동생활과 가축의 이용, 생활양식의 변화와 더불어 바퀴의 발명으로 새로운 형태의 이동이 가능하게 되었다. 수메르인의 화폐 발명과 무역의 발달을 현대여행의 시초로 볼 수 있다. 이집트 룩소르의 성전 벽에는 하트셉수트 여왕이 유람선 여행을 했다는 기록이 있다.

2. 고대 그리스와 로마시대의 관광

고대 이집트나 그리스의 경우 신전참배 같은 종교활동 형태의 여행이 이루어졌다. 본격적인 관광의 모습을 갖추기 시작한 시기는 체육, 요양, 종교의 동기에서 이루어진 그리스시대로 볼 수 있다. 여행자들은 그리스 각지의 신전을 찾아 많은 제례에 참여하였다. 델포이의 아폴로신전과 아테네 제우스신전, 헤파이스토스의 신전이 명소로서 유명하였다. [사진 2-1]은 원형이 그대로 보존되어 있는 레바논 바알베크에 있는 바쿠스신전의 모습이며, [사진 2-2]는 기둥만 남아 있는 제우스신전의 모습이다. 이 시대의 여행자들은 민박을 하는 것이 통례였으며, 집주인은 이들 여행자들을 제우스의 보호를 받는 존재로 인식하고 후대하는 관습이 있었다. 그 당시에는 이러한 환대정신(hospitality)을 최고의 덕목으로 생각하였다.

|사진 2-1| 원형이 그대로 보존되어 있는 바쿠스신전 |사진 2-2| 제우스신전의 기둥들

로마는 고대에 있어서 여행이 가장 번성했던 시기로서 강력한 제국의 형성으로 방대한 도로망의 건설이 로마시민들의 여행을 용이하게 하였다. [사진 2-3]은 중동지역의 시리아 Palmyra에서 로마로 통하는 길의 유적을 보여주는데 도로가 잘 정리된 모습을 볼 수 있다. 치안의 유지로 안심하고 여행할 수 있었고, 화폐경제의 보급, 학문의 발달에 따른 지적 욕구의 증가로 인하여 군인, 상인의 직무여행, 상용여행뿐만 아니라 부유한 계층의 탐구여행, 요양, 종교, 예술, 미식관광(gastronomy) 등의 다양한 동기를 갖고 여행을 하게 되었다. [사진 2-4]는 당시의 로마성 유적이 어우러진 마을 모습을 보여준다.

|사진 2-3| 시리아 Palmyra에서 로마로 통하는 길

|사진 2-4| 로마성 유적이 어우러진 레바논 비블로스 항구와 마을

3. 중세의 관광

기원전 5세기에 이르러 장구한 역사를 자랑하던 로마제국의 멸망으로 이후 약 천 년의 기간 동안 이른바 암흑시대(dark age)인 관광의 공백기로 접어들었다. 치안의 불안정과 종교적 영향으로 휴식이나 즐거움을 위한 여행은 이루어지지 않았으며 이때의 여행자는 성지순례를 위한 성직자나 소수의 모험여행자들이 대부분이었다.

끊임없는 분쟁과 정치적 불안정 및 도로의 유실은 장거리 여행의 장애가 되었으며 이때에 여행의 고단함과 어려움을 나타낸 용어인 travail이 등장하게 되었다. 또한 십자군전쟁으로 동서문화의 교류가 이루어져 동양의 풍물이 소개되었으며 13~14세기경에는 순례여행이 이루어졌다.

15세기경에는 이탈리아의 문예부흥(renaissance)운동이 활성화되어 이른바 종교중심 세계관이 인간본위로 전환되는 정적 문화에서 동적 문화로, 봉건사회에서 도시의 개인주의사회로 변환되는 중대한 전환이 이루어졌다. 문예부흥을 거치면서 인간의 위대함과 중요성을 인식하고 지적인 호기심을 자극하여 지식과 교양을 함양하고자 인근의 국가로 여행을 떠나는 교육목적 여행인 그랜드투어

(grand tour)가 이루어졌다. 초기에는 귀족층 자녀들의 현장체험을 통한 견문과 지식을 넓히는 교육프로그램이었으나, 후기에는 작가, 예술가, 철학가 등의 자연 경관 감상과 문예부흥운동에 참여하기 위한 목적으로 그랜드투어가 이루어졌다. [사진 2-5]는 시리아의 바실리카 역사유적지를 방문하는 관광객들의 모습이고 [사진 2-6]은 보는 이를 압도하는 시리아 제2의 도시인 알레포 요새이다.

|사진 2-5| 역사유적지를 방문하는 관광객

|사진 2-6| 알레포 요새

4. 근대의 관광

근대에는 루터의 종교개혁, 청교도혁명, 시민혁명 등을 거치면서 종교중심 세계관이 인간본위로 전환되는 새로운 사회체제와 새로운 문화가 형성되었다. 이러한 과정을 거치며 사람들은 시민의식과 주체의식을 갖게 되면서 인간으로서의 행복추구를 궁극적으로 생각하게 되었다.

1764년의 산업혁명은 화폐경제의 발달과 산업화를 촉진시켜 농업경제 기반에서 공업경제로 전환됨에 따라 노동생산성의 향상, 고용구조 및 사회계층의 변화도 가져오게 되었다. 이러한 변화는 물질문명의 발달과 높은 교육수준, 부의 축적에 따른 여가시간의 발생을 초래하였고, 증기기관과 철도의 발달, 선박과 자동차 등 교통수단의 발달로 즐거움과 호기심을 충족시킬 수 있는 관광욕구를 자극하게 되었다.

1841년에는 영국의 토마스 쿡(Thomas Cook)이 철도회사와 교섭하여 역사상 최초로 전세열차를 운행하여 금주동맹에 참가하려는 사람들에게 여행에 필요한 부분을 제공하였다. 1845년에는 근대적 개념의 세계 최초 여행사인 Thomas Cook & Son Ltd.를 창설하여 대량관광의 시대를 열게 되었으며, 이로 인해 토마스 쿡은 여행업의 창시자, 근대관광산업의 아버지로 불리고 있다.

왕래가 활발해짐에 따라 호화로운 객실과 오락시설을 갖춘 대형 숙박시설이 발전하였다. 스타틀러(Statler)호텔은 새로운 개념의 상용호텔로서 호텔산업의 새로운 전환점이 되는 계기가 되었다.

5. 현대의 관광

철도와 선박에 의존하던 교통수단은 제2차 세계대전 이후에 항공교통의 등장으로 관광분야의 획기적인 촉매역할을 하게 되었다. 이 시기는 민간항공, 자가용 보급, 관광용 대형버스, 렌터카 등 다양한 교통수단과 시설의 정비로 수송능력이 향상되어 빠르고 저렴한 여행이 가능하게 되었다. 또한 소득의 증가와 여가시간의 확대로 대중관광(mass tourism)의 시대가 시작되었다. 여행은 대규모화·조직화되었으며 여행할 만한 여유가 없는 계층을 위해 정부나 공공기관의 지원이 이루어지면서 국민복지 향상을 목적으로 사회적 관광(social tourism)이 이루어졌다. 이러한 현상은 관광활동을 국민의 기본권으로 인식하여 국가가 정책과 행정을 통하여 국민 모두가 관광에 참여할 기회를 균등하게 하는 것이다.

또한 관광의 다양한 동기와 욕구를 충족시키는 형태로 문화, 예술의 연계성을 가진 관광활동과 내용이 확대 발달하는 관광의 질적 변화를 가져왔다.

|표 2-1| 세계관광 성장추세

(단위 : 백만 명, %, 십억 달러)

연 도	관광객		관광수입	
	관광객 수	성장률	관광수입	성장률
1950	25.3	-	2.1	-
1960	69.3	10.6	6.9	10.6
1970	165.8	15.5	17.9	6.6
1980	286.0	1.0	105.3	26.4
1990	455.9	6.9	264.0	19.3
1991	464.0	1.3	277.6	5.1
1992	503.4	8.5	315.1	13.5
1993	519.0	3.1	324.1	2.9
1994	550.5	6.1	354.0	9.2
1995	565.5	2.7	405.0	19.5
1996	596.5	5.5	435.6	3.0
1997	610.8	2.4	436.0	0.1
1998	625.2	2.4	444.7	2.0
1999	643.5	2.9	457.2	2.8
2000	689.0	7.1	475.0	8.5
2001	688.0	-0.1	482.0	-2.9
2002	709.0	3.1	474.2	0.0
2003	697.0	-1.7	514.4	8.7
2004	764.0	10.0	633.0	9.3
2005	808.0	5.4	680.0	3.1
2006	847.0	5.0	742.0	5.1
2007	904.0	6.1	857.0	5.4
2008	922.0	1.9	944.0	1.8
2009	882.0	-3.8	851.0	-9.4
2010*	940.0	6.6	919.0	8.0

자료 : 문화체육관광부, 2010년 기준 관광동향에 관한 연차보고서, 2011.8, p. 17.
     : UNWTO World Tourism Barometer(Vol.9, interim update June 2011)
주)   2010*년은 잠정치임.

6. 신관광

신관광(new tourism)의 시대는 1990년 이후 관광을 일상생활에서 매우 중요한 부분으로 인식하고 다양한 개성과 가치관이 반영된 관광형태로 나타나고 있다. 단체 위주의 관광에서 소단위 가족중심 여행으로, 양적인 관광에서 풍부한 경험을 바탕으로 새로운 목적지를 찾고, 문화를 배우고 참여하는 특별한 관심분야 (SIT : Special Interest Tour)의 색다른 주제를 다루는 질적 관광의 선호로 변하고 있다. 이러한 추세로 관광사업도 대량생산에 의한 박리다매방식에서 다품종 소량생산을 하게 되었다. 관광객 취향에 따르며 새로운 수요에 맞도록 상품의 조

|표 2-2| 세계관광의 발전단계

단계구분	시 기	관광객층	관광동기	조직자	조직동기
여행(tour)의 시대	고대부터 1830년대 말까지	귀족, 승려, 기사 등의 특권계급과 일부의 평민	종교심	교회	신앙심의 향상
관광(tourism)의 시대	1840년대 초부터 제2차 세계대전 전까지	특권계급과 일부의 부유한 평민(부르주아)	지식욕	기업	이윤의 추구
• 대중관광 (mass tourism) • 복지관광 (social tourism) • 국민관광 (national tourism)의 시대	제2차 세계 대전 이후 근대까지	대중을 포함한 전국민(장애인, 노약자, 근로자 포함)	보양과 오락	기업 공공단체 국가	이윤의 추구, 국민 복지의 증대
new tourism의 시대	1990년대 이후 최근까지	일반대중과 전국민	개성관광의 생활화	개인 가족	개성추구와 특별한 주제 또는 문제해결

자료 : 저자 재구성

화와 맞춤서비스로 전환하고 있다. 세계관광의 발전단계를 정리하면 〈표 2-2〉와 같다.

또한 세계관광객의 수를 연도별·지역별로 정리하면 〈표 2-3〉과 같다.

|표 2-3| 연도별/지역별 세계관광객 수

(단위 : 백만 명, %)

구 분	관광객 수					성장률		구성비
	2006	2007	2008	2009	2010*	09/08	10*/09	2010*
전세계	842.2	897.7	916.9	882.0	940.0	-3.8	6.6	100.0
유럽	461.6	482.9	485.2	461.5	476.6	-4.9	3.3	50.7
아시아 · 태평양	166.0	182.0	184.1	181.0	203.9	-1.7	12.7	21.7
미주	135.8	144.0	148.0	140.8	149.8	-4.9	6.4	15.9
아프리카	39.5	43.2	44.4	46.0	49.4	3.7	7.3	5.3
중동	39.3	45.6	55.2	52.9	60.3	-4.3	14.1	6.4

자료 : UNWTO World Tourism Barometer(Vol.9, interim update June 2011)
주) 2010*년은 잠정치임.

제2절 한국관광의 발달단계

한국관광은 주변 국가들과의 교류로 인하여 고대부터 업무상 또는 위락의 형태로 시대적인 상황과 대상의 변화 속에서 지속적으로 발전하여 왔다. 근대관광 발달의 시점은 1960년대 이후로 「관광사업진흥법」의 제정과 발효를 기점으로 구체적인 관광에 대한 인식과 발달의 중요한 전기를 마련하게 되었다.

1. 삼국시대

한국 여행의 역사는 삼국시대에 왕족과 승려들로 구성된 특수계층이 외교와 학문탐구, 수양 등의 목적으로 국내외 명승지를 돌아보는 것에서 시작되었다고 할 수 있다. 신라시대의 승려 혜초(蕙超)가 인도를 방문하여 기록한『왕오천축국전』(往五天竺國傳)에서 당시 여행의 흔적을 찾아볼 수 있다. 또한, 중국과 관련된 여행은 주로 신년하례(新年賀禮), 화친(和親), 서약(誓約), 세공(歲貢), 왕위책봉(王位冊封) 등을 위한 정치외교적·군사적인 목적이 대부분이었다. 국내 여행은 심신단련을 위한 활쏘기와 말 타기, 풍광 감상 등이 목적이었다.

이 시기는 불교가 융성하였으며 고대유럽의 성지순례와 유사한 성격의 관광형태로 유명사찰을 찾는 종교목적의 순례(巡禮)가 활발하였다. 통일신라 후기인 서기 830년에는 청해진(清海鎭)에 청해관(青海館)이 설치됨으로써 무역관(貿易館)의 기능뿐 아니라 신라, 당나라, 일본 등 3국 무역선의 정박지와 상인들의 숙박시설의 기능을 하였다.

이 시대의 관광형태는 종교의식(宗教儀式) 참가, 산신각(山神閣) 등의 탐방(探訪), 사찰(寺刹)행사 및 민속행사 참가, 그리고 신라시대의 화랑도에 의한 심신수련여행 등으로 요약할 수 있다.

2. 고려시대

고려시대도 철저한 신분제도의 적용으로 여행은 특수계층에 한정되었으며 여행의 형태도 삼국시대와 크게 다르지 않았다. 이 시대에서 주목할 점은 관광(觀光)의 용어를 처음으로 국내문헌(國內文獻)에서 찾을 수 있다는 것이다. 고려 예종 11 (1115)년 국역『고려사절요』(高麗史節要)에 "관광상국 진손숙습(觀光上國, 盡損宿習)이라는 송나라를 관광하여 숙박하면서 배우는 것이다"라는 기록이 있다. 관광을 사회문화적인 활동으로 인식하고 발전된 문물제도 등을 시찰(視察)하는 의미로 이해하였다는 점에서 주목할 만하다. 이는 중국 주나라시대의『주역』(周易)에 기술되어 있는 '관국지광'(觀國之光)이란 의미와 맥락을 같이한다는 점에서 의의가 크다.

3. 조선시대

조선시대 초기에는 여행형태가 크게 변화하지 않았으며 후반기에는 외교와 무역마찰로 인해 범위와 형태면에서 많은 변화가 있었다. 특권계층에 국한되었던 여행이 일부 부유한 평민과 보부상 등 일반인에게까지 확대되었다. 외국인 사절을 위한 숙소로 태평관(太平館)과 북평관(北平館)이 설립·운영되었고, 교통수단으로는 말과 교자(轎子)가 이용되었으며, 상류층은 역마(驛馬)를 이용하였다. 평민들과 보부상(褓負商)의 여행이 늘자 여사(旅舍), 원(院) 등의 숙박시설과 객주(客主), 여각(旅閣), 주막(酒幕)이 등장하였다. 조선 말기의 문호개방으로 인한 외국과의 활발한 교류는 여행에도 많은 변화를 가져오게 되었다. 외국인들이 왕래하면서 항구를 중심으로 서양식 호텔이 건립되었고 서울에도 최초의 서양식 숙박시설인 손탁호텔(Sontag Hotel)이 건설되었다.

4. 일제시대 이후~1970년대

일제가 대륙침략을 위한 목적으로 부설한 철도를 통하여 일본인들의 철도여행이 많아졌다. 이들의 여행편의를 위한 일본 국영여행사인 JTB(Japan Travel Bureau)가 한국에 들어와 관광사업을 시작하였다.

해방 이후 국내정세의 혼란으로 관광부문은 대부분 주한미군과 외국인에 국한된 미미한 수준이었다. 이때 관광객의 용어는 외국에서 우리나라에 여행 온 사람들로서 손님의 의미로 받아들여졌다. 또한 6·25전쟁으로 피폐한 국민들의 생활에서는 관광현상을 찾아보기 어려웠으며 관광에 대한 인식은 단순한 행락과 비생산적인 행위로 인식되었다. 정부의 정책도 내국인의 관광활성화를 위한 제도적인 기반을 형성하기보다는 외국인의 한국유치를 위한 관광정책의 수립과 추진에 중점을 두었다.

1961년 8월 22일에 「관광사업진흥법」이 제정되었고, 1962년 1월에는 「문화재

보호법」을 제정하였다. 또 1962년 4월에는 「국제관광공사법」이 제정되었고, 이 법에 의하여 국제관광공사(현 한국관광공사의 전신)를 발족시켜 한국관광의 해 외홍보·선전과 외국인 관광객 유치업무 등 해외진흥사업을 개시하였다. 1963년 에는 교통부 육운국 소속의 관광과가 관광국으로 승격되어 관광행정을 담당하게 되었다.

1970년대에 들어서는 정부가 관광산업에 대한 인식을 새로이 하고 관광개발 과 관광제도를 확립하였다. 관광기반을 조성하기 위해 각종 법률의 제정, 기구의 조직, 그리고 위원회를 설치하여 운영하였던 시기이다. 경제개발 5개년계획과 함께 관광정책 방향은 외화획득을 전제로 한 관광산업 발전의 기초를 다지는 데 있었다. 정책의 명분은 관광산업의 효율성을 높이고 외화획득으로 수지개선에 기여한다는 경제적 효과를 지향하였다. 경제성장을 바탕으로 한국관광이 성장한 시기이다. 이때는 국제관광의 성장은 물론이고, 국내관광과 국외관광도 큰 변화 와 성장을 이룩하여 우리나라 관광산업이 처음으로 호경기를 누리게 된 시기였 다. 이때 처음으로 일본 수학여행단이 단체여행으로 방한하기 시작하였다.

이러한 현상은 경제발전의 토대와 1971년 경부고속도로의 개통 등 사회기반 시설의 개선과 확충에 의해 더욱 확산되었다. 1972년에는 「관광진흥개발기금법」 을 제정하고 1975년에는 관광산업을 국가전략산업으로 지정하였다. 1978년에는 우리나라 최초의 종합관광단지인 경주보문단지 등 대규모 관광단지 개발과 함께 국립공원과 국민관광지를 지정하여 관광자원 개발을 본격화하였다.

5. 1980년대

우리나라의 관광진흥을 일약 도약단계로 끌어올린 중요한 시기로 볼 수 있다. 1980년에는 제주지역에 외국인을 적극적으로 유치하기 위해 무사증 입국제도를 실시하였다. 외국인 관광객의 유치활성화를 위한 편의증대와 국내외 관광객을 위한 이용시설의 확대에도 주력하였다. 정부의 관광정책은 국제관광과 국민관광의 활성화에 초점을 맞추어 지속적으로 전개되었다. 1982년부터는 국민의 해외여행이 부분적으로 허용되었고 1983년에는 50세 이상의 국민에게 관광목적의 해외여행 자유화가 실시되었다. 그리고 점차 단계적으로 해외여행 자유화가 이루어져 내국인의 해외여행이 급증하였다. 해외여행 수요가 급격히 증가함에 따라 해외여행과 관련된 업무를 수행할 국외여행 알선업을 종전의 허가제에서 신고제로 전환시켜 업체 간에 경쟁을 통하여 서비스의 질을 제고시키도록 유도하였다.

1986년에는 아시안게임을, 1988년에는 올림픽을 서울에 유치함으로써 국민의 관심을 유발하였다. 한국의 국력과 문화를 전 세계에 알리게 되었으며 1989년에는 해외여행의 전면자유화가 이루어졌다.

6. 1990년대

1991년에 여행업의 해외시장 개방이 이루어졌으며 국민해외여행 자유화 조치와 함께 내국인 해외여행자 수가 매년 급증하였다. 국민의 식견을 높이고 삶의 질 향상을 도모하는 새로운 장을 여는 전환의 시기였으며 해외여행 수지 면에서는 계속적으로 많은 적자를 기록하였다.

1990년대에는 독일이 통일되고 구소련이 붕괴되었으며, 남한과 북한이 유엔에 동시가입하였으며 1992년에는 중국과의 국교정상화가 이루어졌다. 1992년 교통부는 관광에 대한 인식을 재정립하여 국제화·지방화·자율화 추세에 주도적으로 대응하였으며 국민의 관광요구 변화를 능동적으로 수용하도록 하는 '관광진흥중장기계획'을 확정하였다. 또한 복지정책 차원의 국민관광 여건을 조성하며 '관광진흥탑'제도를 신설하여 대외개방에 따른 관광산업의 경쟁력을 강화하는데 역점을 두었다. 1997년에는 IMF의 경제적인 위기가 관광산업을 위축시켜 여행업을 비롯한 관광업계가 어려움을 겪게 되었다.

|표 2-4| 연도별 우리나라 관광수지

(단위 : 천 달러, %)

연 도	관광수입		관광지출		관광수지	
	금액	증가율	금액	증가율	금액	증가율
1989	3,556,279	8.9	2,601,532	92.2	954,747	-50.0
1990	3,558,666	0.1	3,165,623	21.7	393,043	-58.8
1991	3,426,416	-3.7	3,784,304	19.5	-357,888	-191.1
1992	3,271,524	-4.5	3,794,409	0.3	-522,885	-46.1
1993	3,474,640	6.2	3,258,907	-14.1	215,733	141.3
1994	3,806,051	9.5	4,088,081	25.4	-282,030	-230.7
1995	5,586,536	46.8	5,902,693	44.4	-316,157	-12.1
1996	5,430,210	-2.8	6,962,847	18.0	-1,532,637	-348.8
1997	5,115,963	-5.8	6,261,539	-10.1	-1,145,576	25.3
1998	6,865,400	34.2	2,640,300	-57.8	2,826,500	346.7
1999	6,801,900	-0.9	3,975,400	50.6	637,300	-77.5
2000	6,811,300	0.1	6,174,000	55.3	-173,800	-127.3
2001	6,373,200	-6.4	6,547,000	6.0	-173,800	-
2002	5,918,800	-7.1	9,037,900	38.0	-3,119,100	-1694.7
2003	5,343,400	-9.7	8,248,100	-8.7	-2,904,700	6.9
2004	6,053,100	13.3	9,856,400	19.5	-3,803,300	-30.9
2005	5,793,000	-4.3	12,025,000	22.0	-6,232,000	-63.9
2006	5,759,800	-0.6	14,335,900	19.2	-8,488,500	-36.2
2007	6,093,500	5.8	16,950,000	18.2	-10,856,500	-27.9
2008	9,017,100	48.0	12,641,100	-25.4	-3,624,000	66.6
2009	9,782,400	0.7	11,040,400	-24.3	-1,258,000	98.9
2010*	9,727,500	-0.6	13,185,400	19.4	-3,457,900	-97.3

자료 : 한국관광공사 관광통계
　　 : 문화체육관광부, 2010년 기준 관광동향에 관한 연차보고서, 2011.8, p. 27.
주1) 2010*년은 잠정치임
주2) 〈표 2-5〉의 UNTWO 자료를 인용한 우리나라 관광수입은 상기 자료와 차이가 있음.

7. 2000년대

IMF외환위기를 극복하면서 관광산업도 서서히 회복되기 시작하여 재도약의
시기로 진입하였다. 한류의 열풍으로 문화예술을 중심으로 각종 행사와 여행상
품 등이 봇물을 이루었고, 여행업계 또한 다수 상장업체의 출현과 온라인여행사
의 출현 등으로 다양하게 활성화되었다.

|표 2-5| 연도별 국민 해외여행 증가추세

(단위 : 명, %)

연 도	출국자	성장률	해외관광여행 허용연령 확대단계
1988	725,176	42.0	
1989	1,213,112	67.3	
1990	1,560,923	28.7	45세 이상(1987. 9. 16)
1991	1,856,018	18.9	40세 이상(1988. 1. 1)
1992	2,043,299	10.1	30세 이상(1988. 7. 1)
1993	2,419,930	18.4	연령제한 폐지(1989. 1. 1)
1994	3,154,326	30.3	
1995	3,818,740	21.1	
1996	4,649,251	21.7	
1997	4,542,159	-2.3	
1998	3,066,926	-32.5	
1999	4,341,546	41.6	
2000	5,508,242	26.9	
2001	6,084,476	10.5	
2002	7,123,407	17.1	
2003	7,086,133	-0.5	
2004	8,825,585	24.5	
2005	10,080,143	14.2	
2006	11,609,878	15.2	

연 도	출국자	성장률	해외관광여행 허용연령 확대단계
2007	13,324,977	14.8	
2008	11,996,094	-10.0	
2009	9,494,111	-20.9	
2010	12,488,364	31.5	

자료 : 관광지식정보시스템
: 문화체육관광부, 2010년 기준 관광동향에 관한 연차보고서, 2011.8, p. 25

그러나 전 세계에 걸쳐 만연한 전염병인 SARS와 조류독감, 태국 푸켓 지역의 쓰나미, 중국 청두 지역의 대지진, 미주 지역의 허리케인 같은 자연재해와 전 세계의 금융위기에서 비롯된 경기침체, 신종 인플루엔자 발생 등의 끊임없는 부정적 외부환경의 영향을 받아 2000년대 후기의 관광업계는 급속히 위축되었다.

|표 2-6| 연도별 국민의 국내여행 동향

(단위 : 명)

연 도	국내여행			국민 국내여행		
	참가자 수(명)	당일여행	숙박여행	이동총량(인, 일)	당일여행	숙박여행
1999	33,014,966	27,836,148	22,909,078	272,607,234	134,505,416	138,101,818
2001	36,323,833	32,266,983	26,670,032	327,928,709	171,289,223	156,639,486
2004	37,134,692	29,769,774	31,707,910	227,537,202	124,815,978	102,721,224
2005	36,888,642	30,003,805	31,225,594	388,836,797	148,649,882	240,186,915
2006	37,666,721	31,975,212	31,817,115	416,982,061	168,373,799	248,608,262
2007	36,443,445	30,472,456	31,226,028	477,372,260	183,033,025	294,339,235
2008	37,391,314	30,461,915	31,350,952	408,026,189	141,017,187	267,009,002
2009	31,201,294	22,739,816	26,408,910	375,340,664	106,693,142	268,647,522
2010	30,916,690	20,012,003	26,047,929	339,607,551	75,974,080	263,633,471

자료 : 한국문화관광연구원
: 문화체육관광부, 2010년 기준 관광동향에 관한 연차보고서, 2011.8, p. 27.
주) 2009년을 기점으로 조사설계 및 총량추정 방법이 변경되었으므로 결과 해석시 주의가 필요함.

　　국민의 국내여행 이동량은 1월 1일부터 12월 31까지 국내 숙박여행과 국내 당일여행을 합한 총일수를 의미한다. 여름 휴가철인 8월에 국내여행자 수가 가장 많았으며 그 다음이 추석이 있는 9월, 설이 있는 2월 순으로 나타났다. 국민여행의 연도별 동향은 〈표 2-6〉과 같다.

　　국민의 해외여행에 대한 동향은 시기적으로 외부적 관심과 화제가 되는 사건이나 경제여건에 따라 증가 또는 감소하였다. 1987년에는 해외관광에 관련하여 45세 이상으로 연령이 허용되고 1989년에 해외여행 연령제한이 폐지되자 국민의 해외여행이 급속한 증가추세를 보였다. 1997년에는 IMF 외환위기의 여파로 마이너스 성장을 보이고 이듬해인 1998년까지 경기불황과 환율상승으로 해외여행이 마이너스로 감소하게 되었다. 1999년과 2000년에는 경제회복의 희망으로 다시 해외여행의 수요가 증가하였고, 2003년에는 전 세계적으로 만연된 조류독감이나 재난의 영향으로, 2008년에는 「리먼브라더스」사태[1]에 따른 세계경기의 침체로 해외여행 수요가 감소하였다. 2009년 이후는 세계경기가 더욱 침체되어 해외여행수요가 급감하였다.

---

1) 미국 부동산 시장에서 미국의 저금리 정책에 과열된 금융상품을 만들어 전세계적 금융을 파급시켰음. 그러나 주택수요가 줄어들고 금리가 오르게 되어 이에 투자한 미국의 4위 투자은행인 「리먼브라더스」와 AIG 보험사 등이 망하면서 세계적인 경기침체를 불러일으킨 사태임.

제**3**장

관광학의 체계와 연구방법

제**3**장 관광학의 체계와 연구방법

제1절 관광학의 연구대상과 접근방법

1. 관광학의 연구대상

관광학은 인간의 다양한 활동을 관광 측면에서 연구하기 위해 대상과 범위, 내용, 현상, 그리고 연관된 학문과의 상호작용 등을 규명해가는 과정이라고 할 수 있다. 연구대상은 종전의 관광에 대한 경제현상뿐 아니라 사회·심리·지리·문화·환경적 현상에 대한 연구에 이르기까지 범위를 확대하고 있다. 이러한 의미에서 관광현상을 적절하게 관찰하기 위하여 관광의 체계와 구성하고 있는 요소를 이해하는 방법으로 접근할 수 있다.

관광의 체계와 구성요소는 인간이 관광목적지에서 행하는 모든 행위와 그 행위로 파생되는 모든 현상의 체계이기 때문에 인간의 사회활동에 기초한 실제적이고 실용성이 강한 응용학문으로 볼 수 있다. 연구 범위는 관광의 주체가 되는 관광객의 연구와 관광자원, 관광산업, 관광관련 정책과 행정의 고찰 등이다.

1) 관광객에 대한 연구

관광행위의 주체가 되는 인간은 관광행위를 하면서 정신적·육체적인 경험과 더불어 자신의 욕구에 대한 만족을 극대화하고자 한다. 이러한 관광객의 욕구와 동기가 관광목적지를 결정하고 관광지에서의 행동을 결정하는 요소가 된다고 베르네커(P. Bernecker)는 주장하였다.

이와 같은 개념에서의 관광객은 관광현상의 가장 중심적인 부분을 차지하며 사회·문화·경제·환경의 영향을 받으며 개인의 심리적 요인에 의해 행동하게 된다. 따라서 관광학은 관광객의 관광동기와 목적을 규명하고 의사결정과 관광행동에 대한 연구가 필요하다.

2) 관광산업에 관한 연구

관광객의 동기와 욕구를 충족시키려면 교량역할을 하는 여행사, 숙박업, 관광교통업 등 다양한 관광관련 사업이 필요하다. 이러한 관광사업은 관광객의 욕구를 충족시킬 수 있는 재화와 서비스를 제공하는 매개체에 의해 수익을 얻게 된다. 밀과 모리슨(Mill & Morrison)은 관광현상을 관광, 시장, 관광목적지, 여행마케팅 등 4가지 요소로 구분하는 체계를 제안하였다. 그리고 체계는 시장분석, 시장세분화, 표적시장의 선정, 마케팅목표의 결정, 상품개발, 유통정책, 가격정책, 판촉전략의 구상 등 마케팅의 제 단계에 적정하게 이용할 수 있도록 현상을 모형화했다.

3) 관광정책과 관광행정에 관한 연구

정부와 지방자치단체가 관광진흥을 위한 활동으로 관광의 공공분야를 조정·계획·입법·규제·촉진하는 역할을 하여 관광발전을 유도하게 된다.

4) 관광자원과 지역주민에 관한 연구

관광자원의 매력을 배가시키고 접근성과 관광환경을 개선하려면 관광지 개발과 관광객 방문을 통한 현지인과의 상호작용을 하여야 한다. 따라서 현지 거주민의 생활에 사회·문화·환경·경제적으로 많은 영향을 미치게 되므로 관광자원과 현지 주민에 미치는 영향에 관한 연구가 필요하다.

2. 관광학의 연구방법 및 관련학문

관광현상은 광범위하고 다양한 속성을 지니고 있다. 관광현상을 정확하게 규명하고 이해하기 위해서는 각 개별학문의 단일 학문체계의 장점을 살려야 한다. 관광의 광범위성과 복합성으로 인하여 제기된 문제점을 해결하기 위해서는 많은 학문의 학제적 연구가 필요하다. 연구방법으로는 제도적 접근방법, 관광상품적

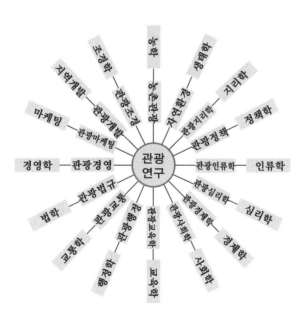

자료 : 김광근 외 4인, 관광학의 이해, 백산출판사, 2011, p. 81 ; Jafari와
Ritchie, 1981, p. 23.

|그림 3-1| 국적과 국경에 따른 관광의 분류

접근방법, 역사적 접근방법, 경영적 접근방법, 경제적 접근방법, 사회학적 접근
방법, 지리적 접근방법, 다학문적 접근방법, 시스템적 접근방법 등이 있다. 관광
학 연구에는 많은 학문이 연계되어 있다. 관광학에 관련된 다양한 학문은 [그림
3-1]과 같다.

1) 사회학

조직화된 인간의 공동체적인 행동과 상호작용, 변화에 대한 연구라고 할 수
있다. 사회적 환경의 변화속도와 영향에 대한 적절한 인간의 대응은 관광사회에
긍정적인 영향을 주며 부적절한 대응은 부정적인 영향을 주게 된다.

사회구조인 인구 수, 연령과 성별의 분포, 가족의 규모, 지리적 인구분포 등은
시간에 따라 변화하며 관광 발생에 영향을 주는 것이다. 사회집단 구성원들은
공유하는 가치관에 의해 관광행태에 영향을 주게 된다.

관광학의 사회학적 연구는 1960년 독일 크네벨(H.J. Kenebel)의 「근대 관광에
있어서의 사회적 구조변화」와 푀슐(A.E. Pöschul, 1962)이 발표한 「관광과 관광
정책」에서 찾아볼 수 있다.

2) 경제학

관광은 인간의 소비활동을 수반하게 되므로 관광객의 관광행동을 합리적인
경제적 행위의 측면으로 볼 수 있다.

관광의 소비지출에서 발생되는 경제적 가치로 인하여 모든 국가들은 관광을
국가전략산업으로 육성하며 외화획득 수단으로 외래관광객들의 유입에 다각적
인 노력을 기울이고 있다. 이로 인하여 외화획득뿐 아니라 고용창출과 지역 활
성화 및 경제격차 해소 등의 효과가 발생한다.

3) 지리학

지리학은 장소와 환경의 상호관계를 연구대상으로 하는 학문이며 장소적 이동을 전제로 하는 관광을 연구한다. 지리학자들은 여타 학문의 연구자들과 달리 관광이 지역적·공간적 불균형을 초래하는 이유를 설명하여 왔다.

지리학적 측면에서 볼 때 환경에는 목적지의 경관·기후 등의 자연적 환경과 정치·문화 등의 사회적 환경 및 관계 등이 포함된다. 관광과 환경의 관계는 관광지의 수용력이나 관광지의 특성에 따라 관광활동의 유형이 다르게 나타날 수 있다.

관광목적지까지의 공간적 이동 거리는 관광효용을 체감시키는 요인으로 작용하기 때문에 일정한 범위를 벗어난 공간적 이동 거리가 멀수록 관광을 제약하는 요인으로 작용하게 된다. 아울러 관광지의 공간적 규모와 매력도는 관광유발요인이 되며 관광지와 인접한 도시의 인구 수는 관광수요인 관광배후지가 된다.

4) 심리학

심리학은 개인이나 집단행동의 바탕이 되는 욕구와 실제 행동으로 표출되는 과정에서 학습, 지각, 태도 등 심리적 작용과정을 규명하려는 학문이다.

관광객 행동에는 관광동기가 존재하고 또 관광행동에는 행위자의 태도, 기대, 열망, 가치, 욕구, 경험 등이 포함되어 있다. 관광객의 의사결정에 따라 다르게 나타나고 추구하는 방향도 여러 형태로 나타날 수 있다.

관광객 행동연구에서 나타날 수 있는 변수는 많다. 관광객 자신이 결정할 수 있는 것은 개인적·심리적 요인에 국한되며 관광객 행동은 개인의 욕구와 욕망의 충족을 목적으로 전개된다. 그러므로 심리학적 접근으로 관광객이 행동하는 신체적 활동과 관광의사 결정과정에 작용하는 내면적 이유들도 이론적으로 설명할 수 있다.

5) 인류학

인류학은 인간의 언어, 사회구조, 신앙, 풍속, 성격 등 인간사회의 지리·역사적 현상을 관찰대상으로 다루는 사회과학이다. 인류학적인 접근에서는 주로 관광행위로 인하여 관광객과 관광지 거주인 문화의 반응과 충격, 고정관념의 형성, 그리고 문화적 교류 등과 같은 상호작용에 관한 연구와 관계된다.

6) 경영학

관광에서 경영학은 관광기업체를 운영하는 데 필요한 경영활동에 초점을 두어 관광학을 이해하려는 연구방법이다. 고전적 접근법, 행동론적 접근법, 경영과학적 접근법이 있으며 관광사업의 영역이 점차 확대되고 기업의 규모가 커짐에 따라 경영학적 접근의 비중이 더욱 증대되고 있다.

7) 생태학

생태학이란 식물군과 동물군, 환경 간의 관계를 생물학적으로 다루는 학문이다. 관광 측면에서 생태에 대한 관심은 모든 관광자원에 대한 보존과 보호를 하지 않으면 가치를 상실하거나 파괴되는 요소이다. 생태연구와 보전의 관점에서 지속가능한 가치의 관광으로 인식해야 한다.

3. 응용학문으로서의 관광학

관광학 연구의 초기단계에 마리오티(Mariotti), 보르만(Bormann) 등에 의해 사용된 연구방법이다. 이 학문체계는 문제의식과 인식대상 및 방법론에서 기존의 학문을 도입·응용하였다. 개별과학으로서의 관광학 연구의 학문적 접근은 [그림 3-2]와 같이 경제학, 경영학, 사회학, 통계학, 지리학, 인류학, 심리학의 문제의식과 인식대상 및 연구방법을 활용한다. 이러한 방식은 각 학문에 근간을 두게

학문적으로 정립되어 있으나 각 학문의 이론들을 상호 연결하는 체계성에 문제가 도출되는 등의 특정 학문분야에 편중된 경향을 가져올 수 있다.

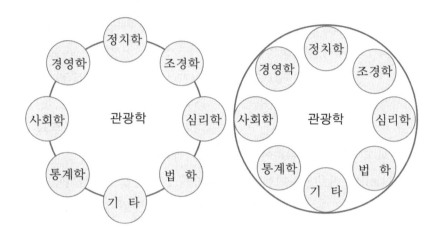

자료 : 김광근 외 4인, 관광학의 이해, 백산출판사, 2011, p. 78 ; 시오다 세이지(鹽田正志), 관광학연구, 일본학술총서, 1974.

|그림 3-2| 응용분야 관광학과 종합학문으로서의 관광학

4. 종합학문으로서의 관광학

연구방법을 인간과 사회의 상호작용으로 보며 행동을 규명하기 위해 인접학문들을 기초로 하였다. 관광과 관련된 문제를 종합적으로 응용하여 이론을 정립한 것으로서 범학문적 접근방법이라고 할 수 있다.

1935년 그뤽스만(R. Glüksmann)은 관광의 현상을 지역주민과 관광객의 관계로 보며 이전까지와는 다르게 종합적 측면에서 접근하는 방법을 제시하였다.

이러한 접근방식의 문제점은 지식의 축적과 더불어 전체의 모습을 파악하는 데는 유익하지만 관광현상을 각각의 응용학문분야의 법칙에 동일한 차원에서 파악하기에는 어려운 한계점이 있다.

제2절 관광학의 발달과 개념의 틀

관광학의 연구는 1899년 이탈리아의 보디오(L. Bodio)에 의해 「이탈리아에 있어서 외래객 이동소비」로 단편적인 연구가 시작되었다. 마리오티(A. Mariotti)의 「관광경제학강의」에서 관광학의 체계적인 연구가 이루어졌으며, 독일 보르만(Bormann)의 『관광학개론』(1931), 그뤽스만(R. Glücksmann)의 『일반관광론』(1935) 등의 저서가 초기 관광학의 연구물들이다. 스위스의 훈지커(W. Hunziker)는 사회현상의 체계적 연구를 발전시켰고, 오스트리아의 베르네커는 『관광원론』에서 관광의 주체 및 객체를 구분하여 관광학의 체계화를 꾀하였다.

자파리(Jafari)와 리치(Richie)는 관광학의 연구영역에 있어서 사회학, 경제학, 심리학, 지리학, 그리고 인류학 등이 주요 학문적 분야임을 주장하고 있으며 생태학, 교육학, 정치학 등도 관광학이론을 뒷받침하고 있다.

고도산업화로 인한 노동시간의 감소, 여가시간의 증대, 가처분소득의 증가, 가치관의 다양화로 인하여 관광현상이 인간활동의 중요한 부분으로 자리잡게 되었다. 현대사회의 다양화된 인간의 욕구와 가치관이 변화와 삶에 대한 재조명을 통하여 관광에 대한 관심을 확대시켜 관광현상을 연구하는 범위와 방법도 다양하게 하고 있다. 경제학, 경영학, 사회학, 심리학, 지리학 등 각 개별학문이 관광현상을 모두 규명하고 있고, 여러 학문이 종합된 사회과학적 측면에서의 접근도 이루어지기 시작했다.

1. 군(Gunn)의 연구

군(Gunn)은 관광현상을 기능적 체계로 인식하고 있으며 이의 구성요소로 관광객, 운송수단, 관광매력물, 서비스 시설, 정보 및 유도의 5가지 요인을 제시하고 있다. 또한 관광현상에 영향을 주는 요소로서 정부나 기업의 역할을 강조하고 있다.

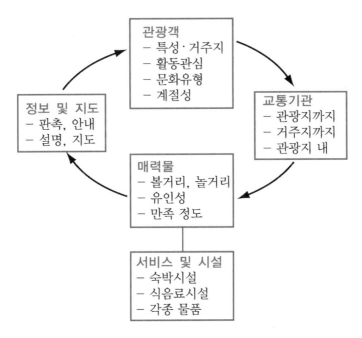

자료 : 김광근 외 4인, 관광학의 이해, 백산출판사, 2011, p. 71 ; Clare A. Gunn, Tourism Planning, NY : Crane Russak, 1979, p. 36.

|그림 3-3| 군(Gunn)의 연구

2. 밀과 모리슨의 연구

밀과 모리슨(Mill & Morrison)은 관광현상을 관광시장, 목적지, 여행, 마케팅 등의 4가지 요소로 구분하여 설명하고 있다. 또한 관광현상은 시장분석, 시장세분화, 표적시장의 선정, 마케팅목표의 결정, 상품개발, 유통정책, 가격정책, 판촉전략의 구상 등 마케팅기법을 활용할 수 있도록 모형화했다.

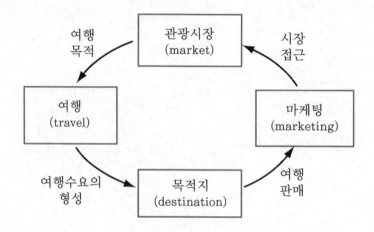

자료 : 김광근 외 4인, 관광학의 이해, 백산출판사, 2011, p. 72 ; R.C. Mill & A.M. Morrison, The Tourism System, 1985.

|그림 3-4| 밀과 모리슨(Mill & Morrison)의 연구

3. 레이퍼의 연구

레이퍼(Leiper)는 관광요소의 측면을 관광배출지, 관광목적지, 관광객, 경유지와 루트, 관광사업 등의 5가지로 구분하고 이들 요소 간의 공간적·기능적 연계성에 대하여 설명한다.

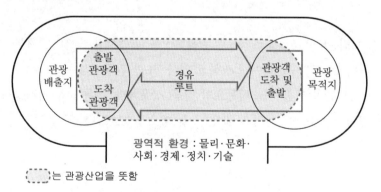

자료 : 김성혁, 관광학원론, 형설출판사, 2004, p. 26.

|그림 3-5| 레이퍼(Leiper)의 연구

4. 매티슨과 월의 연구

매티슨과 월(A. Mathieson & G. Wall)은 관광현상의 개념을 동태적 요소, 정태적 요소, 결과적 요소로 구분하고 있다. 그리고 이 요소들이 상호 관련성을 가지고 하나의 시스템으로 이루어진다고 설명한다. 동태적 요소는 관광목적지를 선

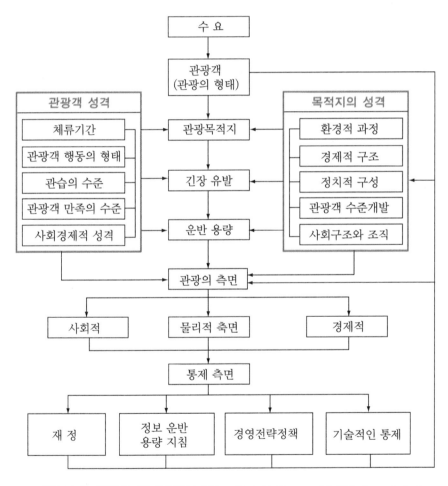

자료 : 김광근 외 4인, 관광학의 이해, 백산출판사, 2011, p. 74 ; A. Mathieson and G. Wall, Conceptualization of Tourism : Economic, Physical and Social Impact, London, 1982, p. 15.

|그림 3-6| 매티슨과 월(Mathieson & Wall)의 연구

정하는 의사결정과 관련된 관광객 특성으로서 동기와 욕구, 체류기간, 활동유형, 이용수준, 만족수준, 사회·경제적 특성 등을 들고 있다. 정태적 요소는 관광객이 목적지에서 행하는 상호작용과 관련된 것으로 관광목적지의 환경변화, 경제구조, 정치조직, 관광개발 수준, 사회구조와 조직 등이 해당된다. 그리고 결과적 요소로는 관광의 영향을 받는 경제적·물리적·사회적인 효과와 더불어 사회의 하부시스템들이 받게 되는 결과로 설명하고 있다.

제**4**장

관광의 영향과 효과

제4장 관광의 영향과 효과

관광객의 관광지 방문으로 관광대상지와 지역사회, 관광객의 상호 유기적인 관계가 형성되며 이로 인해 다양한 영향과 관광효과가 발생하게 된다.

이러한 결과는 경제·사회·문화·환경 분야에서 다양하게 발생하는데 이를 긍정적인 측면과 부정적인 측면에서 설명할 수 있다.

제1절 경제적 영향과 효과

관광객은 기본적으로 일정의 소비를 전제로 하기 때문에 관광객의 이동은 관광배출지역과 관광목적지 간의 경제에 여러 영향을 가져오게 된다.

관광객이 관광활동을 위해 지급한 각종 비용은 방문지역의 수입으로 유입되어 1차적으로 관광과 직접 관련된 산업의 수지개선에 영향을 준다. 관광과 관련된 간접사업에도 파급되어 지역의 고용효과와 임금지급 같은 가계소득의 증대효과로 지역사회 경제에 영향을 준다. 경제적인 측면에서 조세수입의 증대, 산업구조의 개선, 산업연관효과, 무역의 촉진 등 여러 가지 긍정적인 효과가 있다.

1. 긍정적 효과

1) 외화획득과 국제수지개선의 효과

외래관광객이 관광지에서 관광행위를 위해 지출한 비용은 직접적인 외화수입으로 이어진다. 이러한 수입은 다른 1차산업이나 2차산업에 비하여 외화가득률이 높은 경향이 있다. 외래관광객의 소비는 국가 간에 상품, 서비스, 자본 등의 다양한 거래를 통해 발생되어 국제수지 개선에 도움을 준다.

관광을 통한 수입과 지출은 경상수지 가운데 무역외 수지에 해당한다. 또한 상품무역에서는 각국의 보호무역이나 관세, 수출시장의 환경변화 등 많은 문제를 가지고 있다. 그러나 관광은 소유권 이전이 발생되지 않고 관광객의 소비로 인한 지출 성격을 가지므로 교역에서 발생하는 마찰 없이 수지개선의 역할을 하게 된다. 세계 각국은 이러한 연유로 관광을 국가산업으로 육성하여 관심을 기울이고 있으며, 경제에서 차지하는 비중은 점차 증가하고 있다.

2) 고용 및 국민경제활성효과

관광행위로부터 발생하는 관광수요와 소비가 생산과 소득에 순환적인 영향을 준다. 외래관광객들에 대한 유치활동과 관광투자·소비활동은 국민생산과 소득의 순환과정에 유입된다. 관광에서 생기는 수입은 직·간접 관련산업의 수입증대를 가져오며 서비스 지향적 특성상 직접적 고용은 물론 간접적 고용효과도 유발한다.

3) 승수효과(Multiplier effect)

승수효과(乘數效果)란 일정한 경제순환의 과정에서 어떤 부문 또는 어떤 기업에 새로이 투자가 이루어지면 그것이 유효수요의 확대가 되어 잇따라 파급되는 것을 말한다. 사회 전체로서 처음의 투자증가분(增加分) $\triangle I$가 몇 배나 되는 소득

증가 △Y를 초래하게 되는데 이 배율 △Y/△I를 승수라 하며 이 효과를 승수효과라 한다. 다시 말해서 정부나 민간기업이 새로 투자를 하면 그 일부는 임금으로 지불되고, 나머지는 생산재 구입에 충당되어 그 관계자의 소득을 증가시킨다. 한편, 생산재 구입에 지불된 몫도 생산재 생산에 관계하는 사람들의 소득을 늘어나게 하는 것이다.

승수의 크기는 다양한 경제부문에 연계되며 이것은 주로 관광목적지에서 일어나는 다양한 경제활동의 함수로 나타난다. 관광부문이 지역경제의 다른 부문으로부터 상품과 서비스를 많이 구입한다면 그에 상응하여 수입성향은 줄어들 것이고 승수는 그 반대의 현상(수입이 많을 때)일 때보다 클 것이다.

관광의 경제적 영향 가운데 중요한 것은 지역 내의 파급효과를 어떻게 높이는가 하는 것이다. 관광객 소비에서 파급되는 모든 경제효과를 지역 내 순환으로 회전케 하는 것은 완전한 자급자족체제가 되었을 때 가능하다.

호텔 및 여행사 경영이 지역 외의 외부 자본에 의한 것이거나 기념품점에서 취급하는 기념품이 지역 외의 제조업자나 도매업자로부터 구매한 것이거나 음식점에서 사용하는 원재료가 역시 지역 외에서 공급되는 경우는 당연히 그에 상당하는 부분은 지역 외로 누출되고 만다. 시설건설에서도 지역 외의 건설업자가 수주하고 인원 및 건설자재도 외부에서 조달해 건설공사를 진행한다면 지역에 떨어지는 금액은 매우 한정되게 된다.

따라서 지역 내의 파급효과를 증대시키려면 관광에 관련해 발생하는 수요를 지역 외부로 누출되지 않도록 조금이라도 감소시키고 지역 내에서 구매하도록 하여야 한다. 결국 관광에 관련되어 발생하는 다양한 수요가 지역 내 어디까지 순환하는가가 지역발전의 관건이 되는 것이다.

4) 재정수입의 증대효과

외래관광객이 관광지에서 지불하는 사용료, 숙박, 식음료비용, 유흥 및 기념품

구입, 교통비 등은 관련기업의 매출과 수익, 정부의 조세수입 증대로 정부의 재
정수입이 된다. 따라서 관광에서 발생하는 각종 비용은 국가 또는 공공단체의
재정수입을 증대시키는 원천이 된다.

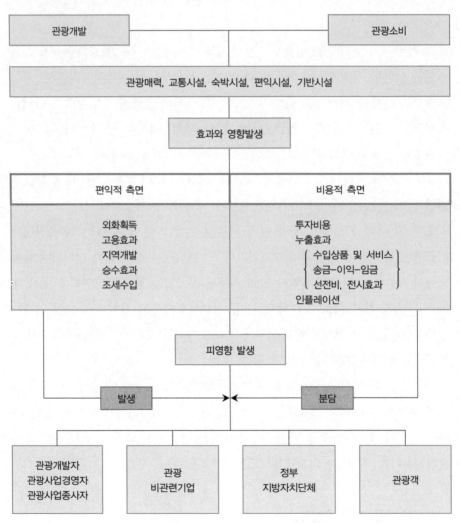

자료 : 정익준 외 3인, 관광학의 이해, 형설출판사, 2000, p. 94 ; D.G. Pearce, Tourism Development, NY :
Longman, 1996, p. 54.

|그림 4-1| 관광의 경제적 효과와 영향

2. 부정적 영향

1) 산업구조의 불안정화

관광산업은 외부환경에 매우 민감한 성향이 있다. 정치, 경제, 사회, 환경 등의 전 분야에 걸쳐 직접적인 영향을 받으며 영향을 받는 요소들의 안정을 바탕으로 관광산업의 방향을 가늠할 수 있다.

예를 들어 농수산업 및 제조산업인 1·2차 산업의 상황이 좋을 경우 3차산업에 관련된 관광산업은 호황을 맞게 되지만, 경제의 불황이나 타 산업의 침체 시에는 타격을 받게 된다. 따라서 관광산업이 산업구조에서 차지하는 비중이 클 경우 전체 산업의 불안정을 초래하기 쉬운 취약점에 노출될 수도 있다.

2) 고용의 불안정성

관광산업은 계절성을 갖는 특성으로 비수기에는 고용이 줄고 성수기에는 반대로 고용이 증가하여 고용이 불안정해진다. 이로 인해 종사원들은 자신의 일에 대한 성취감의 부족, 사기 저하, 스트레스 등의 원인이 되고 이직률이 높아질 수 있다.

3) 물가의 상승

관광지에서 증가하는 관광객들로 인한 관광물가상승은 관광소비자인 관광객뿐 아니라 지역주민 지출의 증가도 초래할 수 있다. 관광객의 소비지향성과 판매가격의 정보부재에 의한 가격순응적 행동은 관광객뿐만 아니라 현지의 주민들에게도 생활에 필요한 재화나 용역 구매에 비용 상승을 가져오게 한다.

제2절 사회 · 문화적 영향과 효과

관광객이 관광지역을 방문하면서 이질적인 사회문화인자가 관광지역 사회에서 지속적이고 반복적으로 만나게 된다. 이로써 이들은 사회 · 문화적으로 혼합과정을 거치며 상호 간에 영향을 주게 된다.

1. 긍정적 효과

1) 인구와 고용구조의 변화

관광산업은 인적 서비스를 기반으로 하여 고객에게 즐거움을 제공한다는 특성이 있으며, 서비스 제공이 가능한 인구의 유입과 여성의 고용이 증가한다. 이러한 현상은 가족수입 증대와 여성의 자아실현 및 외부세계에 대한 인식증대라는 긍정적 효과를 유발한다. 지역사회의 발전으로 거주민 이탈을 완화시키며 연령, 성별, 규모 등의 구조를 변화시키게 된다.

2) 교류를 통한 타 문화 이해와 교육적 효과

관광으로 인한 상호 간의 교류는 타 문화에 대한 새로운 정보와 경험을 통하여 지식과 정보를 얻게 한다. 또한 현지문화에 대한 이해의 폭이 넓어지고 자신의 전통문화 보전과 이에 대한 관심을 증대시킨다.

2. 부정적 영향

1) 지역주민과의 갈등과 문화의 변화

Doxey의 연구에서는 관광지의 주민과 관광객 사이에 발생하는 상호작용이 시간의 경과에 따라 변화되는 상황을 보여준다. 처음에는 행복감의 단계(The level of euphoria)로 시작하여, 무관심의 단계(The level of apathy), 분노의 단계(The level of irritation), 적대의 단계(The level of antagonism)를 거쳐, 마지막 묵인의 단계(The final level)의 5단계로 진행되는 갈등에 대해 설명하고 있다. 또한 관광지 내 빈부의 격차로 인한 문화·경제적 열등감, 박탈감으로 상호 간의 갈등이 발생할 수 있다. 또한 문화의 접변과 혼란으로 인한 문화의 정체성 상실과 토착문화의 상품화 및 문화의 종속현상도 초래한다.

2) 사회문제의 증가와 가족구조의 변화

관광행위는 타지에서 이루어지는 특성상 관광객의 익명성과 일시성은 도박, 향락 등의 무책임한 태도를 유발하기 쉬우며 관광객의 과소비성향으로 범죄의 표적이 되기도 쉽다. 또한 관광거주민의 입장에서는 외부인의 지속적인 유입이 사회적 변화를 쉽게 수용하는 계층의 가치관 변화와 전시효과를 유발하기도 하여, 가족 구성원의 갈등과 약화를 초래하기도 한다.

3) 문화의 상품화

문화의 상품화는 관광현상에서 파생되는 파행적인 문화파괴현상을 의미하고 있다. 관광은 관광지 주민들이 생산하고 그 속에서 살고 있는 사회와 문화를 판매하는 특수한 거래관계를 형성하게 된다. 따라서 주민문화는 어떤 형태로든 관광객들에게 판매되기 마련이다. 또 관광을 통한 수입확보에 전념하고 있는 관광사업자 측에서는 외화획득(外貨獲得)을 위해서라면 어떤 것이든 판매대상으로 삼고 있으므로 이러한 형태가 문화의 상품화를 초래하게 된다.

하나의 예로써 한 지역을 지켜주는 수호신(守護神)으로 숭앙받고 신앙의 대상이었던 것이 축소되어 열쇠고리나 장식물로 변화하는 과정에서 지역주민의 신성영역(神聖領域)이었던 신앙대상(信仰對象)이 상품화되는 것이다.

기념품이나 장신구가 되는 순간 기존의 문화가 의미를 상실하고 일상적인 문화적 상품화로 변모되어 그것은 더 이상 지역의 고유한 문화로서 존재하지 않고 의미를 상실한 일상용품화되는 것이다.

4) 문화의 충돌

본질이 각기 다른 문화가 장기간 접촉하게 되면 문화의 상호 교환과정(交換過程)에서 비교우위의 강한 문화가 약한 문화를 지배하는 현상과 형평과 균형을 이루지 못하는 경우가 발생하게 된다. 이처럼 일련의 문화권에 외부에서 유입된 강력한 문화가 진입하여 고유문화(固有文化)에 영향을 주게 될 경우에는 문화의 마찰(摩擦)이나 문화의 중층화현상이 반드시 나타나게 된다. 이로 인하여 그 지역은 문화적 충격(衝擊 ; Cultural Shock)이나 문화동화(文化同化 ; Cultural Assimilation) 현상이 일어나게 된다.

제3절 환경적 영향과 효과

환경에 따른 영향은 일률적으로 적용되지 않고 관광지 내의 경제적 여건과 사회·문화적 측면 등 여러 조건에 따라 다르게 나타난다. 또한 여가수요의 증대로 인한 대량관광이나 관광지 이용빈도 등은 생태계의 탄력성, 관광개발의 방향에 따라 환경에 영향을 주게 된다.

1. 긍정적 효과

산업화 이후 사회의 주된 초점을 개발에 맞춰오던 인식으로부터 점차 환경의 중요성을 깨달으며, 각 분야에서 환경친화적 요소와 보전에 관심을 갖게 되었다.

관광분야 측면에서도 대기, 수질, 교통, 청결 및 소음 정도 등 각종 환경조건은 관광행위의 질을 좌우하는 중요한 요소로 작용한다. 이러한 인식으로 모든 관광행위에 영향을 주는 자연환경의 질은 관광행위에 매우 중요한 요소로 인식하게 되었다. 따라서 환경보전에 관심을 기울이고 친환경적 관광을 추구하려는 노력이 늘고 있다. [사진 4-1]은 생태보존이 잘되어 있는 파키스탄 파수에 있는 대성당이라 불리는 산이다.

|사진 4-1| 파키스탄 파수의 대성당 산

2. 부정적 영향

대량관광과 대중관광으로 인한 폐해는 무엇보다도 환경 파괴이다. 토양(土壤)과 식생 및 생태계 변화, 수질과 대기오염 등 자연환경의 손실과 소음공해, 오물 및 폐기물이 증가한다. 또한 무계획적인 관광지 개발과 무질서한 팽창, 지역미관과 어울리지 않는 관광시설물의 배치와 설치로 인한 부조화가 생길 수 있다. 관광객의 급증과 시설 과다현상을 가져오고 교통혼잡으로 인해 자연과 문화환경을 악화 또는 황폐화시킨다. 관광객에 의한 유적지 훼손, 지역문화의 붕괴와 주민

유대관계의 약화, 소비형태 변화 같은 다양한 부정적 결과를 가져온다.

3. 환경영향의 최소방안으로서의 대안관광

대안관광은 자연환경과 사회문화적 요소를 고려한 적정한 소규모의 관광개발과 차별적 마케팅을 통해 환경을 보전하고자 하는 특별한 관심을 갖는 관광이다. 이를 통하여 환경에 미치는 부정적 영향을 감소시켜 나갈 수 있다. 이러한 대안관광은 질적 관광 및 특수목적관광으로 분류되며, 최대한 자연을 보존·활용하는 생태관광과 지역주민 혹은 기존 촌락에서 운영되는 소규모의 관광시설을 이용하는 것이다. 촌락관광, 농촌활동에 참여하는 농촌관광 등과 같은 형태로 위락 위주의 관광과는 차별화되며, 관광객의 참여를 강조한 적극적인 관광행위의 형태이다.

제**5**장

관광객의 행동연구

제5장 관광객의 행동연구

산업의 고도화로 인하여 물질적인 풍요를 가져왔으나, 이에 따른 급속한 사회구조의 변화는 현대인에게 긴장감을 유발하는 요소가 되고 정체성의 혼란, 무력감과 고독감을 느끼게 하는 요인이 되고 있다.

따라서 일상에서 끊임없이 이어지는 긴장감과 무력감을 극복하고 인간성 회복과 활력을 유지하는 방안을 모색하며 즐거움을 찾기 위해 노력하게 된다. 이러한 행동양식 중 하나가 관광행동이다. 이것은 인간으로서 삶의 가치와 존재를 확인하고자 하는 기본적인 욕구라고 할 수 있다. 관광행동은 여행을 하기 위하여 계획을 세우는 단계부터 시작하여 목적지로의 이동과 체재행위, 여행이 종료될 때까지의 모든 활동과 행동을 포함하는 개념이다. 관광행동의 세부적인 요소를 파악하면 관광객의 심리과정과 동향을 이해할 수 있다.

제1절 관광의사결정과 행동요인

1. 관광객의 개념

관광객의 정의는 제1장 제1절에서 공부한 적이 있으나 이를 다시 요약하여 관광객의 개념을 정리한다.

관광객은 관광행위의 주체가 되는 요소로서 자신의 욕구와 경제적 조건, 지식의 정도, 주변의 여건 등을 고려하여 관광대상을 찾고 서비스를 구매하여 다양한 형태의 관광행위를 하게 된다.

우리가 사용하고 있는 관광자와 관광객의 용어는 인간의 사회심리 등의 행동과학적 측면과, 일상적인 거주지를 떠나 비용을 지불하며 편익이나 만족을 제공하는 일련의 구매과정에 개입하는 측면에서 소비자행동으로 보는 관광사업자 측면이 있다.

UN산하의 국제노동기구(International Labors Organizations)에서의 관광객(tourist) 정의는 24시간이나 또는 그 이상의 기간 동안 거주지가 아닌 다른 나라에 여행을 하는 사람이다. 세계관광기구(World Tourism Organization)는 체재기간과 방문목적을 중심으로 국내관광객과 국제관광객, 비관광객으로 구분하고 있다.

관광객은 '일상적인 생활을 일시적으로 떠나 다시 돌아올 예정으로 이동과 체재하는 기간 동안 개인의 욕구에 따라 일정의 소비를 하며 위락, 휴가, 종교, 스포츠 등 다양한 방식으로 정신적·육체적 휴식을 추구하는 사람이라고 할 수 있다.

관광객의 거주지에 따라 국내관광객(국내를 관광하는 내국인), 국제관광객(국외를 관광하는 내·외국인), 외래관광객(국내를 관광하는 외국인)로 분류하기도 한다. 목적에 따라 위락의 즐거움을 추구하는 순수목적 관광객과 회의참석이나 스포츠관람 등의 여러 목적을 갖는 겸목적의 관광객으로도 구분한다.

취업이나 직업적인 업무의 목적, 거주의 목적, 유학생, 국경지대 거주자가 인접국가의 업무종사를 위하여 입국하는 자는 관광객으로 인식하지 않는다.

2. 관광객 행동에 영향을 미치는 변수

관광의사 결정이나 행동의 표출도 제각기 다른 이유와 동기에 의하여 이루어지는 심리적 특성을 가지게 된다. 그러므로 관광객의 의사결정과 관광행동요인은 행동과학적 관점에서 파악하여 하나의 전체적 시스템으로 이해되어야 한다. 또한, 관광에 관련된 기관과 기업은 관광객의 심리와 의사결정과정의 파악을 바탕으로 관광객 수요를 예측하고 대응하게 된다.

관광객의 의사결정과 행동은 매우 다양하며 개인의 심리적 내적 요인으로 작용하는 지각, 학습, 성격, 동기, 태도 등의 요소와, 외부요인으로 볼 수 있는 가족구성, 사회적 지위, 경제계층 등의 변수에 의하여 작용한다.

1) 지각(Perception)

개인의 경험과 가치관에 의존하는 주관적 기준의 해석과 이해가 바탕이 된다. 주변의 사물과 사건을 오감에 의해 자극 및 인적 요인을 선택·조직·해석하는 과정이다. 자극요인은 크기, 색상, 소리, 감촉, 모양, 주위환경과 같은 자체의 특성을 말한다. 감각작용, 지능, 성격, 경험, 가치관, 동기 등과 같은 인적 요인이 지각에 영향을 준다. 지각의 과정은 노출-주의-이해-기억유지로 이루어진다.

2) 학습(Learning)

독서, 관찰, 사고 등을 통해 새롭게 얻는 지식이나 경험을 바탕으로 주변여건에 적응하고 의사결정을 하는 데 영향을 주는 중요한 요소이다. 반추작용을 통하여 앞으로 발생하게 될 상황에 대비하고 수정하거나 유지하게 된다.

3) 성격(Personality)

개인의 특징을 나타내는 행동이나 특성으로 개인이 주변세계에 보이는 반응으로 파악할 수 있다. 일상적인 행동, 가치, 관심과 지각의 반영이며 성격에 따라 관광행동도 다르게 나타난다.

플로그(Stanly Plog)는 관광객의 성격에 따라 관광목적지 선택이 다르다는 점을 발견하여 관광객의 성격유형을 걱정과 두려움을 상대적으로 강하게 느끼는 사이코센트릭(psycho-centrics)과 모험적이고 외향적 성격을 가진 알로센트릭 (allocentrics), 중간 성향을 가진 미드센트릭(midcentrics)그룹으로 분류하였다.

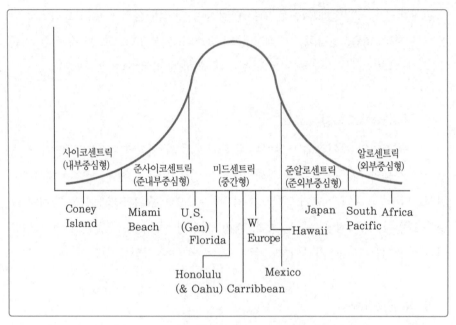

자료 : 김성혁, 관광학원론, 형설출판사, 2009, p. 85 ; Stanley C. Plog, "Why Destination Areas Rise and Fall in Popularity", The Cornell Hotel and Restaurant Administration Quarterly, 1974. 2.

|그림 5-1| 플로그의 관광객 유형과 특징

4) 동기(Motivation)

관광동기는 관광행동을 일으키는 중요한 요인이며 지각, 학습, 환경조건에 따라 관광욕구를 관광동기로 변화시킨다. 동기는 행동을 유발하는 마음의 상태를 말하며 욕구를 충족시키는 방향으로 행동유형을 제시하게 된다.

매킨토시와 골드너는 관광의 기본동기를 신체적 요인, 문화적 요인, 대인관계 요인, 지위와 명예요인으로 나누어 설명하고 있다. 관광행동은 이러한 요인 가운데 하나 이상의 관광동기를 충족시키거나 영향을 받게 된다고 설명하고 있다.

5) 태도(Attitude)

태도는 대상에 따라 긍정적이거나 부정적인 감정의 요소와 각 속성에 대한 지식의 인지적 요소, 그에 따른 반응 준비상태인 행동적 요소로 구성되어 있다. 이러한 요소에 따라 행동이 다르게 나타난다.

6) 가족구성

가족은 인간사회의 가장 기본적인 사회단위이며, 의사결정과 판단과정에서 가장 많은 영향을 준다. 가족단위의 생활양식(life style)과 구성에 의하여 개인이 내리는 의사결정과정과 관광행동에 영향을 주는 요인으로 작용한다.

7) 사회적 지위와 경제계층

사회계층이란 한 사회의 구성원들을 사회적 지위의 측면에서 동질적인 집단으로 계층화시킨 것이다. 따라서 동일한 사회적 지위와 경제계층은 유사한 사고와 행동, 신념과 가치관 등을 갖게 되므로 행동양식도 비슷한 양상을 띠게 된다.

8) 준거집단

준거집단은 인간의 행동에 직·간접적으로 영향을 미치는 집단으로서 가족이나 친척, 이웃, 직장동료, 동우회, 교회 등이 포함된다. 혹은 그 집단 구성원은 아니더라도 소속의식을 갖거나 속하기를 원하는 집단을 말한다.

관광객은 준거집단을 통해 관광객의 역할과 행동을 학습하게 되며 관광의사결정과 행동에 있어서도 준거집단의 영향을 받게 된다.

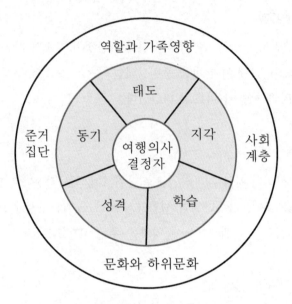

자료 : 김성혁, 관광학원론, 형설출판사, 2009, p. 72.

|그림 5-2| 관광행동의 주요 영향변수

3. 관광행동의 과정

관광행동에 영향을 주는 여러 요소를 관광객을 둘러싼 환경(環境)과의 함수관계(函數關係)로 파악하여 본다. 욕구나 동기뿐만 아니라, 관광행동을 일으키는 과정도 중요 관심사로 볼 수 있다. 관광욕구나 동기는 관광을 발생시키는 관광주체(觀光主體) 측의 요인이다. 이러한 욕구를 구체적인 행동으로 성립시키는 데에는 비용과 시간, 정보 등이 갖추어져야 한다. 즉 행동은 주변의 환경적인 요인과 밀접한 관계를 가지고 있다. 환경적 조건이 바뀌면 행동이 바뀌게 되고 관광객의 조건이 다르면 환경적 조건이 같다고 하더라도 행동이 달라질 수 있다는 것이다.

따라서 관광행동의 경우에 비용, 시간 등의 조건을 갖추면 관광에 대해 구체적이고 높은 의욕이 관광행동으로 이어지게 된다.

경제적 여건이나 시간적 조건, 관광사업자로부터 받은 각종 정보의 자극은 관광행동을 구체적으로 성립시키기 위한 기본적 조건이 된다. 또한 그러한 조건들은 관광욕구의 형성에도 영향을 미치고 이러한 사회화된 욕구로부터 관광행동이 일어나는 것이다.

관광행동의 성립을 위한 그 외의 요소로는 건강상태나 동행자의 유무 등이 포함된다.

관광욕구와 동기의 개념은 관광행동을 일으키는 사회적 욕구 및 과정을 설명하는 것으로 이해되어야 하며, 관광욕구는 동일하지만 개인의 심리나 상황에 따라 관광행동과 결과는 다양하게 나타날 수 있다.

4. 관광행동의 유형

1) 관광목적에 의한 분류

관광행동은 목적, 형태, 동행자 등의 요소에 의해 다양하게 분류할 수 있다. 우선 목적에 의한 분류는 오스트리아 학자 베르네커에 의해 요양관광, 수학여행, 견학, 종교행사 참가 등의 문화적 관광, 신혼여행, 친목여행 등의 사회적 관광, 스포츠 관광, 정치적 관광, 전시회의 구경 및 참관과 같은 관광의 주된 목적으로 관광행동을 분류하였다.

2) 관광형태에 의한 분류

관광행동을 행태적 측면에서 주유형 관광과 체재형 관광의 두 가지 유형으로 크게 나눌 수 있다.

주유형 관광은 흥미있는 관광대상을 보고 돌아다니는 여행의 형태를 말하며, 유람형 관광과 비슷한 의미로 사용된다. 관광은 본질상 즐거움을 전제로 하여 보거나 시찰하는 여행을 수반하므로 내용적으로는 유람성격을 띠며 형태로는 주유적인 것이라고 말할 수 있다. 또한 체재형 관광이란 관광지에 머물면서 휴양을 하거나 관광 레크리에이션을 행하는 형태인데, 체재란 문자 그대로 한곳에 머무는 특징을 갖고 있기 때문에 휴양형 관광과 비슷한 성격이 있다. 이와 같이 체재형 관광은 관광활동을 행하는 것과 체재성이 불가분의 관계에 있기 때문에 체재형 관광이 성립되기 위해서는 머물 만한 가치 있는 관광대상이 있거나 환경이 갖추어져야 하는 것이 전제조건이 된다.

제2절 관광욕구와 동기

인간의 관광행동은 긴장과 스트레스에서 벗어나려는 기본적인 욕구로부터 시작된다. 또한 주변의 위락환경과 사회화된 욕구, 경제적 · 시간적 · 환경적 조건에 영향을 받으며 관광동기를 자극하여 구체적인 행위로 이어지는 과정 및 현상이다.

관광객의 관광행동을 일으키게 하는 원동력인 심리적 요인을 관광욕구라고 볼 수 있으며 심리적 긴장감과 일상적인 긴장감에서 벗어나고자 하는 방향으로 진행된다.

1. 관광욕구

욕구(needs)는 현재 처한 생리적 · 심리적 요구에 따라 절박한 결핍상태에서 벗어나고자 하는 필요성을 느끼는 것이다. 자기가 생각하는 기대치나 현상 또는 현재상태 차이의 정도에 따라서 행동을 유발하는 동기에 영향을 주게 된다.

매슬로(Maslow)의 욕구 5단계설에 의하면 인간의 욕구는 생리적 욕구, 안전의 욕구, 소속 애정의 욕구, 존경의 욕구, 자아실현의 욕구로 나누어지며 하위의 욕구가 채워지면 점차 상위의 욕구로 진행된다고 설명하고 있다. 따라서 관광욕구란 관광활동을 일으키는 관광행동의 심리적 원동력으로서 욕구의 각 단계에서 발생하고 개인의 관심과 차이에 따라 욕구도 다양하게 나타난다.

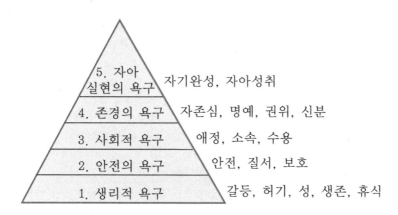

자료 : 김성혁, 관광학원론, 형설출판사, 2009, p. 82.

|그림 5-3| 매슬로(Maslow)의 욕구 5단계

2. 관광동기

동기(motivation)란 행동으로 진행되도록 인간 내부의 욕구로 인해 유발된 긴장을 해소하기 위한 행동을 적극적으로 유도하는 추진력이라고 할 수 있다.

관광동기란 관광을 통하여 만족을 얻고자 하는 심리적 요소가 작용하는 관광행동을 일으키게 하는 중요한 요인이다. 동기부여를 일으키는 인자로는 건강, 다양한 호기심, 즐거움, 지인방문 등으로 다양하며 관광객의 인지능력, 내면적 여건과 외부적 여건, 사회적 조건에 의해 다른 양상으로 나타나게 된다.

|표 5.1| 각 학자들의 관광동기 분류

연구학자	관광동기요인의 분류
매킨토시 (McIntosh)	1. 신체적 동기요인(휴식, 스포츠, 해변 등지에서의 오락 등) 2. 문화적 동기요인(문화, 예술, 언어, 종교 등) 3. 대인관계 동기요인(친지방문, 일상생활에서의 탈피 등) 4. 지위와 명예 동기요인(자기만족, 발전, 존경심, 명예 등)
밀 (R.C. Mill)	1. 생리적 동기요인(휴식, 긴장 해소) 2. 안전의 동기요인(건강, 위락) 3. 사회적 동기요인(친교, 가족관계, 인간관계 형성) 4. 존경의 동기요인(성취능력 확인, 명예감, 자아 확대) 5. 자아실현의 동기요인(자기발견, 내적 욕구 충족) 6. 지식추구 동기요인(문화경험, 교육) 7. 미적 동기요인(환경, 아름다움)
토마스 (Thomas)	1. 교육·문화적 동기요인(명소 감상, 특별행사 등) 2. 휴식과 즐거움의 동기요인(일상에서의 탈피, 낭만적 경험 추구 등) 3. 종족지향적 동기요인(친지 등) 4. 기타 동기요인(기후, 건강, 경제, 모험, 종교적 동기 등)

자료 : 저자 재구성.

3. 관광객의 의사결정 과정

1) 관광객의 의사결정

소비자들이 상품을 구매할 때 행하는 구매결정과정은 문제를 해결하는 일련의 과정으로 인식된다.

첫째, 느끼는 결핍과 원하는 대상의 욕구를 인식한다.

둘째, 대체안의 탐색과정을 거친다.

셋째, 대체방안을 평가한다.

넷째, 구매를 결정한다.

마지막으로, 구매 후의 느낌이라는 다섯 단계를 거쳐 이루어진다.

이 과정은 개인에 따라서 각각의 개성과 자기 개념, 정보에 대한 지각이 다르고 제품과 구매상황에 따라 차이가 있을 수 있다. 때문에 구매행동의 상황을 묘사하기 위한 이론 중 하나의 모델을 보기로 한다.

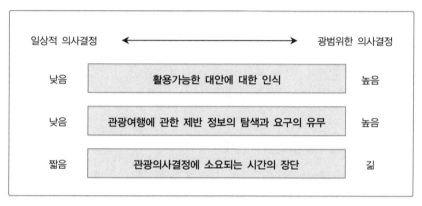

자료 : 정익준 외 3인, 관광학의 이해, 2000, p. 168 ; E.J. Mayo, L.P. Jarvis, The Psychology of Leisure Travel, Boston : CBI Publishing, 1991, p. 17.

|그림 5-4| Mayo의 관광객의사결정

이러한 원리는 관광객의 구매의사 결정과정에서도 동일하게 적용되어 관광객의 구매에 따른 의사결정도 여러 면에서 다양하게 나타난다.

관광객들은 대체로 일상적인 의사결정이나 자극적 의사결정, 그리고 광범위한 의사결정방법 등의 유형 중에서 하나를 선택하거나 복합된 관광행동 접근방법으로 관광행동을 구체화하게 된다.

이러한 관광이나 여행에 관련된 의사결정방법을 제시함으로써 관광기업을 경영하는 입장에서는 판매방안으로 활용하여 고객 창조를 위한 방안으로 사용할 수 있다. 관광객이 관광상품을 구매할 때 다음과 같은 특성이 나타난다.

첫째, 관광상품의 구매는 상품이 갖는 서비스 특성으로 인하여 눈에 보이는 보상이 발생하지 않게 된다. 재화의 성격보다는 경험적 성격을 갖는다. 관광객이 여행 중에 가시적인 현상의 기념품이나 선물을 구입하며 느끼는 만족도나 비용도 전체 관광으로 느끼는 관광경험부분에서 보면 미미하다.

둘째, 관광을 위한 비용지출의 형태는 여러 방법과 절차에 따라 지불된다. 관광객이 패키지 투어에 참여하는 경우 여행사와 같은 유통기관을 통해 지불하므로 대리구매방식의 형태를 띠게 된다.

셋째, 소비자로서 관광객이 구매하는 관광상품은 일반적으로 진열되어 있는 제조기업의 상품을 구입하는 것과는 다르다. 상품의 생산현장에 참여하여 경험과 서비스를 구매하게 된다. 관광의 경우 관광대상 목적지를 방문하는 형태로 장소와 공간적인 거리를 이동하게 되는 것을 전제로 한다.

2) 관광객의 의사결정과정과 단계

관광 서비스의 구매는 일반상품의 상업적 교환과는 형태가 다르며 행동과학적 관점에서 파악할 수 있다. 관광객의 의사결정에 대하여 매치슨은 이를 6단계로 나누어 의사결정에 영향을 주는 각 단계 요소들의 상관관계를 설명하고 있다.

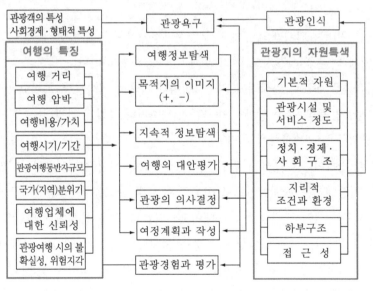

자료 : A. Mathieson and Geoffrey Wall, Tourism : Economic, Physical & Social Impact, NY : Longman, 1993.

|그림 5-5| 관광객의 의사결정과정

가. 관광욕구의 인식

첫 번째 단계에서는 관광욕구가 환기된다. 개인이 갖고 있는 다양한 욕구 가운데 관광을 하고 싶은 욕구에 대한 중요성을 인식하고 평가하게 된다.

자신이 처한 상황에서 현재의 상황과 원하는 바람직한 상태 사이에 상당한 차이를 지각하면 그 차이를 해소시켜 줄 수단방법을 찾게 된다. 이러한 관광객의 행동은 욕구를 충족하는 방향으로 진행되므로 욕구의 인식은 관광객의 의사결정 시작점이 된다. 이와 같이 문제를 인식하였거나 지각된 욕구가 의사결정을 거쳐서 구매로 이어지려면 충분한 동기가 부여되어야 한다. 이 동기부여는 두 가지 요소로 설명할 수 있는데 이때 실제 상황과 바람직한 상태 간의 차이와 문제의 중요성에 의존하게 된다. 이것은 일련의 욕구가 발생하더라도 욕구가 크지 않거나 비록 욕구가 상당히 크더라도 중요도가 낮으면 관광에 대한 동기부여는 후순위로 밀려나게 된다.

관광서비스 구매비용에는 금전적인 비용 이외에도 시간과 노력, 정보 등과 같은 사회적 규범도 비용요인으로 작용할 수 있다. 인식된 욕구의 중요도가 금전적 비용이나 기타 요인과 사회규범 등의 제약요인보다 높게 나타나면 관광객은 욕구를 충족시키려는 방향으로 동기가 발생된다.

이러한 관광욕구의 유발요인은 내적 요인과 외적 요인으로 설명할 수 있다. 내적 요인은 자신이 스스로 그것을 인식하는 것이고, 외적 요인은 외부적 자극에 의한 것으로서 가족이나 준거집단, 기타 사회적 여러 요인으로부터 영향을 받거나 광고 및 판매노력 등 관광기업의 마케팅 욕구로 인식하게 된다.

그러므로 관광기업은 자신들의 기업서비스가 목표시장에 해당하는 관광객에게 문제를 해결할 수 있음을 인식시켜 욕구를 유발할 수도 있다.

나. 정보의 탐색

관광객은 관광욕구를 인식하고 관광서비스 구매에 대한 동기가 부여되면 관련된 문제를 해결하기 위해 정보를 탐색하게 된다. 이때 관광정보를 회상해내는 내적 탐색을 거쳐 의사결정이 내려지면 구매하게 된다. 하지만 내적 탐색만으로 의사결정을 할 수 없을 때에는 보다 많은 여행에 필요한 정보수집을 위해 여행사를 방문하거나 여행경험이 많은 친지들에게 여행경험을 듣고 여행관련 잡지를 구입해서 읽는 등 외부적 탐색을 하게 된다. 이와 같이 관광객은 관광기업이나 관광경험자, 매체 등으로부터 정보를 얻게 된다. 관광객은 대체로 의사결정과정에서 자신이 이용할 수 있는 기회와 대상에 대하여 부응할 수 있는 수단에 대해서 지속적인 정보를 탐색하고 수집한다.

관광객은 정보탐색으로 관광지와 관광지의 각종 편의시설 그리고 관광기업의 서비스 수준을 이해하거나 평가할 수 있다. 이러한 탐색을 통하여 목적지를 선택하거나 이용할 교통수단을 선정하고 숙박시설의 결정 등과 같은 관광행동에 관련된 의사결정을 하게 된다.

다. 대안의 평가

관광객은 기억으로부터 회상하거나 외부로부터 수집한 정보를 통해 선택한 대안을 평가하게 된다. 평가기준과 평가방식을 결정하여 상품들을 비교한다.

라. 관광의사결정

관광객은 대안들을 비교·평가하는 과정을 거친 후에 관광목적지와 이용교통편 등을 결정하고 관광지에서의 활동 등을 계획한다. 관광서비스의 구매는 의사결정 이후 곧바로 이루어지는 경우도 있지만 시간이 경과한 후에 이루어지는 경우도 있다.

마. 여행계획과 여정작성

교통편에 해당하는 항공예약과 숙박시설에 대한 검토, 여행소요 비용 계획을 수립하고 필요한 준비물을 갖춰 관광행동에 옮기게 된다.

바. 관광경험의 평가

관광객은 여행 이동과 체재과정 또는 관광여행을 마친 후에 관광경험을 평가하게 된다. 이 평가결과에 따라 후속적으로 발생할 자신의 관광 의사결정은 물론 타인의 관광 구매결정에도 영향을 주게 된다.

관광객은 관광경험 후 자신이 지각하는 성과가 관광경험 이전의 기대수준과 같거나 더 큰 경우에는 자신의 관광경험에 대해 만족하게 되지만 자신의 기대치보다 낮을 경우에는 만족하지 못하게 되는 것이다. 따라서 관광객의 기대와 경험의 차이에 따라 만족과 불만족이 발생하며 관광기업에 의해 제시되는 관광정보는 정확성을 요구하게 된다.

여기에서 불만이 있는 고객은 관광기업에 불만이나 불평을 토로하지 않고 해당관광기업의 서비스를 재구매하지 않거나 타인에게 해당기업의 단점과 서비스의 불량을 구전하여 부정적인 영향을 주게 된다.

불만족한 고객 중의 일부는 해당 관광기업에 불만과 불평을 토로한다. 이때 관광기업은 이를 적극적으로 수용하여 대응해야 한다. 그 불만과 불평을 주의 깊게 인식하고 받아들여 서비스를 개선하고, 고객의 문제를 해결함으로써 재구매와 긍정적인 구전을 형성할 수 있도록 노력해야 한다. 고객의 불만과 불평은 해당기업의 서비스 개선과 마케팅 업무에 반영할 수 있는 중요한 자료가 되므로 관광기업은 관광객의 만족도를 반영할 수 있는 시스템을 구축하여야 한다.

패키지관광과 여행사업

제**6**장

제**6**장 패키지관광과 여행사업

제1절 패키지관광

패키지관광은 여행을 구성하는 여러 관광사업자들에 의해 제공되는 요소를
결합시켜 하나의 상품으로 만들어 판매되는 여행상품의 일종이다.

1. 패키지관광의 의의와 구성

1) 패키지관광의 의의

패키지관광은 교통수단과 숙박시설이나 관람 또는 호텔숙박시설과 렌터카를
결합한 것처럼 두 가지 이상의 여행에 관련된 요소를 결합하여 상품화한 것이다.
교통편을 항공교통으로 구성했을 경우에는 항공부문과 지상부문으로 나누어 살펴
볼 수 있다. 첫째, 장거리 이동 교통편에 해당하는 항공예약부문과 둘째, 지상수
배에 해당하는 여행기간 동안에 필요한 육상교통, 숙박시설, 식사, 관람과 기타
관광에 관련된 사항 등을 포함한 지상부문으로 나뉜다. 관광업체는 항공수배와
지상수배를 결합한 가격을 적용하거나 상황에 따라 분리하여 요금을 책정한다.
지상과 항공을 분리하였을 때 고객들이 원하는 유리한 부분만을 선택하거나

구입할 수 있다. 개인의 여건이나 상품의 내용에 대해 만족하다고 느끼면 모든 사항이 포함된 패키지상품을 구매하여 이용하게 된다.

2) 패키지관광의 구성

가. 관광교통수단(항공기, 지상교통, 여객선 등)

나. 숙박시설

다. 식사

라. 관광매력물이나 다양한 행사(공연, 관람, 자연적·사업적 오락시설의 입장, 레크리에이션, 여러 종류의 특별한 행사 등)

마. 기타 요소(수하물, 팁과 세금, 전문적인 관광서비스, 할인쿠폰 등)

2. 패키지관광의 이점

패키지관광은 여행시장에서 중요한 상품으로 자리잡고 있다. 대부분의 해외여행자들은 비용적인 측면이나 이용의 편리성 때문에 패키지관광을 이용한다. 패키지 여행상품이 제공하는 이점의 내용은 다음과 같다.

1) 비용파악

패키지관광상품은 고객이 여행에 관련하여 교통비용, 숙박시설, 식사, 관람료, 입장료, 세금 등을 출발 전에 지불한다. 비용을 사전에 지불하기 때문에 고객들은 여행 전에 산출된 경비를 통해 총비용 예상이 용이하다.

2) 할인가격

패키지관광의 매력적인 요소 중 하나는 비용의 측면에서 개인이 여행하는 것보다 저렴하다는 점이다. 관광공급자인 각종 관련 사업체로부터 대량구입이나 체결된 할인가격으로 구입하기 때문이다. 개별적으로 구입하는 가격보다는 상당히 저렴한 금액으로 이용할 수 있다. 호텔예약이나 항공예약에도 개인보다는 단체예약이 훨씬 더 저렴하다.

3) 보장된 수배

여행자가 구입한 패키지상품은 여행에 관련하여 제시된 사항이 포함되어 있기 때문에 여행에 필요한 각각의 요소들의 예약상황이나 확약을 별도로 점검할 필요가 없다. 사전에 확보된 예약으로 원활한 여행을 할 수 있다.

4) 보장된 참가

패키지 여행참가자는 개별관광객보다 행사나 입장지로의 참여나 방문이 편리하다. 고객을 위하여 패키지상품을 판매하는 여행사나 투어 오퍼레이터들이 여정에 따른 입장에 필요한 티켓을 사전에 예약·구매하기 때문이다.

5) 관 람

패키지상품을 생산·판매하는 투어 오퍼레이터는 여행고객들이 흥미를 가지는 관심과 매력물을 파악하고 갖출 수 있는 감각을 갖추어야 한다. 또한 특정지역에서의 매력이나 즐거움을 줄 수 있는 장소를 파악하고 제시할 수 있어야 한다. 개별관광객과는 달리 패키지 이용객들은 여행지에서 볼 만한 장소나 명소를 보다 편리하게 관람할 수 있다. [사진 6-1]은 우즈베키스탄 히바의 야경이고, [사진 6-2]는 시리아, 다마스커스의 우마야드 모스크 후문 근처에 있는 찻집에서 story teller(중앙에 책을 들고 있는 사람)가 손님들에게 천일야화를 들려주는 모습이다.

|사진 6-1| 우즈베키스탄 히바의 야경 |사진 6-2| 찻집에서 손님들에게 천일야화를 들려주는 story teller

6) 시간절약

패키지상품의 구매 고객들은 숙박장소, 교통편이나 쇼를 보기 위한 티켓구매에 별도의 시간을 할애하지 않아도 된다. 패키지상품은 대부분의 구매를 여행사에서 일괄적으로 대행하여 개인의 시간을 절약할 수 있다. 패키지상품 이용 고객들은 사전에 구매된 입장권으로 개인여행자들보다 편리하게 이용할 수 있다.

3. 패키지관광의 형태

패키지관광 대부분의 인식은 획일화된 상품과 저가의 단체상품으로 비추어지기도 한다. 이러한 인식은 패키지관광이 시작된 이래 대량관광으로 인한 단편적인 모습으로 현재도 많은 여행사와 소비자가 이용하거나 판매하고 있다. 그러나 최근 들어 소비자들의 욕구나 수준의 향상으로 특별관심분야(Special Interest Tour)관광에 필요한 특정한 분야를 패키지로 결합하여 편리성을 추구하고 있다. 이러한 방향으로 패키지상품의 판매자는 세련된 관광객들의 욕구를 충족시키기 위해 관광상품을 개발하여 다양한 패키지관광이 꾸준히 성장하고 있다.

패키지관광의 형태는 포함내용이나 목적지, 관광목적에 의해 분류할 수 있다. 여러 요소가 결합된 패키지관광상품은 상품의 구성을 고객이 원하는 방향으로 다양하게 갖추고 있다.

1) 인솔자 유무에 따른 패키지관광

가. 개별관광(Independent Tour)

개별 패키지관광은 모든 패키지상품 중 최소의 조건으로 구성된다. 혼자 여행하는 개별여행의 자유로움과 유연성을 제공하며 패키지 절약의 이점을 제공한다. 패키지로 구성할 수 있는 요소는 숙박, 교통, 렌터카의 사용, 식사 또는 유람 등 지상수배와 항공예약이 가능하다. 개별관광은 관광객의 출발과 도착에 대해서도 단체패키지에 비해 자유롭다. 다양한 가격과 선호하는 호텔의 선택이 가능하고 여행기간도 임의로 조정하기가 쉽다.

단체 패키지관광보다는 비용이 많이 들며 여행사 측에서의 시간 소모가 많으나 점차 수요가 증가하는 추세이다.

나. 호스트관광(Hosted Tour)

호스트관광은 관광지에서 관광객들이 자유롭게 여행을 하도록 여행 관련 직원이 관광지의 거점이 되는 호텔에 남아서 각종 수배나 문제의 해결을 도와준다. 호스트는 에스코트의 성격을 띠지 않으며, 관람 또는 여행할 때 고객과 동반하지 않는다. 호스트관광은 여행지에서 조직적인 행사와 자유로운 시간을 함께 즐기려는 여행자들이 이용한다. 스케줄이 잡힌 관광과 함께 고객의 입장에서는 개별적인 각종 수배를 하는 것이 편리하다. 개별관광과 같이 출발날짜나 숙박시설의 수준, 체재 일수 등을 선택하기가 자유롭다.

다. 에스코트관광(Escorted Tour)

에스코트관광은 출발부터 도착까지의 업무를 포함하여 목적지에서의 식사, 교통수단, 단체행동의 프로그램 등 모든 것을 함께 제공한다. 이러한 관광의 특징은 여행자가 짜여진 프로그램에 의해 시간과 비용이 절감되는 장점이 있으나, 개인적으로 다른 관광을 즐길 수 있는 유연성과 개인의 자유성을 제약하는 요소가 많다.

2) 특별관광 형태

가. 인센티브관광(Incentive Tour)

판매실적이나 포상의 이유나 이와 유사한 회사의 업적을 수행한 종업원에게 보상의 형태로 주어지는 관광을 말한다.

나. 회의관광(Convention Tour)

국제회의나 미팅, 전시회, 산업전과 같은 회의에 참가할 목적으로 여행상품을 구성한 것을 말한다.

다. 특별취미관광(Special Interest Tour)

관광객의 선호도와 관심분야에 관련된 관광을 위해 만들어지는 패키지상품이다.

3) 인바운드관광(Inbound Tour 또는 Incoming Tour)

여행상품의 구성과 대상이 외국인의 국내관광을 위하여 만들어진 상품이다. 외국에서 상품을 기획하거나 판매하고 내국에서 행사하게 된다. 외국 관광객의 방문은 외화수입에 영향을 주는 요소가 된다.

4) 방문 목적지에 따른 패키지관광

여행자의 취향에 따른 일정과 계획에 맞추어 계획된 패키지 형태이다. 방문지의 특성을 맞추기 위해 많은 투어가 계획·제공된다. 짧은 시간에 여러 나라를 관광하는 단체관광의 형태에서 볼 수 있다.

가. 지역관광(Area Tour)

한 지역관광은 비록 많은 목적지를 감상할 기회는 없지만, 한 장소에서 많은 시간을 가질 수 있다. 비교적 이동이 적기 때문에 여유롭게 그 지역을 즐길 수 있다.

나. 일국관광(Single Country Tour)

관광객이 흥미를 갖는 특정한 분야를 보기 위해 국가를 개념으로 한 나라에 체재하는 형태의 관광이다. 일국관광은 방문자에게 특별한 볼거리를 제공함으로써 깊은 인상을 주게 된다. 파키스탄의 아름다운 고장 '훈자'나 일본 홋카이도의 원예농업을 체험할 수 있는 후라노와 비에이 지역관광을 들 수 있다.

다. 2개 도시관광(Two City Tour)

도시관광은 대부분의 개별관광이나 호스트 패키지관광의 형태로 나타난다. 단일목적지를 원하지 않는 관광객이 선호하는 패키지상품의 형태로서 교통수단과 숙박시설 등을 공동구매하여 동일한 시간에 이동하면서 각 도시에서 관광을 즐기게 된다. 예를 들어 홍콩과 근접한 마카오를 연결한 여행이나 동일한 국가의 오사카와 교토 지역의 방문, 파리나 루체른과 같이 각기 다른 국가의 지역의 형태나 다양한 문화와 지역을 비교하여 감상하거나 즐길 수 있다.

라. 1개 도시관광(Single City Tour)

흥미를 가진 한곳의 목적지에 머물며 자세하고 여유롭게 누리는 것을 원하는 관광객이 선호하는 형태이다. 특별한 목적지의 독특한 매력물이나 파리의 박물관, 이태리의 오페라공연 등을 즐기기 위해 일정한 도시에 머무는 것을 선택하는 관광형태이다.

5) 활동목적에 따른 패키지관광

관광목적지 자체만으로도 관광소비자에게 즐거움을 줄 수 있으나 관광과 관련하여 특별한 활동을 함으로써 만족감은 더욱 높아질 수 있다.

관광활동의 형태는 자연과 스포츠를 즐기거나 아름다운 해변의 풍광을 즐기거나 여유로운 휴식을 취하는 정적인 것이 될 수도 있다. 관광객의 다양한 목적에 따른 동기와 욕구, 기대를 충족시킬 수 있는 패키지상품을 개발해야 한다.

가. 긴장 해소

일반적으로 휴가여행자의 대부분은 리조트에서 푸른 하늘이나 해맑은 햇살, 맛있는 음식, 여가시설 등을 여유롭게 즐기면서 긴장 푸는 시간을 갖고 싶어한다. 그러한 대표적 여행지들은 몰디브, 발리, 하와이, 사이판, 지중해 연안 등 아름다운 해변에 위치하고 있다. 스포츠, 레크리에이션, 쇼핑, 유람 등의 형태로 여가를 즐기며 이들의 주된 목적은 긴장해소에 두고 있다.

나. 경 치

높은 산과 절경 및 울창한 정글의 밀림, 고대사원의 신비한 모습과 아름다운 해변 등의 다양한 경치를 즐기기 위한 목적으로 사람들은 관광을 한다. 경관을 즐기기 위한 대부분의 관광형태는 관광교통수단을 이용하여 장거리를 이동하며 에스코트관광의 형태를 취하고 있다.

다. 학 습

　대부분의 관광은 경험을 통한 학습효과를 가져온다. 관광객 행위의 목적에는
문화탐방이나 역사적 고찰, 과학적 탐구 등인 경우가 많다. [사진 6-3]은 역사유
적지인 이집트의 아부심벨로 관광객들이 이 유적지를 고찰하고 있다. 여행상품
중에는 문화 및 예술을 즐기는 지적 관광(Intelligent Travel)이 차지하는 비중이
높은 것으로 나타나고 있다. 대표적인 문화관광에는 박물관 견학, 예술화랑 감
상, 극장공연 관람, 음악페스티벌 참여 등의 프로그램이 있다.

|사진 6-3| 역사유적지 아부심벨

라. 종교와 민족

　고대로부터 성지참배는 오래된 관광의 형태 가운데 하나이다. 여행사는 종교
를 믿는 사람들을 위하여 성지순례의 목적지로 로마, 예루살렘 등과 종교의 메카
를 돌아보는 패키지상품을 기획하여 판매하고 있다. [사진 6-4]는 예루살렘 통곡
의 벽에서 기도하는 유대인들의 모습이다. [사진 6-5]는 마호메트가 하늘로 승천
한 곳에 세워진 예루살렘, Temple Mount의 모스크이다. 민족관광은 자신들의
부모나 선조가 살았던 고국이나 지역을 방문하는 관광형태이다.

|사진 6-4| 유대인들의 예루살렘 성지순례 |사진 6-5| 예루살렘, Temple Mount의 모스크

마. 모 험

모험을 즐기기 위한 관광의 형태로서 관광시장의 중요한 부분시장으로 성장하고 있다. 모험관광에는 히말라야산맥 등반, 사하라사막의 낙타모험, 개썰매 타기, 네팔의 소달구지여행, 아프리카의 사파리여행, 열기구 타기, 아마존 정글지대 탐험, 알래스카의 급류타기 등이 있다. [사진 6-6]은 파키스탄 파수의 서스펜션 브리지를 목숨 걸고 건너는 모습이다. [사진 6-7]은 이집트의 사막여행 중에 오아시스를 즐기는 모습이다.

|사진 6-6| 파키스탄 파수의 서스펜션브리지를 |사진 6-7| 이집트 사막여행에서 오아시스를 즐기는 여행자들
　　　　　건너는 여행자들

바. 스포츠와 레크리에이션

스포츠와 레크리에이션의 목적을 가진 여행형태는 최근 들어 더욱 다양화되고 있다. 여행사는 활동적인 휴가를 원하는 사람들을 위해 골프, 테니스, 스키, 스킨스쿠버 등 각종 스포츠를 즐길 수 있도록 여행상품을 기획하여 판매하고 있다. 어린이를 위한 레크리에이션 관광으로는 디즈니랜드와 같은 테마공원 패키지가 있고 성인들을 위한 레크리에이션의 형태로는 옥외스포츠 외에도 라스베이거스나, 애틀랜틱시티의 카지노 패키지를 들 수 있다. 스포츠관람 패키지도 여행시장의 중요한 상품으로 특별한 스포츠행사를 중심으로 구성한다. 아시안게임이나 월드컵경기, 올림픽게임, 골프경기 등은 각광받는 스포츠관람 패키지상품이 되고 있다.

사. 특별한 관심

여행시장이 세분화되면서 주목받고 있는 상품의 하나로 커다란 잠재력을 가진 관광상품이다. 특별관심상품(SIT : Special Interest Tour)은 여행자가 특별히 관심있는 요소를 결합하여 상품화한 것으로 테마여행의 성격을 갖는다. 오지탐험을 즐기며 짜릿한 느낌을 추구하는 사람들, 식도락가를 위한 여행, 소믈리에 여행, 조류관찰 관광 등으로 관광의 형태는 다양하게 나타난다. [사진 6-8]은 이집트의 아수안에서 지중해의 요트를 즐기고 있는 모습이고 [사진 6-9]는 특별관심상품으로 각광받고 있는 1500년 동안 버려진 시리아에 있는 도시들이다.

|사진 6-8| 지중해의 요트를 즐기는 관광객

|사진 6-9| 시리아에 산재한 Dead Cities

아. 주 말

현대인은 기간이 짧더라도 자주 실행할 수 있는 다빈도 휴가를 선호하는 것으로 통계조사에서 밝혀졌다. 주5일 근무로 인하여 주말을 이용한 여행이 확산되는 추세에 있다. 일상에서 벗어나고자 하는 현대인들의 욕구를 반영하는 단기적 성격의 여행형태이다.

4. 패키지상품의 개발

1) 패키지상품의 공급자

패키지관광상품은 여행에 관련된 다양한 사업들의 개별적 요소들이 유기적으로 결합하며 거래를 통하여 생산된다. 각 여행에 관련된 요소(호텔, 레스토랑, 항공사, 유람선, 버스회사, 리조트 등)에는 관광상품 생산에 관련된 시설을 운영하거나 제공하는 공급사업자와 중앙부서, 지방정부, 지역관광업소, 사무국 공공부문의 조직, 투어 오퍼레이터, 여행사 등이 있다. 공급자의 기본목표는 고객의 욕구에 적합한 상품을 기획·생산하여 판매하는 것이다. 공공부문조직(public sector organization)은 목적지를 여행하는 사람들에게 홍보나 판촉활동을 한다. 투어 오퍼레이터는 고객에게 직·간접적으로 공급자의 서비스를 판매할 수 있는 관광 패키지로 결합하는 역할을 한다. 여행사는 여행의 실수요자인 고객들에게 여행에 관련한 상품을 판매한다. 즉 공급자와 투어 오퍼레이터의 상품을 고객에게 연결시켜 주는 매개적인 역할을 하는 것이다.

2) 패키지상품의 개발단계

패키지상품을 생산하기 위해 수행되는 업무는 운영, 비용책정, 브로셔 제작, 촉진 등의 4단계로 나누어 설명할 수 있다.

가. 운영(Operation)

운영단계는 계획(Planning)으로부터 시작된다. 시장조사결과를 종합하여 어떠한 적절한 관광상품을 생산하고 판매할 것인가를 결정한다.

패키지상품은 공급자에 의해 결정된 관광목적지와 출발일자, 관광소요일자 등에 따라 적합한 교통수단과 지상서비스를 결합하여 고객들에게 제공한다.

나. 비용책정(Costing)

고객에게 판매되기 위한 비용의 정확한 책정은 패키지상품 개발에 중요한 단계이다. 매력적인 가격의 패키지상품은 고객들에게 많은 관심과 구매의욕을 유발하게 된다. 가격구성요소에는 촉진비용, 업무간접비, 수수료, 수익 등이 포함된다. 비용은 고정비와 변동비로 구분할 수 있는데 고정비는 참가자 수와 관계없이 지출하게 되는 비용이다. 투어 오퍼레이터가 호텔객실이나 항공좌석의 일정수량을 하나의 단위로 예약했다면 그 전체비용에 대한 지불금액은 참가자의 변동인원에 관계없이 동일하게 지불하게 된다.

호텔의 객실이나 항공기의 예약 등을 일정한 단위로 예약하는 것을 블록예약 (block booking)이라고 한다. 변동비용은 참가자 수를 기초로 하여 산정하는 비용을 말한다. 호텔객실 확보 시 블록예약을 하지 않았다면 투어 오퍼레이터는 사용한 객실의 수를 계산하여 공급자에게 지불하면 된다. 투어 오퍼레이터는 여행상품에 포함된 내용을 늘리거나 줄이는 방법과 사용하는 시설의 등급 및 질에 따라 패키지상품 비용을 다양하게 조정할 수 있다. 모든 포괄여행(All Inclusive Tour)은 숙박시설이나 교통수단만을 대상으로 하는 패키지보다 비용이 많이 발생한다. 투어 오퍼레이터는 패키지상품에 포함되어 제공되는 각종 사항의 수를 조정하거나 호텔 등의 가격에 따른 등급을 조정하고 선택하여 비용을 책정하게 된다.

다. 브로셔 제작(Brochure production)

브로셔는 체험을 통하여 얻어지는 무형 여행상품을 고객들에게 유형화된 상품으로 제시할 수 있는 유용한 수단이다. 상품을 구매하는 고객뿐만 아니라 잠재고객에게도 브로셔는 여행에 대한 욕구를 일깨우고 구매의욕을 자극하게 된다. 브로셔 내용에는 판매하고자 하는 패키지상품의 다양한 자료를 제공하여 정보를 알리고, 가능한 관광에 관련한 모든 요소를 제시하여 여행조건을 명시한다.

대형여행사나 투어 오퍼레이터는 판매하려는 상품 고유의 브로셔를 제작하여 제공한다. 중소업체에서는 항공사나 호텔 등의 공급업자들이 만들어낸 일반적인 내용을 담은 셸(shell)의 사용으로 시간과 비용을 절약할 수 있다.

라. 촉진(Promotion)

패키지상품의 효과적인 촉진수단 중 하나로 매체광고가 있다. 투어 오퍼레이터나 여행업자들은 자신의 관광상품을 판매하기 위해 다이렉트 메일(DM)을 발송하거나 인터넷광고, 그룹판매, 전시회 등을 한다.

사업체를 홍보하는 방법으로는 관광정보를 제공하는 형태의 상품판매광고로 관광지의 특별한 매력요소 부각에 중점을 두고 있다.

여행업무 관련 종사원에게 할인가격이나 무료로 제공되는 FAM투어(Familiarization tour)는 관광상품에 대한 관심 유발과 수요를 창출하는 수단으로 활용되고 있다.

제2절 여행업

여행업은 이동을 전제로 하는 관광산업의 기초사업으로서 관광객의 욕구를 다양하게 실현시킬 수 있도록 관광에 관련한 각종 업무를 매개하는 사업이다.

현대인들은 가처분소득의 증가와 여가시간의 확대, 새로운 경험의 욕구 등과 다양하고 개성 있는 생활방식의 변화로 여행수요가 지속적으로 확대되고 있다.

1. 여행업의 특성과 정의

1) 여행업의 특성

여행업의 특성은 첫째, 여행에 관련된 사업자들로부터 필요한 매개요소를 제공받아 알선하는 사업이므로 초기 투자비용이 다른 사업에 비하여 적다.

둘째, 고객의 문의와 요구에 대응하는 조직과 직원이 갖춘 역량에 따라 기업의 이미지와 수익을 결정짓게 되므로 전문적인 지식을 갖춘 훈련된 인적 자원이 필요하며 인적 의존도가 높다.

셋째, 정치, 경제, 환경, 사회적 측면 등 모든 외부적 환경요인에 의해 매우 민감하게 반응하는 사업이다. 해당 지역의 정국불안이나 외교적 문제, 질병의 만연, 재해발생 등과 같은 악재는 여행업에 치명적인 타격을 초래하고 항상 경제지수를 후행하는 경향이 있다. 즉 경제가 불황이거나 저조할 때 여행객의 수요는 줄어들고, 호황일 경우에도 시간이 어느 정도 지나야 여행수요가 점차 늘어나는 경향을 보인다.

2) 여행업의 정의

여행은 인간의 이동을 전제로 한 개념으로서 여행자는 일상적인 거주지를 떠나 다른 곳으로 이동하여 정주지로 돌아올 때까지 많은 과정과 체험을 하게 된다. 이러한 과정에서 여행자와 여행에 관련된 다양한 사업자인 호텔, 항공사, 버스회사, 리조트, 기타 관광기업 등의 상호작용을 매개하여 편의를 제공하고 영리를 도모하는 사업자를 여행업자(Travel Agent)라고 한다. 「관광진흥법」 제3조 제1항에서 여행업이란 "여행자 또는 운송시설·숙박시설, 그 밖에 여행에 딸리는 시설의 경영자 등을 위하여 그 시설 알선이나 계약체결의 대리, 여행에 관한 안내, 그 밖의 여행 편의를 제공하는 업"을 말한다고 정의하고 있다.

2. 여행업의 업무내용

여행업은 여행자를 위하여 관광사업자 또는 여행에 관련된 교통사업, 시설업자들에게 예약, 알선, 판매 등을 통하여 서비스를 제공하고 수수료를 받는 사업을 영위하는 것인데 여행사의 규모와 상황에 따라 차이가 생길 수 있다. 여행사의 주된 업무는 여행상품을 생산·판매·안내·관리하는 것이다.

세부내용은 여행관련 업자로부터 알선과 시설물 이용에 따른 대리판매업무, 여정작성업무, 원가계산업무, 기타 여권 및 비자발급의 수속대행업무와 항공관련 예약 및 발권 업무, 지상수배, 예약업무로 나누어진다. 이 중에서 여정작성업무, 원가계산업무, 항공예약 및 발권업무는 여행사에서 공통적으로 수행하는 업무이다.

1) 기획업무(상품개발부)

여행상품의 개발 및 상품화, 협력사와의 긴밀한 협조유지, 여행상품 원가계산 및 판매가 결정 등의 업무를 한다.

2) 판매업무

여행객의 구매요구에 따라 항공권 판매, 호텔 판매, 렌터카, 철도권, 선박권, 패키지 여행판매 등 여행에 관련된 전반적인 상품을 알선·판매한다.

3) 수속업무

여행을 준비하는 기본적 준비단계로서 여행에 필요한 비자 등 각종 수속을 대행하는 업무를 말한다. 여권이란 외교통상부에서 발급하는 국제적인 신분증인

동시에 여행 허가증의 하나이다. 각 구청과 시청, 군청, 동사무소에서도 발급받을 수 있으며, 2009년 이후 본인이 신청하는 것을 원칙으로 한다. 미성년자와 특별한 사유가 없을 경우 여권의 대행을 할 수 없도록 되어 있다.

비자(visa)는 방문하고자 하는 국가의 입국허가증으로서 국가마다 허용하는 체류기간과 조건이 다르다. 국가 상호 간에 비자면제협정을 하며 비자발급은 사용할 수 있는 횟수에 따라 단수비자와 복수비자로 구분한다.

4) 예약 및 발권 업무

국외여행 시 필요한 항공권의 예약과 발급이 주요 업무이다. 해당 노선의 항공좌석 예약 및 운임계산, 항공권 발권 등의 항공관련 업무를 취급한다.

5) 수배업무

여행하고자 하는 지역의 숙박시설, 차량, 입장지, 항공좌석 등에 대한 예약과 확인 등의 전반적인 업무처리가 중요한 사항이다. 여행자와 계약한 내용은 정확하고 차질 없도록 원활하게 이행되어야 한다. 관광목적지의 지상수배와 관련한 제반업무를 취급한다.

6) 안내업무(Tour conductor)

여행자와 동행하며 여행의 출발부터 여행이 종료될 때까지의 모든 과정에서 여행객의 편의를 위하여 업무를 담당하는 직원이다. 공항에서 탑승절차수속, 현지에서 입국안내, 호텔 투숙 등 다양한 편의를 제공하며 여행을 원활하게 할 수 있도록 조정·관리하는 업무를 담당한다.

7) 정산업무(경리부)

여행종료 후 수익이나 지출 등에 관해 보고된 행사단체의 정산을 담당한다.

8) 여행정보의 제공과 여행상담, 여행계획의 작성업무

고객이 여행에 관련하여 요구하는 사항의 자료 제공이나 상담을 한다. 여행에 적합한 일정을 작성하고 계획수립과 필요한 정보를 제공하여 합리적 선택을 도와준다.

3. 여행업의 종류

우리나라에서는 「관광진흥법 시행령」 제2조 제1항에서 여행업을 일반여행업, 국외여행업, 국내여행업으로 분류하고 있다. 시·도별 여행업 등록현황은 〈표 6-1〉과 같다.

|표 6-1| 시·도별 여행업 등록현황

(단위 : 개소)

구 분	계	일반여행업	국내여행업	국외여행업
서울	4,641	831	1,026	2,784
부산	848	39	337	472
대구	571	19	265	287
인천	400	14	179	207
광주	397	30	181	186
대전	387	17	183	187
울산	153	7	71	75
경기	1,447	75	616	756
강원	287	21	141	125
충북	311	12	159	140
충남	383	0	206	177
전북	567	21	271	275
전남	443	15	246	182
경북	487	13	259	215
경남	573	28	279	266

구 분	계	일반여행업	국내여행업	국외여행업
제주	689	91	503	95
계	12,584	1,233	4,922	6,429

자료 : 문화체육관광부, 2010년 기준 관광동향에 관한 연차보고서, 2011.8, p. 265.

1) 일반여행업

국내외를 여행하는 내국인 및 외국인을 대상으로 하는 여행업(사증을 받는 절차를 대행하는 행위를 포함한다)을 말한다. 따라서 일반여행업자는 외국인의 국내 또는 국외여행과 내국인의 국외 또는 국내여행에 대한 업무를 모두 취급할 수 있다. 일반여행업에 있어서의 설립자본금은 2억원 이상일 것을 요한다.

외국인 관광객 유치에 중추적 역할을 하고 있으며, 일반여행업체의 외래관광객 유치실적은 〈표 6-2〉와 같다.

|표 6-2| 연도별 일반여행업체의 외국인 관광객 유치실적

(단위 : 명, %)

연 도	전체 입국자 수 (A)	증가율	일반여행업체 외래객 유치실적(B)	증가율	점유비 (B/A)
2000	5,321,792	-	1,922,151	-	36.1
2001	5,147,204	-3.2	1,910,788	-0.5	37.1
2002	5,347,468	3.8	1,987,492	4.0	37.2
2003	4,752,762	-11.1	1,907,358	-4.0	40.1
2004	5,818,298	22.4	2,217,137	16.2	38.1
2005	6,021,764	3.4	2,356,194	6.2	39.1
2006	6,615,047	9.8	2,031,883	-13.7	30.7
2007	6,448,241	-2.5	2,079,026	2.3	32.2
2008	6,890,841	6.9	2,440,186	17.0	35.4
2009	7,817,533	13.4	3,307,525	35.5	42.0
2010	8,797,658	12.5	3,563,160	7.7	41.0

자료 : 문화체육관광부, 2010년 기준 관광동향에 관한 연차보고서, p. 21.

2) 국외여행업

국외를 여행하는 내국인을 대상으로 하는 여행업(사증을 받는 절차를 대행하는 행위를 포함한다)을 말한다. 국외여행업에 있어서의 설립자본금은 6천만원 이상일 것을 요한다.

3) 국내여행업

국내를 여행하는 내국인을 대상으로 하는 여행업을 말한다. 즉 국내여행업은 내국인을 대상으로 한 국내여행에 국한하고 있어 외국인을 대상으로 하거나 또는 내국인을 대상으로 한 국외여행을 법으로 금하고 있다. 국내여행업에 있어서의 설립자본금은 3천만원 이상일 것을 요한다.

4. 국외여행 안내업무(T/C업무)

여행의 출발준비부터 여행의 종료까지 전 여정을 고객과 같이 이동하며 전반적으로 관리하는 업무를 국외여행 안내업무라고 한다.

국외여행 인솔자는 「관광진흥법」 제13조 제1항에서 여행자의 안전 및 편의 제공을 위해 여행을 인솔하는 자로 규정하고 있으며 외국어로 Tour Conductor (T/C), Tour Leader, Escort 또는 Tour Manager 등으로 사용되고 있다.

1) 국외여행 인솔자(T/C)의 역할

국외여행 인솔자는 동반하는 여행자에게 여행일정에 있는 내용을 충실하고 안전하게 제공할 수 있도록 여행 전반에 걸친 업무내용, 계약조건에 관련하여 정확한 지식을 숙지하고 있어야 한다. 예를 들어 출입국에 관련된 사항, 탑승수속, 수하물 관리, 현지와의 원활한 업무협조 등의 원활한 진행을 위한 업무내용을 파악하고 고객의 안전과 편의를 도모하여 유익한 여행이 되도록 하여야 한다.

가. 여행일정의 진행과 리더의 역할

무형적 성격을 가진 여행상품은 여행일정표를 통해서 구체적인 상품으로 표시된다. 따라서 여행일정표상의 내용과 그에 따른 실행이 얼마나 쾌적하고 원활하게 진행되느냐에 따라 상품의 질(quality)이 결정된다. 여행의 성격상 같은 상품이라 해도 내·외부적 환경에 매우 민감하다. 여행인솔자는 상황에 맞춰 적절하게 대응하고 진행함으로써 상품가치와 고객 만족감이 다르게 나타난다. 따라서 인솔자는 고객을 존중하는 자세로 요령 있게 리드하여 안전하고 즐거운 여행이 되도록 노력하여야 한다.

나. 회사대표의 역할과 예산집행

전 여행일정을 진행하는 국외여행 인솔자는 현지의 수배과정에 따른 비용지불과 현장에서 발생되는 경비의 집행을 하게 된다. 그러므로 정확하게 수배사항을 확인하고, 여행 중에 발생하는 모든 문제를 조정하고 해결하는 회사의 대표성을 갖게 된다.

2) 국외여행 인솔자(T/C)의 업무

가. 출장준비업무

(1) 여행목적지에 대한 정보의 숙지 : 지리, 기후와 시차, 출입국 시 규제사항, 종교, 언어, 문화, 재외공관 및 연락처 등 전 분야
(2) 여행계약 내용과 여행조건 확인(단체의 성격 및 여행목적 파악)
(3) 수배내용의 확인·점검(현지여행사의 담당자와 연락처, 호텔 및 식사내용)
(4) 이용 운송기관의 확인(항공일정 및 확약사항)
(5) 여행경비 지불방법에 관한 사항
(6) 수속서류 확인(여권, 비자, 출입국서류, 세관서류 등)

나. 출국에서 목적지 도착업무

(1) 탑승수속업무 : 단체 출발 2~3시간 전에 공항 미팅장소에 도착하여 여행객의 인원파악 및 자신의 소개와 인사를 한다.

(2) 여행자의 여권과 항공권으로 해당 항공사에 수하물 위탁과 항공좌석 배정 후 탑승절차나 주의사항을 간단히 전달한다.

|사진 6-10| 출입국 업무

(3) 기내에서 좌석의 확인 및 고객의 편의제공 입국서류 등을 작성한다.

(4) 현지입국 시 여행객의 분산을 방지하고 인솔하여 입국수속을 진행한다.

(5) 입국수속 후 수하물 회수 및 현지가이드 미팅업무를 한다.

다. 호텔로의 이동 및 도착 후 업무

(1) 인원파악 후 호텔로 이동하여 방을 배정(rooming list 활용)한다.

(2) 프론트에서 객실열쇠와 식사권을 수령하여 배부한다.

(3) 호텔사용 주의사항 안내(객실 이용방법, 전화사용법, 호텔 부대시설, 식사 장소, 시간, 모닝 콜, 출발시간 등)를 한다.

라. 현지투어 진행업무

(1) 관광지에서는 현지가이드(T/G)가 주도적으로 안내하게 되므로 인솔자는 전반적인 흐름을 원활히 할 수 있도록 고객의 편의를 도모하고, 관광지 이동 시 부주의로 단체에서 이탈자가 발생하지 않도록 주의를 기한다.

(2) 식당에서는 지정된 좌석으로 안내하고 에티켓을 지키도록 한다.

(3) 과다하고 무분별한 쇼핑을 자제시키고 현지 자유시간에 따른 선택관광에

대한 적절한 안내를 한다.

(4) 현지 여행일정이 끝나고 귀국 시 출국순서와 역순으로 진행한다.

5. 여정작성 및 원가계산 업무

1) 여정작성 업무

여정작성 업무는 여행사의 업무 중 기본적이면서 가장 중요한 업무이다. 여정작성 업무는 고객의 요구에 따라 일정에 대한 정보를 제공하고 고객의 희망을 반영하여 무형의 상품을 유형으로 만드는 과정이라고 할 수 있다. 여정의 작성은 정확하고 상세하며 성의 있게 작성하여 여행자에게 예상되는 여행효과와 서비스에 대해 사전지식을 제공해야 이것이 여행상품에 결정적 영향을 미치게 된다.

여정이라는 구체적인 일정표가 작성되어야 비로소 여행상품이 형성된다. 여정은 여행목적지, 여행기간, 이용교통편, 숙박시설, 식사, 그리고 관광지 방문으로 구성된다. 여정작성 시 고려할 사항은 다음과 같다.

가. 여행자의 여행목적에 적합한 여행지 선정과 합리적인 여행경로를 정하여야 한다.

나. 여행자의 지불능력을 고려하여 여행경비를 산출한다.

다. 여행목적지 및 경유지에서의 숙박은 여행지별 필수시간을 고려하여 배정한다.

라. 숙박과 식사는 방문지 특성과 여행의 성격을 고려하여 특색 있는 호텔과 메뉴를 제공한다.

마. 여행자의 희망사항을 반영시키고 타사와의 경합을 고려하여 작성한다.

2) 원가계산 업무

여행상품 가격은 관련업체가 제공하는 원가(tour cost)에 알선수수료를 포함한 것이다. 원가계산에 포함되는 비용은 항공운임, 지상경비 및 기타 경비들로 구성된다.

가. 항공운임(Air fare)

항공운임은 기본적으로 항공사의 요금표나 국제항공운송협회(IATA)가 규정한 공표요금(tariff)을 기준으로 한다. 목적지, 여행인원 수, 여행조건, 좌석등급, 인솔자 할인, 계절별 할인 등을 고려하여 계산한다.

나. 지상비(Land fee)

지상비는 국가 간의 이동을 제외한 여행목적지 내에서 여행관련 이용시설 및 여행요소와 이에 관련된 서비스의 이용에 따른 비용이다. 여건에 따라 비용의 산출이 다양하게 적용되고 내역도 다양하며 가변적인 요소가 많다.

다. 숙박비(Accomodation)

숙박비는 일반적으로 사용객실 요금에 세금과 봉사료가 첨부되어 요금이 산출된다. 숙박비는 지역, 장소, 시설, 규모, 등급, 시기 등에 따라 다르며, 단체여행의 인원 수, 여행의 시기, 현지의 물가지수, 환율에 따라 달라진다. 숙박비 중 호텔의 요금운영방식은 크게 세 가지로 나뉜다.

- European plan : 객실요금만 징수하는 방식
- American plan : 3식의 식사를 포함하는 객실요금방식
- Continental plan : 조식이 포함된 객실요금방식

라. 식사비

식사비는 여행일정에 따른 식사의 횟수와 장소 및 종류에 따라 가격에 차이가 발생한다.

마. 지상교통비

지상교통비는 여행목적지로 이동하면서 사용하는 교통수단에서 발생하는 비용으로 기차, 버스, 렌터카, 선박 등의 사용된 비용을 합한 것이다.

바. 관광비

관광비는 관광지의 입장료, 가이드 요금, 통역비용 등의 합계를 말한다. 특히 시찰이나 국제회의 참석 등을 목적으로 하는 여행에서는 전문지식을 갖춘 통역자가 동행해야 하는 경우의 경비와 통역비용을 추가하게 된다.

사. 세 금

세금은 여행자가 여행 중에 시설과 서비스를 이용하고 상품을 구매할 때 부과되는 각종 세금을 의미한다. 공항세 또는 공항사용료, 통행세, 유류할증료 등이 있다.

아. 기타 경비

기타 비용에는 여행경비에 포함되는 비용과 포함되지 않는 개인적 비용으로 나눌 수 있다.

(1) 여행경비에 포함되는 비용
• 안내원의 운임 및 육상경비
• 여행업자가 여객의 화물손실에 대비하여 지불하는 보험료

- 출발 시 공항의 대합실을 이용하는 경우의 비용
- 여객의 가방과 수하물에 매는 꼬리표 등을 배포하는 경우의 비용
- 일정표를 작성할 경우 인쇄비

(2) 여행경비에 포함되지 않는 비용

여권인지대, 비자수수료, 예방주사비, 임의보험료, 여행과 관련된 팁 등

제 **7** 장

관광자원과 개발

제7장 관광자원과 개발

제7장 관광자원과 개발

제1절 관광자원의 개념과 정의

관광자원은 관광객으로부터 관광욕구와 동기를 유발하고 심상가치(mental value)를 느낄 수 있게 하는 매력적 요소를 가진 유형·무형의 자원이다.

1. 관광자원의 개념

관광자원은 관광의 주체가 되는 인간이 관광을 통해 욕구와 관광동기를 충족할 수 있는 모든 자원이다. 관광대상은 시대와 성별, 연령, 개인의 수준에 따라 관심도와 가치가 다르게 나타난다.

학자들에 의해 제시된 관광자원에 대한 개념의 구성적 요소는 〈표 7-1〉과 같으며, 관광객의 욕구와 동기, 자원의 범위, 관광자원의 성격, 관광환경, 관광자원의 가치 등을 고려하여 정의하고 있다.

|표 7-1| 학자들의 관광자원에 대한 정의

학자명	정　　의
이장춘	인간의 관광동기를 충족시켜 줄 수 있는 생태계 내 유형·무형의 제 자원으로서 보호·보존하지 않으면 가치를 상실하거나 감소할 성질을 내포하고 있는 자원
윤대순	관광객의 관광동기나 관광을 유발하도록 매력과 유인성을 지니고 있으면서 관광객의 욕구를 충족시켜 주는 유·무형의 재화 및 관광활동을 원활히 하기 위해 필요한 제반 요소인데, 그 보전·보호가 필요하고, 관광자원이 지닌 가치는 관광객의 시대에 따라 변화하며, 비소모성과 비이동성을 가진다.
이 근	관광자원이란 인간의 관광욕구와 동기를 충족시킬 수 있는 자연적, 인문적 대상의 총체로서 매력성과 자력성을 지닌 소재적 자원을 말한다.
쓰다 노보루	관광자원이란 관광의 주체인 관광객이 그 관광동기 내지 관광의지의 목적물로 삼는 관광대상이다.

자료 : 저자 재구성.

관광자원의 개념은 시대와 사상의 변화에 따라 다르게 표현될 수 있으며 일반적인 관광자원의 속성은 다음과 같다.

① 관광객의 욕구나 동기를 일으키는 매력성이 있다.
② 관광객의 행동을 유발하는 유인성이 있다.
③ 자연과 인간의 상호작용의 결과다.
④ 유형 및 무형자원이며 다양한 자연자원과 인문자원으로 구분한다.
⑤ 시대와 사회상에 따라 다른 가치를 갖는다.
⑥ 보호와 보존이 필요하다.

이러한 속성을 바탕으로 하여 관광자원이란 시대와 관광환경에 따라 관광동기와 욕구를 충족시켜 줄 수 있는 매력적인 요소를 가진 다양한 자원으로서 보호와 보전의 필요성이 있는 자원을 의미한다.

2. 관광자원의 분류

관광자원의 종류는 매우 다양하고 사회의 변화에 따라 범위도 확대되고 있다. 현대인의 심리변화와 다양한 관광욕구를 충족시킬 수 있는 매력적 요소를 가진 대상으로 유형과 무형의 자원으로 나눌 수 있다.

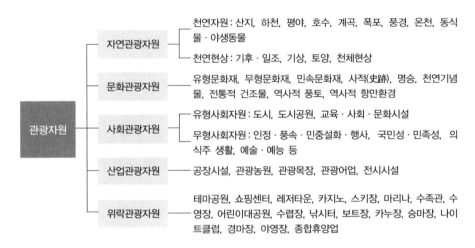

자료 : 김성혁, 관광학원론, 형설출판사, 2009, p. 416.

|그림 7-1| 관광자원의 분류

1) 유형관광자원

유형관광자원은 시각(視覺)을 통하여 접근이 가능한 자원이며 자연관광자원과 인문관광자원으로 나눌 수 있다.

가. 자연관광자원

자연관광자원은 기후적 · 지형적 상태를 중심으로 독자적인 경관을 형성하는 물리적 요소를 말한다. 산지, 해안, 계곡, 폭포, 동굴, 하천 등의 지형과 온도, 안개시수, 강우량, 강설량, 일조시수 등의 기후적 요소, 동식물의 분포인 생물적 요소가 결합되어 매력적 요인을 제공한다.

나. 인문관광자원

자연관광자원은 자연발생적 모습을 갖고 있거나 인위적인 영향이 있다고 하더라도 자연의 원형이 보전되어 있는 경우가 대부분이지만 인문관광자원은 인간의 노력과 기술, 자본 등이 투여되어 계획적인 개발이나 보전의 결과로 이루어진 관광자원이라고 볼 수 있다.

(1) 문화관광자원

문화적 관광자원은 한 민족과 국민이 갖는 독자적인 특성으로서 언어, 신앙, 예술, 정치, 사회제도 등의 특징이 문화양상으로 표현된 것이다. 이러한 문화적 특성은 관광객들에게 관광욕구를 발생시키는 유인력이 되는 관광자원의 역할을 하게 된다. 문화관광자원의 종류는 유형문화재, 무형문화재, 기념물, 민속자료 등으로 분류할 수 있다.

(2) 사회관광자원

관광이 다양화됨에 따라 새롭게 관광자원으로 인식되고 있는 자원이다. 풍속, 행사, 생활, 사상, 철학, 음악, 무용, 국민성, 예절, 향토특산물 등의 한 집단이 가지고 있는 이질적이고 특이한 생활모습과 문화시설, 문화행사 등을 통해 사회현상을 체험할 수 있는 자원이다.

(3) 산업관광자원

산업관광은 농업, 임업, 어업, 공업 등 각종 산업과 관련된 산업시설과 생산공정을 대상으로 하는 관광을 일컫는다. 산업수준에 따른 지식과 교양의 확대, 경제적·기술적 교류와 더불어 관광의 계절성도 극복할 수 있는 관광자원이다.

(4) 위락관광자원

단순한 관람이나 보양의 관광행태에서 개인 욕구의 중시와 직접경험의 추구를 위해 스포츠활동이나 오락·유흥 등의 행위를 충족시켜 주는 자원이다. 레저타운, 놀이시설, 캠프장, 수영장, 수렵장, 낚시터, 카지노, 쇼핑센터, 나이트클럽, 경마장, 스키장 등이 있다. 자연환경을 바탕에 둔 시설지향적 성향이 강한 자원이다.

2) 무형관광자원

무형관광자원(invisible tourist resources)은 일종의 인문관광자원형태로서 우리의 시각을 통하여 접근이 불가능한 요소를 가진다. 인적 관광자원과 비인적 관광자원으로 구분하여 설명할 수 있다.

가. 인적 관광자원

인적 관광자원이란 한 지역의 민족 또는 국민이 오랜 기간 동안 생활하면서 쌓여온 여러 인간생활의 규범가치이다. 이들의 요소에는 풍속, 습관, 전통적인 고유기술, 언어, 인심, 예절 등이 있다. 다른 지역에서 온 관광객에게 이질적인 풍속이나 언어 및 생활양식 등은 좋은 관광자원으로 작용한다.

나. 비인적 관광자원

비인적 관광자원은 한 나라의 고유종교나 철학, 사상체계, 역사, 문학, 인간생활 등으로 문화가치의 성격을 가지고 있다. 전통음악이나 연극 등도 비인적 관광자원의 범주에 속한다.

제2절 관광자원의 유형별 특징

1. 자연관광자원의 유형

자연관광자원(Natural resources)은 관광산업의 요소 중 자연경관을 대상으로 하며, 관광의 성격상 기초가 되는 매우 중요한 위치를 차지하고 있다.

자연관광자원은 장소적 위치에 따라 매우 다양하며 기후에 따라 열대, 온대, 한대 등으로 나누고, 지형적 요소에서는 산악, 하천 및 고원과 평지 등으로 나눈다. 그 외에 삼림, 동식물 등과 지질, 많은 계곡과 폭포 등의 요소로 구성된다. 지질구조는 침식의 연대에 따라 빙하도 있으며, 화산지형과 온천 등이 존재한다. 하천의 내수면에도 상류, 중류, 하류별로 각기 특색을 갖고 있으며 많은 어류가 서식하며, 해양에는 많은 도서자원이 있다. 이와 같은 자연경관은 지구상에 일률적으로 분포되어 있는 것이 아니라 기후적·지형적인 요인을 중심으로 각 지역의 독자적인 독특한 경관(landscape)을 구성하고 있다.

1) 산악관광자원

산악관광자원은 자연생태계와 수려한 자연경관, 문화유적 등을 내포하고 있다. 이러한 자원을 보호하고 지속적으로 이용할 수 있도록 자연경관지를 보전하고 합리적으로 이용하도록 하여 국민의 휴양 및 정서생활을 돕기 위해 설정한 구역이다. 등산이나 피서, 캠프, 스키 등의 스포츠활동을 할 수 있는 유용성과 동식물의 분포와 지형의 특성을 토대로 다양한 관광대상을 제공하는 자원성을 가지고 있다. 우리나라는 산악관광자원의 형태를 국립공원, 도립공원, 군립공원으로 분류·지정하고 있다.

가. 국립공원

우리나라를 대표할 만한 자연생태계 보유지역 또는 수려한 자연경관지역을 환경부 장관이 지정한 곳이다. 1967년 12월 29일 지리산국립공원 지정을 최초로 1960년대에 지리산·경주 등 4개소, 1970년대에 설악산·속리산 등 9개소, 1980년대에 다도해해상 등 7개 공원을 포함하여 2011년 4월 기준으로 20개의 국립공원이 〈표 7-2〉와 같이 지정되어 있다.

공원의 특징을 보면 한려해상·다도해해상 국립공원은 바다 및 도서와 육지를 대표하는 해상공원이고, 태안해안국립공원은 해안절경과 육지를 대표하는 해안공원이며, 경주국립공원은 사적공원으로 이들 4곳을 제외한 국립공원은 우리나라를 대표하는 명산 등을 위주로 한 산악육지공원으로 구성되어 있다.

|표 7-2| 국립공원 지정현황(2011)

(단위 : ㎢)

지정 순위	공원명	위 치	공원구역		비 고
			지정일	면 적	
1	지리산	전남·북, 경남	1967.12.29	483.022	
2	경주	경북	1968.12.31	136.550	
3	계룡산	충남, 대전	1968.12.31	65.335	
4	한려해상	전남, 경남	1968.12.31	535.676	해상 408.488
5	설악산	강원	1970. 3.24	398.237	
6	속리산	충북, 경북	1970. 3.24	274.766	
7	한라산	제주	1970. 3.24	153.332	
8	내장산	전남·북	1971.11.17	80.708	
9	가야산	경남·북	1972.10.13	76.256	
10	덕유산	전북, 경남	1975. 2. 1	229.430	
11	오대산	강원	1975. 2. 1	326.348	
12	주왕산	경북	1976. 3.30	105.595	
13	태안해안	충남	1978.10.20	377.019	해상 352.796

지정 순위	공원명	위 치	공원구역		비 고
			지정일	면 적	
14	다도해상	전남	1981.12.23	2,266.221	해상 1,975.198
15	북한산	서울, 경기	1983. 4. 2	76.922	
16	치악산	강원	1984.12.31	175.668	
17	월악산	충북, 경북	1984.12.31	287.571	
18	소백산	충북, 경북	1987.12.14	322.011	
19	변산반도	전북	1988. 6.11	153.934	해상 17.227
20	월출산	전남	1988. 6.11	56.220	
계			20개소	6,580.821	주 참조

자료 : 환경부, 2011년 4월 기준
주) 육지 : 3,827.112(3.9%), 해면 : 2,753.709(2.7%), 국토면적의 6.6%

국립공원을 찾는 탐방객의 수는 〈표 7-3〉과 같다. 2000년에는 약 34,000여 명이었으나, 2001년부터 2006년까지는 23,000명에서 27,000여 명으로 주는 경향을 보였다. 그러나 2007년부터는 다시 40,000여 명의 수준으로 증가되는 추세를 보이고 있다. 향후에는 국립공원을 찾는 탐방객 수가 증가할 것이다.

|표 7-3| 연도별 국립공원 탐방객 수

(단위 : 명)

구 분	2006	2007	2008	2009	2010
지리산	2,620,172	2,724,972	2,726,851	2,744,625	3,043,859
경주	3,438,301	4,912,391	3,515,394	2,870,006	3,106,903
계룡산	1,004,084	1,305,558	2,019,782	1,727,316	1,804,438
한려해상	3,015,532	3,329,891	3,968,255	4,232,623	4,245,020
설악산	2,677,606	3,489,665	3,265,168	3,537,016	3,791,952
속리산	1,097,870	1,164,784	1,338,859	1,402,830	1,422,479
한라산	745,308	804,887	925,686	988,382	1,141,632
내장산	958,802	1,667,376	1,716,552	1,654,624	1,875,059

구 분	2006	2007	2008	2009	2010
가야산	582,617	629,002	726,592	842,212	972,932
덕유산	849,875	1,524,267	1,627,333	1,742,759	1,822,378
오대산	870,432	1,183,712	1,260,642	1,194,247	1,153,085
주왕산	510,197	625,343	990,977	1,025,190	1,043,808
태안해안	370,975	397,660	231,795	410,655	692,025
다도해해상	530,994	655,950	1,204,276	1,320,777	1,003,082
치악산	371,733	485,278	419,080	477,915	520,541
월악산	537,429	622,104	676,843	722,090	733,049
북한산	4,874,790	10,190,803	8,966,541	8,653,807	8,508,054
소백산	356,080	459,795	426,470	463,287	1,324,482
월출산	281,248	285,766	304,221	446,954	364,949
변산반도	1,092,213	1,517,611	1,396,088	1,762,040	4,088,427
계	26,786,258	37,976,815	37,707,405	38,219,355	42,658,154

자료 : 문화체육관광부, 2010년 기준 관광동향에 관한 연차보고서, 2011.8. p. 221.

나. 도립공원

국립공원 이외에 특별시, 광역시, 도의 경관을 대표할 만한 수려한 자연경관지로 1970년 6월 1일 경상북도의 금오산을 최초의 도립공원으로 지정한 이래 1970년대에 13개소, 1980년대에 7개소가 지정되었고, 1990년대에 2개소, 2005년에 연인산 1개소, 2008년에는 제주도의 행정구역 개편으로 제주조각공원 등 6개 군립공원이 도립공원으로 편입되었고, 2009년에는 수리산 도립공원 1곳을 추가로 지정하여 2011년 4월 현재 31개소의 도립공원이 지정돼 있으며, 현황은 〈표 7-4〉와 같다.

|표 7-4| 도립공원 지정현황(2011)

(단위 : ㎢)

지정 순위	공원명	위 치	면 적	지정일
1	금오산	경북 구미 20.86, 칠곡 7.94, 김천 8.49	37.290	1970.06.01
2	남한산성	경기 광주 22.92, 하남 8.818, 성남 4.709	36.447	1971.03.17
3	모악산	전북 김제 28.442, 완주 10.835, 전주 6.29	45.567	1971.12.02
4	무등산	광주 27.03, 전남 담양 0.8, 화순 2.4	30.230	1972.05.22
5	덕산	충남 예산 20.671, 서산 0.353	21.024	1973.03.06
6	칠갑산	충남 청양 32.946	32.946	1973.03.06
7	대둔산	전북 완주 38.1	38.100	1977.03.23
8	대둔산	충남 논산 16.384, 금산 8.386	24.770	1980.05.22
9	낙산	강원 양양 8.659	8.659	1979.06.22
10	마이산	전북 진안 17.221	17.221	1979.10.16
11	가지산	울산 30.199, 경남 양산 61.069, 밀양 14.161	105.429	1979.11.05
12	조계산	전남 순천 27.380	27.380	1979.12.26
13	두륜산	전남 해남 33.39	33.390	1979.12.26
14	선운산	전북 고창 43.7	43.700	1979.12.27
15	팔공산	대구 35.365, 경북 칠곡 29.753, 군위 21.858, 경산 9.520, 영천 29.172	125.668	1980.05.13
16	문경새재	경북 문경 5.494	5.494	1981.06.04
17	경포	강원 강릉 9.475	9.475	1982.06.26
18	청량산	경북 봉화 41.09, 안동 8.38	49.470	1982.08.21
19	연화산	경남 고성 22.26	22.260	1983.09.29
20	태백산	강원 태백 17.44	17.440	1989.05.13
21	천관산	전남 장흥 7.606	7.606	1998.10.13
22	연인산	경기 가평 37.445	37.445	2005.09.12
23	신안증도갯벌	전남 신안 12.824	12.824	2008.06.05
24	무안갯벌	전남 신안 37.123	37.123	2008.06.05
25	제주조각	제주 남제주군 안덕면	0.370	2008.09.19

지정 순위	공원명	위 치	면 적	지정일
26	마라해양	제주 남제주군 대정읍, 안덕면	49.755	2008.09.19
27	성산일출해양	제주 남제주군 성산읍	16.156	2008.09.19
28	서귀포시립해양	제주 서귀포시 보목~강정동	19.540	2008.09.19
29	추자	제주 북제주군 추자면	95.292	2008.09.19
30	우도해양	제주 북제주군 우도면	25.863	2008.09.19
31	수리산	경기 안양 2.551, 안산 0.116, 군포 4.302	6.606	2009.07.16
계	31개소	-	1,040.54	-

자료 : 환경부, 2011년 4월 기준
주) 　대둔산은 전라북도와 충청남도에서 행정구역에 따라 각각 도립공원으로 지정하여 2개의 도립공원이 존재

다. 군립공원

시, 군의 자연경관을 대표할 만한 수려한 자연경관으로서 1981년 전라북도 순창군의 강천산이 최초의 군립공원으로 지정된 이래 239,217㎢가 군립공원으로 지정되어 있다.

군립공원 지정현황은 〈표 7-5〉와 같다.

|표 7-5| 군립공원 지정현황(2011)

(단위 : ㎢)

지정 순위	공원명	위 치	면 적	지정일
1	강천산	전북 순창군 팔덕면	15.844	1981.01.07
2	천마산	경기 남양주시 화도읍, 진천면, 호평면	12.714	1983.08.29
3	보경사	경북 포항시 송라면	8.509	1983.10.01
4	불영계곡	경북 울진군 울진읍, 서면, 근남면	25.140	1983.10.05
5	덕구온천	경북 울진군 북면	6.054	1983.10.05
6	상족암	경남 고성군 하일면, 하이면	5.106	1983.11.10
7	호구산	경남 남해안 이동면	2.869	1983.11.12
8	고소성	경남 하동군 악양면, 화개면	3.177	1983.11.14

지정 순위	공원명	위　치	면 적	지정일
9	봉명산	경남 사천시 곤양면, 곤명면	2,645	1983.11.14
10	거열산성	경남 거창군 거창읍, 마리면	4,252	1984.11.17
11	기백산	경남 함양군 안의면	2,013	1983.11.18
12	황매산	경남 함양군 대명면, 가회면	21,190	1983.11.18
13	웅석봉	경남 산청군 산청읍, 금서·삼장·단성	17,250	1983.11.23
14	신불산	울산 울주군 상북면, 삼남면	11,585	1983.12.02
15	운문산	경북 청도군 운문면	16,173	1983.12.29
16	화왕산	경남 창원군 창녕읍	31,283	1984.01.11
17	구천계곡	경남 거제시 신현읍, 동부면	5,871	1984.02.04
18	입곡	경남 함양군 산인면	0,995	1985.01.28
19	비슬산	대구 달성군 옥포면, 유가면	13,382	1986.02.22
20	장안산	전북 장수군 장수읍	6,246	1986.08.18
21	빙계계곡	경북 의성군 춘산면	0,880	1987.09.25
22	고복	충남 연기군 서면	1,949	1990.01.20
23	아미산	강원 인제군 인제읍	3,160	1990.02.23
24	명지산	경기 가평군 북면	14,027	1991.10.09
25	방어산	경남 진주시 지수면	2,588	1993.12.16
26	대이리	강원 삼척시 신기면	3,665	1996.10.25
27	월성계곡	경남 거창군 북상면	0,650	2002.04.25
계	27개소	-	239,217	-

자료 : 문화체육관광부, 2010년 기준 관광동향에 관한 연차보고서, 2011.8. p. 224.

2) 해안관광자원

　해안관광자원은 바다경관의 아름다움과 해수욕, 낚시, 수상스키 등 다양한 해양레저활동을 할 수 있는 유용한 자원을 제공한다. 예술성과 유용성이 크며, 바다와 섬이 가지고 있는 독특한 문화성이 결합되어 이용성과 매력성이 결합된 관광자원이다. 또한 해안지역의 특유한 역사와 문화, 민속 등은 색다른 관광가치를 제공하게 된다.

3) 하천·호수 관광자원

대도시나 인류문명의 발달은 하천과 매우 밀접한 관계를 가지고 있다. 인류 4대 문명발상지에서 보듯이 나일강 삼각주에서 이집트문명이, 황하강 유역의 중국문명, 티그리스·유프라테스강 유역의 메소포타미아문명, 인더스·갠지스강 유역에서 인도문명이 발달하였다. 이와 같이 하천과 강은 인류문화의 발상지로서 커다란 의의를 가지고 있다. 현대에 와서 하천의 용도는 내수면어업의 육성이나 급류지역의 계곡과 댐을 이용한 수력발전 등의 다양한 형태로 활용할 뿐만 아니라 관광자원으로도 활용되고 있다. 호수관광자원은 산악이나 산림계곡과 다양하게 결합되어 아름다운 경관미를 형성하는 복합성의 가치를 갖는 자원이다. 아름다운 풍광과 더불어 낚시, 요팅, 수상스키, 유람선 관광 등의 레크리에이션 활동을 제공하는 관광자원이 된다.

4) 온천 관광자원(Hot spring)

온천은 지하에서 용출하는 인체에 해롭지 않은 25℃ 이상의 온수를 말한다. 온도에 따라서 25℃ 이하는 냉천, 25~34℃는 미온천, 42℃ 이상은 고온천으로 분류하며 광물질 용해에 따라 유황천, 탄산천, 염류천 등으로 분류한다.

온천자원은 휴양적·요양적 기능과 더불어 주변의 산악경관이나 수려한 풍광과 결합되어 관광자원으로서의 가치가 높다.

5) 동굴 관광자원(Cave)

동굴 관광자원은 생성원인에 따라 구분하며 채굴에 의해 형성된 인공동굴과 자연의 힘에 의해 형성된 자연동굴인 석회동굴, 용암동굴, 해식동굴로 구분된다. 동굴은 지하의 신비한 경관과 독특한 생태계를 형성하여 평소에는 접하기 어려운 관광자원이다. 동굴 관광자원은 다른 관광자원에 비하여 단일성이 강하며, 다양성과 기능적 복합성을 가진 관광자원으로서의 가치가 높다.

가. 용암동굴

화산이 폭발하면서 용출된 마그마가 차가운 외부공기의 냉각으로 형성된 동굴이다. 제주도에는 세계 제1의 화산동굴인 빌레못동굴을 비롯하여 만장굴, 금녕굴, 협제굴이 있다.

|사진 7-1| 말레이시아 바투동굴

나. 해식동굴

바닷물의 침식과 파도의 영향으로 형성된 동굴이다. 홍도의 석화굴, 제주도의 산방굴, 여수의 오동도굴 등이 대표적인 해식동굴이다.

|사진 7-2| 라오스 루앙프라방의 Pak Ou동굴

다. 석회동굴

빗물이나 지표면의 물들이 땅속에 스며들면서 석회암의 석회분을 용해하여 동굴을 형성하게 되는데, 오랜 시간에 걸쳐 종유관이나 종유석이 생성된다. 우리나라에는 5~10만 년 전 것으로 추정되는 종유동굴이 분포되어 있다. 종유석은 용해된 빗물의 양, 동굴 내의 온도나 습도, 통풍과 물리적인 영향에 따라 다르게 나타난다.

2. 문화관광자원의 유형

문화관광자원(cultural tourism resources)은 민족문화유산으로서 보존할 만한 가치가 있고 관광매력을 지닐 수 있는 자원을 말한다. 민족문화유산이 되기 위해서는 역사적인 가치가 있어야 하고, 보존할 만한 가치가 있기 위해서는 그 문화재가 예술적·학술적 가치가 있어야 하며, 관광매력을 갖추기 위해서는 관광객의 욕구충족이 가능해야 한다.

문화적 관광자원은 일반적으로 크게 문화재 자원과 박물관으로 구분할 수 있으며, 문화재 자원은 유형문화재, 무형문화재, 기념물, 민속자료 등으로 나눌 수 있다.

1) 문화재자원

가. 유형문화재(Visible cultural assets)

건조물, 전적, 고문서, 회화, 공예품 등 유형의 문화적 소산을 말하며 역사상 또는 예술상 가치가 큰 것과 이에 준하는 고고자료를 유형문화재라고 한다. 이러한 유형문화재 중에서 중요한 것을 보물로 지정하고, 또한 보물 중에서 특히 인류문화의 견지에서 가치가 크고 유례가 드문 것을 국보로 지정한다.

나. 무형문화재(Invisible cultural assets)

연극, 음악, 무용, 공예, 기술 등 무형의
문화적 소산으로 역사상 또는 예술상 가
치가 큰 것을 무형문화재라고 한다. 이
무형문화재 중에서 중요한 것은 주요 무
형문화재로 지정한다. [사진 7-3]의 터키
넴루트산의 일출 전 공연은 관광객들에게
맑은 정신을 가지게 한다.

|사진 7-3| 터키 넴루트산의 일출 전 공연

다. 기념물(Monuments)

패총, 고분, 요지, 성지, 궁지, 기타 사적지와 경승지, 동물, 식물, 광물로서 역
사나 예술적 측면과, 학술상 또는 관광의 가치가 큰 것을 기념물이라고 한다. 이
기념물은 역사기념물과 천연기념물로 구분된다. 역사기념물은 패총, 고분, 성지,
궁지, 요지, 유물, 기타 사적지 등으로 이 중에서 중요한 것을 사적으로 지정한
다. 또한 천연기념물은 경승지, 동물, 식물, 광물 등으로 이 천연기념물 중에서
중요한 것을 명승 천연기념물로 지정한다. 명승 천연기념물로는 미얀마 바간에
있는 담마얀지 사원([사진 7-4])과 쉐지곤 사원([사진 7-5]) 등이 있다.

|사진 7-4| 피라미드를 닮은 담마얀지 사원

|사진 7-5| 쉐지곤 사원

라. 민속자료(Folk customs materials)

민속자료는 의식주, 생업, 신앙, 연중행사 등에 관한 풍속, 관습과 이에 사용되는 의복, 기구, 가옥, 기타의 물건으로서 국민생활의 추이를 이해할 수 있는 것을 말한다. 민속자료는 무형의 민속자료와 유형의 민속자료로 구분하며 무형의 민속자료는 의식주, 생업, 신앙, 연중행사 등에 관한 풍속, 관습 등이며, 유형의 민속자료는 의복, 기구, 가옥, 기타의 물건 등이다. 유형의 민속자료 중에서 중요한 것을 중요민속자료로 지정하고 있다.

2) 박물관(Museum)

박물관은 한 나라의 민족 또는 지방민의 역사적 유물이나 고고자료, 미술품 등의 문화유산 중에서 역사적·학술적·예술적 가치가 있는 것을 모아 체계적으로 진열해 놓은 시설이다. 박물관은 시설주체에 따라 구분하게 되는데 국립, 시립, 도립, 대학, 사립 박물관 등으로 분류한다.

3. 사회관광자원의 유형

사회관광자원(social tourism resources)은 한 나라의 국민성과 민족성을 이해할 수 있는 규범적 문화자원을 의미한다. 국민적·민족적 자원이라고 할 수 있는 사회적 관광자원은 관광이 다양화하고 심화됨에 따라 관광자원으로서 각광받고 있다. 일반적으로 문화의 유형은 의식주의 생활용구인 용구문화와 철학, 종교, 예술, 학문의 가치문화, 인정, 제도, 풍속 등의 규범문화와 민족성, 도덕, 생활양식, 신앙 등의 무형적인 사회양식 등으로 구분한다. 이러한 문화를 통하여 그 나라의 역사와 전통, 그리고 과거의 생활상을 돌아보고 현재를 이해할 수 있다. 이러한 사회적 관광자원이 되는 규범문화의 내용은 다음과 같다.

1) 환대 생활양식

환대(hospitality)는 정성을 다해 반겨 후하게 접대하는 호의적 행위를 말한다. 환대는 관광객에게 낯선 곳에서 새로운 경험과 문화를 접하게 하며 좋은 추억을 만들게 하는 중요한 관광자원이 된다. 생활양식은 의식주를 중심으로 한 지역의 일상적인 삶의 모습을 말한다. 한 민족의 의상이나 식사형태, 주택양식 등은 관광객의 관심의 대상이 되며, 전통적인 풍속도 중요한 관광자원이 된다.

2) 전통예술, 종교, 민간신앙, 신화 · 전설

전통예술에는 민족 고유의 역사적 의미가 있다. 우리나라의 가면극이나 판소리, 부채춤 등은 역사성과 전통성을 가진 훌륭한 관광자원이다. 또한 한 나라나 민족이 간직한 신화, 전설, 민담은 민족성을 반영하고 있으며 종교 또한 역사를 거슬러 올라가 보면 고유한 민간신앙의 형태임을 알 수 있다. 우리나라의 전통신앙은 유 · 불 · 선의 영향을 받으며 농경문화권 속에서 형성된 세시풍속적인 형태로 널리 퍼져 있다. 근대에는 천주교, 기독교가 전래되어 다양한 신앙형태를 보여주고 있다.

3) 민족성 · 국민성

한 국가에는 고유한 민족적 성향이나 국민들의 기질이 내포된 민족성과 국민성이 있다. 이러한 사회적 관광자원은 이질적 문화를 접하는 관광객에게 좋은 관광자원이 된다.

4) 향토축제 · 연중행사

전통적인 향토축제나 연중행사와 같은 지역 고유의 문화적 행사는 오래된 전통을 계승 · 발전시키며 지역의 특색을 알리는 관광대상으로서의 가치도 매우 높다.

4. 산업관광자원의 유형

산업적 관광자원(industrial tourism resources)은 한 나라의 산업시설과 기술수준을 보거나 경험할 수 있는 산업적 대상의 자원을 말한다. 산업시설을 견학하거나 체험하여 견문을 넓히고 지적 욕구를 충족시키는 산업적 시설 및 자원이다.

서유럽 각국에는 새로운 관광분야로 프랑스의 사회공공시설인 하수시설과 독일의 기계 산업시설, 덴마크의 화훼농장 등 각 산업에 해당하는 다양한 형태의 자원과 산업시설이 있다.

1) 공장시설자원 : 공장시설, 기술, 생산공정, 생산품, 후생시설 등
2) 상업유통자원 : 박람회, 전시회, 견본시장, 일반시장, 쇼핑, 백화 등
3) 농업생산자원 : 농장, 목장, 임업생산 등
4) 산업공공자원 : 항만, 다목적댐, 고속도로, 철도 등

5. 위락관광자원

위락(recreation)활동은 다양한 생활변화를 추구하는 현대인에게 각광받는 관광자원 중 하나이다. 급속한 산업화와 복잡해진 사회변화로 삶의 질에 관심이 많은 현대인에게 참여활동을 통한 다양한 형태의 위락관광상품이 인기를 얻고 있다.

최근에 각광받는 대표적인 위락관광형태는 주제공원 및 놀이공원을 비롯하여 카지노 게임, 바다낚시, 트레킹 및 래프팅, 번지점프, 자동차경주, 초경량항공기 비행 등의 스포츠 참여활동과 각종 스포츠 이벤트가 있다.

제3절 관광지와 관광교통로

관광행동을 실행하기 위해 관광객은 관광욕구에 맞춰 관광지를 선택하고 의사결정을 하게 된다. 이러한 관광지를 선택할 때 관광객이 고려하는 사항은 경제·문화·사회적 거리와 접근성 같은 사항 등이다. 즉 자신이 적정하게 이동할 수 있는 범위의 거리를 확인하여 이동권역을 정하게 되는 것이다.

권역이란 생활공간의 범위를 생활의 복지와 편의성을 도모하기 위하여 적정하게 설정한 것을 말한다. 또한 권역은 시대적 상황이나 기술발전 등의 외부변수에 의하여 변화한다. 이를 바탕으로 관광권역은 관광객이 관광자원을 이용하여 인간의 관광동기와 욕구를 충족할 수 있는 공간으로 설정한 것으로 볼 수 있다.

권역은 지형적 요소, 역사문화적 요소, 관광자원적 요소, 경제·정치적 요소를 기준으로 하여 설정할 수 있다.

1. 관광지와 관광단지, 관광특구

1) 관광지

관광지란 자연적 또는 문화적 관광자원을 갖추고 관광객을 위한 기본적인 편의시설을 설치하는 지역으로서 「관광진흥법」에 따라 지정된 곳을 말한다. 즉 관광지는 ① 자연적 또는 문화적 관광자원을 갖추고 있고, ② 관광객을 위한 기본적인 편의시설을 설치하는 지역이며, ③ 「관광진흥법」의 규정에 의하여 지정된 곳이어야 한다.

우리나라에 지정된 관광지 현황은 〈표 7-6〉과 같이 2010년 12월 말 기준으로 전국에 232곳이 지정되어 있다.

|표 7-6| 전국 관광지 지정현황

시 · 도	지정개소	관 광 지 명
부산	5	태종대, 황령산, 해운대, 용호씨사이드, 기장도예촌
인천	2	서포리, 마니산
경기	14	대성, 용문산, 소요산, 신륵사, 산장, 한탄강, 산정호수, 공릉, 수동, 장흥, 백운계곡, 임진각, 내리, 덕포진
강원	43	춘천호반, 고씨동굴, 무릉계곡, 망상해수욕장, 화암약수, 고석정, 송지호, 장호해수욕장, 팔봉산, 삼포·문암, 옥계, 맹방해수욕장, 구곡폭포, 속초해수욕장, 주문진해수욕장, 삼척해수욕장, 간현, 연곡해수욕장, 청평사, 초당, 화진포, 오색, 광덕계곡, 홍천온천, 후곡약수, 석현, 등명, 화천온천, 방동약수, 용대, 영월온천, 강릉온천, 어답산, 구문소, 직탕, 아우라지, 유현문화, 석교온천, 동해 추암, 영월 마차탄광촌, 평창 미탄마하 생태, 속초 척산온천, 인제 오토테마파트
충북	23	천동, 다리안, 송호, 무극, 장계, 칠금, 충온온천, 능암온천, 교리, 온달, 돈산온천, 수옥정, 능강, 금월봉, 속리산레저, 계산, 괴강, 제천온천, KBS제천촬영장, 만남의광장, 충주호체험, 구병산, 늘머니과일랜드
충남	26	대천해수욕장, 구드래, 신정호, 삽교호, 태조산, 예당, 무창포, 덕산온천, 곰나루, 용연저수지, 죽도, 안면도, 아산온천, 마곡온천, 금강하구둑, 마곡사, 칠갑산도립온천, 천안종합휴양, 공주문화, 춘장대해수욕장, 간월도, 난지도, 왜목마을, 남당, 서동요역사, 만리포
전북	24	남원, 은파, 사선대, 방화동, 금마, 운일암·반일암, 석정온천, 금강호, 위도, 마이산회봉, 모악산, 내장산리조트, 김제온천, 상송온천, 지리산남원약수온천, 웅포, 모항, 왕궁보석테마, 용담송풍, 백제가요정읍사, 미륵사지, 오수의견, 변산해수욕장, 벽골제
전남	28	나주호, 담양호, 장성호, 영산호, 화순온천, 우수영, 땅끝, 성기동, 회동, 녹진, 지리산온천, 도곡온천, 도림사, 대광해수욕장, 율포해수욕장, 대구도요지, 불갑사, 한국차소리문화공원, 마한문화공원, 회산연꽃방죽, 홍길동테마파크, 아리랑마을, 정남진 우산도-장재도, 신지명사십리, 해신장보고, 운주사, 영암 바둑테마파크, 사포

시 · 도	지정개소	관 광 지 명
경북	28	백암온천, 성류굴, 경산온천, 오전약수, 가산산성, 경천대, 문장대온천, 울릉도, 장사해수욕장, 고래불, 청도온천, 치산, 도산온천, 용암온천, 탑산온천, 문경온천, 순흥, 호미곶, 풍기온천, 예천온천, 선바위, 상리, 하회, 다덕약수, 다산, 포리, 풍기 창락, 청송 주왕산
경남	22	부곡온천, 도남, 당항포, 표충사, 미숭산, 마금산온천, 수승대, 오목내, 합천호, 합천보조댐, 중산, 금서, 가조온천, 농월정, 송정, 벽계, 장목, 실안, 산청전통한방휴양, 사등, 하동 묵계(청학동), 사천 비토
제주	17	돈내코, 용머리, 김녕해수욕장, 함덕해안, 협재해안, 제주남원, 봉개휴양림, 토산, 묘산봉, 미천굴, 오라, 수망, 표선, 세화송당온천, 금악, 제주돌문화공원, 곽지
계	232	-

자료 : 문화체육관광부, 2010년 기준 관광동향에 관한 연차보고서, 2011.8, p. 141.

2) 관광단지

관광단지란 관광객의 다양한 관광 및 휴양을 위하여 각종 관광시설을 종합적으로 개발하는 관광거점지역으로서 「관광진흥법」에 따라 지정된 곳을 말한다. 2010년 12월 말 기준으로 전국에 32개의 관광단지가 지정되어 있다.

|표 7-7| 관광단지 지정현황

단지명	(지정/조성계획)	위 치	사업기간	규모 (km²)	사업비 (억 원)	개발주체	주요 도입시설
보문	1979.7/ 2011.5	경북 경주시 신평동, 천군동 일원	1973-2018	8.515	15,271	경북관광개발공사	관광호텔, 콘도, 골프장, 신라촌, 상가, 놀이시설, 청소년수련시설 등
중문	1971.5/ 1978.6	제주도 서귀포시 중문동, 색달동 일원	1978-2010	3.562	19,460	한국관광공 사	관광호텔, 콘도, 골프장, 해양수족관, 식물원, 상가, 야외공연장, 놀이시설 등
해남 오시 아노	1992.10/ 1994.6	전남 해남군 화원면 주광리, 화봉리 일원	1991-2011	5.084	10,631	한국관광공 사	관광호텔, 콘도, 골프장, 마리나, 해수욕장, 해양문화센터, 휴양병원 등

단지명	(지정/ 조성계획)	위 치	사업 기간	규모 (㎢)	사업비 (억 원)	개발주체	주요 도입시설
화양	2003.10/ 2006.5	여수시 화양면 장수리, 화동리, 안포리	2004- 2015	9.989	15,031	주식회사 일 상	호텔, 스포츠다운, 골프 장, 테마파크, 화훼원, 오션파크 등
감포	1993.12/ 2005.12	경북 경주시 감포읍 대본리, 나정리 일원	1997- 2015	4.019	8,500	경북관광 개발공사	관광호텔, 콘도, 골프장, 오션랜드, 레포츠랜드, 노인휴양촌, 청소년수련 시설, 수목원 등
원주 오크밸리	1995.3/ 1996.1	강원도 원주시 지정면 월송리 일원	1995- 2013	11.300	18,293	한솔개발 주식회사	관광호텔, 콘도, 골프장, 스키장, 미술관, 청소년 수련시설, 생태관광지 등
김천 온천	1996.3/ 1997.12	경북 김천시 부항면 파천리 일원	1997- 2011	1.424	5,357	주식회사 우촌개발	관광호텔, 콘도, 온천장, 스포츠센터, 승마장, 노인휴양촌, 연수원 등
휘닉스 파크	1998.10/ 1999.3	강원도 평창군 봉평면 면온리, 무이리, 진조리 일원	1994- 2016	3.995	9,514	(주)보광	관광호텔, 콘도, 골프장, 스키장, 체육관, 빙상장, 상가 등
용유 무의	2000.2/ 2006.9 (1단계)	인천 중구 을왕동, 덕교동, 무의동 일원	2003- 2020	7.03	102,000	인천경제 자유구역청	관광호텔, 콘도, 골프장, 마리나, 카지노, 상가 등
평창 용평	2001.2/ 2004.3	강원도 평창군 도암면 산리, 수하리 일원	1986- 2015	16.367	14,385	(주)용평 리조트	관광호텔, 콘도, 골프장, 스키장, 빙상장, 워터파 크, 테마파크 등
안동문화	2003.12/ 2005.4	경북 안동시 성곡동 일원	2002- 2015	1.662	4,858	경북관광 개발공사	호텔, 콘도, 골프장, 상 가, 유교문화체험센터, 전망대, 놀이공원 등
동부산	2005.3/ 2006.3	부산광역시 기장군 기장읍 시랑리 일원	2000- 2011	3.638	8,812	부산도시 공 사	호텔, 콘도, 복합상가, 골프장, 테마파크, 녹지 시설 등
횡성 두원	2005.6/ 수립 중	강원 횡성군 둔내면 두원리, 우용리, 조항리 일원	1992- 2011	4.251	5,008	현대 시멘트(주)	호텔, 콘도, 골프장, 스키장, 식물원, 공연 시설 등
알펜시아	2005.9/ 2006.4	강원 평창군 도암면 수하리, 용산리 일원	2004- 2012	4.930	17,433	강원도 개발공사	호텔, 콘도, 엔터테인파 크, 골프장, 스포츠파브, 워터파크, 콘퍼런스센터, 동계스포츠 지구 등

단지명	(지정/ 조성계획)	위 치	사업 기간	규모 (㎢)	사업비 (억 원)	개발주체	주요 도입시설
광주 어등산	2006.1/ 2007.4	광주광역시 광산구 운수동 어등산 일원	2005- 2015	2.732	3,400	광주광역시 도시공사	빛과예술센터, 테마파크, 골프장, 관광호텔, 콘도 미니엄 등
성산포 해양 관광단지	1991.6/ 2006.1/ 2009.12	서귀포시 성산읍 고성리 27-1, -2번지 일원	2006- 2012	748	5,096	㈜보광제주 ㈜제주해양 과학관	호텔, 콘도미니엄, 웰컴 센터, 전시관, 해중전망 대, 해양구제공원, 해수 스파랜드, 엔터테인먼트 센터 등
송도	2008.3/ 수립예정	인천 연수구 동춘동, 옥련동, 학익동 일원	2008- 2018	2.113	14,000	인천관광 공사+지주 SPC(예정)	미정
홍천 비발디 파크	2008.11/ 수립예정	강원 홍천군 서면 팔봉리, 대곡리 일원	1990- 2011	5.468	11,300	(주)대명 레저산업	콘도미니엄, 관광호텔, 스키장, 골프장, 다목적 운동장, 정구장, 양궁장, 호수공원, 유원시설 등
신화 역사공원	2006.12	제주 서귀포시 안덕면 서광리 일원	2006- 2014	4.000	15,945	제주국제 자유도시 개발센터	테마호텔, 비즈니스호텔, 영상테마파크, 워터파크, 세계음식관, 신화박물관, 항공우주박물관 등
팜파스 종합휴양	2008.12	제주 서귀포시 표선면 3196-2번지 일원	2008- 2018	3.001	8,775	남영산업 (주)	관광호텔, 가족호텔, 휴양콘도미니엄, 테마스 트리트몰, 웰빙테마랜드, 승마클럽, 스파랜드 등
중문 색달온천	2009.2	제주 서귀포시 색달동 320번지 일원	2009- 2012	1.093	2,323	(주)21세기 컨설팅	관광호텔, 가족호텔, 세 계온천문화휴양촌, 노인 휴양촌, 한방병원 등
고흥 우주	2009.5/ 2009.5	전남 고흥군 영남면 남열리 일원	2009- 2015	1.158	3,239	주식회사 태인개발	콘도, 발사전망대, 골프 장, 계류장, 야외공연장 등
무릉도원	2009.9	강원도 춘천시 동산면 조양리, 홍천군 북방변 전치곡리 일원	2009- 2014	4.985	5,985	㈜에이엠 엘앤디	한옥호텔, 콘도, 골프장, 세계풍물거리, 힐링＆ 클리닉센터, 명품아울렛, 생태공원 등

단지명	(지정/ 조성계획)	위 치	사업 기간	규모 (㎢)	사업비 (억 원)	개발주체	주요 도입시설
평택호	2009.10/ 수립예정	평택시 현덕면 권관리, 기산리, 대안리, 신왕리 일원	1982- 2015	2.743	6,663	미정	수족관, 워터월드, 농악 마을, 평택호예술관, 수상레포츠센터, 가족 호텔, 승마장, 골프장, 위그선선착장 등
강동	2009.11/ 수립예정	울산 북구 산하동, 무룡동, 정자동 일원	2007- 2016	1.358	25,000	㈜KD개발	워터파크, 타워콘도, 스키돔, 청소년수련시설, 허브테마, 문화체험, 테마파크 등
에버랜드	2009.12/ 수립예정	용인시 처인구 포곡읍 전대리, 유운리 일원	2009- 2014	6.461	11,344	삼성에버 랜드(주)	테마파크, 워터파크, 모 터파크, 박물관, 미술관, 동물원, 숙박시설, 골프 연습장, 스키장 등
마우나 오션	2009.12/ 2009.12	경주시 양남면 신대리 일원	1994- 2011	3.919	6,379	마우나오션 개발(주)	상가, 골프장, 휴게실, 콘도미니엄, 화훼공원, 수영장, 눈설매장, 동물 원 등
여수 경도	2009.12/ 2009.12	전남 여수시 경호동 경도 일원	2009- 2016	2.143	3,913	전남개발 공사	골프장, 호텔, 콘도, 골프빌라, 연수원, 생태 체험장, 경정장, 공원, 이주자택지
제주 헬스케어 타운	2010.1/ 2010.1	서귀포시 동흥동 2032 일원	2010- 2015	1.539	7,848	제주국제 자유도시 개발센터	헬스케어센터, 전문병원, 명상원, 힐링가든 등
신앤박	2010.2/ 2010.5	춘천시 동산면 군자라 산224번지	2010- 2013	1.645	3,400	신앤박종합 개발(주)	골프장, 스키장, 콘도, 커뮤니티센터 등
설악 한화 리조트	2010.8/ 2010.8	속초시 장사동 11번지 외 101필지	2010- 2012	1.314	3,912	한화호텔 앤드리조트 (주)	콘도, 온천장, 드라마세 트장, 골프장 등
예래 휴양형 주거단지	2010.11/ 2010.11	서귀포시 상예동 633-3 번지 일원	2010- 2015	0.744	18,037	버자야제주 리조트(주)	호텔, 콘도, 공연장 등

자료 : 문화체육관광부, 2010년 기준 관광동향에 관한 연차보고서, 2011.8, pp. 142~145.

3) 관광특구

관광특구는 외국인 관광객의 유치 촉진 등을 위하여 관광활동과 관련된 관계 법령의 적용이 배제되거나 완화되고, 관광활동과 관련된 서비스·안내 체계 및 홍보 등 관광여건을 집중적으로 조성할 필요가 있는 지역으로서 시장·군수·구청장의 신청(특별자치도의 경우는 제외한다)에 따라 시·도지사가 지정한 곳을 말하는데, 2010년 12월 말 기준으로 13개 시·도에 27곳이 지정되어 있다.

|표 7-8| 관광특구 지정현황

시·도	특구명	지정지역	면적(㎢)	지정시기
서울 (4)	명동·남대문·북창	서울 중구 소공동, 회현동, 명동 일원	0.63	2000.3.30
	이태원	서울 용산구 이태원동, 한남동 일원	0.38	1997.9.25
	동대문 패션타운	중구 광희동, 을지로 5~7가, 신당 1동 일원	0.58	2002.5.23
	종로·청계	종로구 종로 1~6가, 서린동, 관철동, 관수동, 예지동 일원, 창신동 일부 지역(광화문빌딩~숭인동 4거리)	0.54	2006.3.22
부산 (2)	해운대	부산 해운대구 우동, 중동, 송정동, 재송동 일원	6.22	1994.8.31
	용두산·자갈치	중구 부평동·광복동·남포동 전지역, 중앙동·동광동·대청동·보수동 일부지역	1.08	2008.5.14
인천 (1)	월미	중구 신포동, 연안동, 신흥동, 북성동, 동인천동 일원	3.00	2001.6.26
대전 (1)	유성	유성구 봉명동, 구암동, 장대동, 궁동, 어은동, 도룡동	5.86	1994.8.31
경기 (2)	동두천	동두천시 중앙동, 보산동, 소요동 일원	0.39	1997.1.18
	평택시 송탄	평택시 서정동, 신장 1·2동, 지산동, 송북동 일원	0.49	1997.5.30
강원 (2)	설악	속초시, 고성군 및 양양군 일부 지역	138.10	1994.8.31
	대관령	강릉, 동해, 평창, 횡성 일원	1,324.28	1997.1.18

시·도	특구명	지정지역	면적(㎢)	지정시기
충북 (3)	수안보온천	충주시 수안보면 온천리, 안보리 일원	9.22	1997.1.18
	속리산	보은군 내속리면 사내리, 상판리, 중판리, 갈목리 일원	43.75	1997.1.18
	단양	단양군 단양·매포읍 일원(2개읍 5개리)	4.45	2005.12.30
충남 (2)	아산시 온천	아산시 음봉면 신수리 일원	0.84	1997.1.18
	보령해수욕장	보령시 신흑동, 웅천읍 독산·관당리, 남포면 월전리 일원	2.52	1997.1.18
전북 (2)	무주구천동	무주군 설천면, 무풍면	7.61	1997.1.18
	정읍내장산	정읍시 내장지구, 용산지구	3.50	1997.1.18
전남 (2)	구례	구례군 토지·마산·광의·신동면 일부	78.02	1997.1.18
	목포	북항, 유달산, 원도심, 삼학도, 갓바위, 평화광장 일원(목포해안선 주변 6개 권역)	68.94	2007.9.28
경북 (3)	경주시	경주시내지구, 보문지구, 불국지구	32.65	1994.8.31
	백암온천	울진군 온정면 소태리 일원	1.74	1997.1.18
	문경	문경시 문경읍, 마성면, 가은읍, 농암면 일원	1.85	2010.1.18
경남 (2)	부곡온천	창녕군 부곡면 거문리, 사창리 일원	4.82	1997.1.18
	미륵도	통영시 미수 1·2, 봉평, 도남동 산양읍 일원	32.90	1997.1.18
제주 (1)	제주도	제주도 전역(부속도서 제외)	1,809.56	1994.8.31
계	13개 시·도 27개 관광특구		3,583.92	-

자료 : 문화체육관광부, 2010년 기준 관광동향에 관한 연차보고서, 2011.8, pp. 166~168.

2. 관광루트와 관광코스

관광객이 관광행위를 위해 주거지를 떠나 관광목적지로 향하는 길은 매우 다양하다. 관광대상의 매력을 찾아 떠나는 길은 자원의 소재성격과 관광에 관련한 여러 사항들이 유기적으로 결합되며 관광객의 욕구를 만족시키고 방문을 촉진시키는 방향으로 설정된다. 관광루트와 관광코스는 관광객이 관광하고자 하는 동기의 유발과 방향에 따라 관광행동으로 옮기게 하는 교통로를 말한다.

1) 관광루트(Route)

루트는 노선이나 지나가는 길로써 경로를 의미한다. 관광루트란 관광객이 관광행위의 이용대상으로 삼는 관행화된 길이다. 일정한 지역을 많은 관광객이 여러 차례 반복하여 지나간 관광코스를 종합하여 합친 개념으로 보고 있다. 관광루트의 설정은 주변의 경관과 휴식장소의 유무, 다른 교통수단과의 접근성, 관광지 간의 시간거리, 관광지의 매력성, 관광지의 자원성과 내부 교통수단 등을 기준으로 삼는다. 관광루트는 지역공간에 따라 역내루트와 역간루트로 구분하고 자원의 성격과 목적, 계절, 연령, 기간 등에 따라 다양하게 설정할 수 있다.

2) 관광코스(Course)

코스(course)는 길의 방향과 순서를 의미하며, 관광코스는 관광객이 거주지를 떠나 관광목적지를 방문하고 다시 거주지로 돌아올 때까지의 방향과 경로의 순서를 말한다. 관광코스는 관광객의 관광설정 의도나 기간·범위에 따라서, 지역별·계절별·광역별 관광코스로 나눌 수 있으며 관광코스의 유형은 관광행태에 따라 구분할 수 있다.

가. 피스톤형

자기 집에서 출발하여 목적지에 도달하여 그곳에서 관광을 하고 곧바로 동일한 코스를 따라 귀가하는 [그림 7-2] 피스톤형의 반복식 여행코스이다.

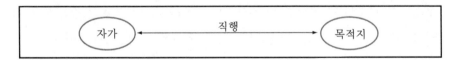

자료 : 이장춘, 관광자원학, 대왕사, 2008, p. 233.

|그림 7-2| 피스톤형

나. 스푼형

자기 집에서 목적지에 도달하여 그곳에서 주위 경관을 두루 관광한 후 오던 길과 같은 코스로 귀가하는 [그림 7-3] 스푼형 형태이다.

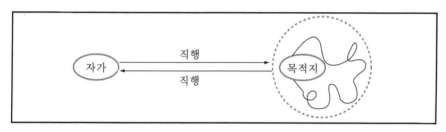

자료 : 이장춘, 관광자원학, 대왕사, 2008, p. 233.

|그림 7-3| 스푼형

다. 안전핀형

자기 집에서 목적지에 도달하여 목적지와 그 주변을 관광한 후 출발 당시와 다른 코스를 택하여 귀가하는 형태이다.

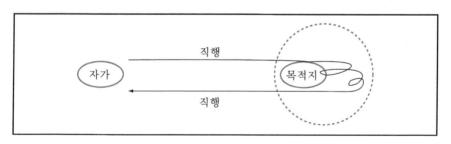

자료 : 이장춘, 관광자원학, 대왕사, 2008, p. 233.

|그림 7-4| 안전핀형

라. 탬버린형

자기 집에서 여행을 떠나 다수의 여러 목적지에 들려서 관광하며 출발 당시와 다른 코스로 귀가하는 [그림 7-5]와 같은 탬버린형이다. 많은 시간과 경비가 소요된다.

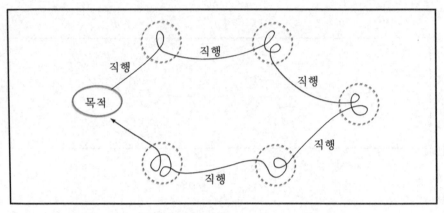

자료 : 이장춘, 관광자원학, 대왕사, 2008, p. 234.

|그림 7-5| 탬버린형

제4절 관광자원개발과 우리나라의 관광자원

1. 관광자원개발의 의의

개발(development)이란 '현재의 상태에서 인간의 자본과 기술을 투여하여 현재의 상태보다 나은 결과를 가져오기 위한 과정을 의미하는 것으로 목표지향적이고 가치지향적인 변화'라고 볼 수 있다.

여러 학자의 견해는 〈표 7-9〉와 같으며 이러한 정의를 바탕으로 보는 시각과 시대의 흐름에 따라 여러 가지 차원에서 접근할 수 있다.

|표 7-9| 관광개발에 관한 학자들의 견해

학자명	정 의
Pearce	관광개발이란 관광객의 욕구를 충족시키기 위해 시설과 서비스를 공급 또는 강화하는 것을 말한다. 따라서 관광개발은 고용창출 또는 소득증대 등의 기대효과를 포함한다. 이러한 개발은 전체적일 수도 있고 부분적일 수도 있다.
Goulet	개발이란 사회변화와 같은 하나의 상태나 조건의 과정이다.
Friedman	개발은 긍정적인 상태로서의 진화과정이다.
前田勇	관광개발이란 관광사업을 진흥시키는 것이다. 관광사업의 기준은 지역단위, 공간단위, 국제단위 등으로 구분할 수 있으며 대상에 따라 정보와 교통시설 및 수단을 진흥시키고 동시에 관광자원과 관광시설 그리고 관광서비스 등을 진흥시키는 것이다. 구체적인 관광개발의 내용으로는 관광자원의 가치평가와 보호, 그리고 관광객에게 관광자원의 가치를 최대한으로 체험시키는 것과 교통수단을 편리하게 하는 것, 그리고 모든 것에 관한 정보를 제공하는 것이다.
Lawson	관광개발이란 일정한 공간을 대상으로 해서 그것이 지니고 있는 관광자원의 잠재력을 최대한으로 개발함으로써 그 지역의 경제, 사회, 문화 및 환경적 가치를 향상시켜 총체적인 편익을 극대화하고 지역 또는 국가의 발전을 촉진시키고자 하는 제 노력을 의미한다.
김영섭	개발이란 양적인 성장을 포함한 질적인 수준의 변화와 향상의 개념을 가진 가치지향적인 의도적 과정이다.

자료 : 저자 재구성.

학자들의 다양한 의견을 종합하면 관광자원개발은 첫째, 관광자원을 정비하고 관광자원의 이용을 통해 관광행동이 촉진된다고 보는 견해다. 관광사업을 적극적으로 진흥시키는 과정으로 관광산업, 관광시설, 자원보호, 교통수단정비, 관광선전, 관광교육, 관광정책 등과 같이 관광에 관련된 요소를 파악하여 현재보다 나은 관광여건을 창출하기 위한 개발행위를 말한다.

둘째, 관광객의 관광욕구를 만족시켜 주기 위해 필요한 시설과 서비스의 개선을 도모하여 관광레크리에이션 지역을 만들어주는 것이라는 견해이다. 이것은 관광편의를 증진시키고 관광객의 욕구를 충족시키기 위한 행위로서의 관광개발을 의미한다.

결국 관광자원개발은 관광자원의 개념과 개발의 개념을 함께 고려하며 양적인 성장과 질적인 변화를 가져오게 하여, 관광환경을 개선하는 모든 요소를 종합적으로 추진하는 과정으로 볼 수 있다. 관광객의 욕구에 부응하기 위하여 관광시설과 서비스를 준비하거나 향상을 도모하는 행위이다. 즉 관광사업의 구성요소를 종합적으로 파악하고 적극적으로 진흥시키는 행위이다.

1) 관광자원개발의 정의

관광자원개발은 관광자원과 개발의 복합의미로서 유형과 무형의 관광자원이 대상이다. 기술, 인력, 자본 등을 투입하여 관광자원이 지니고 있는 잠재력을 유용하게 표출시키거나 현재의 상태보다 더 나은 조건으로 변화시켜 관광활동에 편익을 주고자 하는 일련의 행위이다.

2) 관광자원개발의 이념

가. 공익성

관광자원의 개발을 통해 공공이익에 부합되고 개인의 자아실현욕구를 충족시켜 건전한 여가를 즐길 수 있도록 하여야 한다. 이를 위해서는 개발 방향의 목표나 수단을 윤리적인 측면과 가치집합적인 통합성을 고려하여 조화시켜야 한다.

나. 민주성

개발과정 시 민주성을 가짐으로써 관광자원개발을 공개하고 지역주민의 참여형태와 방법, 정도를 정하는 것을 의미한다. 참여주체를 공무원, 개발업자, 시민으로 구분하여 계획과정의 민주성을 확보함으로써 개발의 효과가 공익에 맞지 않을 경우 구제제도의 확립 여부 등 대응성의 확보가 필요하다.

다. 효율성

능률성과 효과성을 합친 개념으로 목표달성을 위한 생산성을 의미한다.

라. 형평성

사회적 형평은 가치와 기회를 균등하게 배분하여 사회적 단층현상을 없애는 데 목적이 있으며 전 국민과 전 국토를 대상으로 점진적인 접근이 필요하다.

마. 지역성

지역이 보유하고 있는 고유자원과 동식물, 전설 등을 통해 지역특화 관광자원의 개발을 가능하게 하는 방향이 필요하다.

바. 문화성

지역의 전통문화를 보존하여 과거의 문화를 복원하거나 이를 바탕으로 미래의 문화를 창조하는 공존의 가치를 추구한다.

2. 관광자원개발의 목적과 조건

관광개발상의 공간과 관광개발의 대상지역 선정 및 관광지역의 개발형태 등을 지역사회의 상황과 여건에 맞도록 하여야 하며, 관광객의 만족도를 높일 수 있는 개발이 되어야 한다. 개발자의 이익확보, 환경 및 자원 보호, 관광산업진흥 등의 내용이 포함된다. 관광자원개발은 다양화되는 관광의 여건 및 국민관광의 질과 양적인 성장에 적절히 대응하기 위한 방법으로 관광지, 관광단지 등의 개발을 추진하기도 한다.

1) 관광자원개발의 목적

가. 관광공간의 재편성

자국의 역사성과 문화성, 국토성, 지역성을 근거로 관광자원을 개발 및 보존하고 이를 이용·관리할 수 있는 국토관광공간을 재편성한다.

나. 지역경제발전

관광자원을 보호와 관리 차원에서 개발함으로써 지역사회에 경제·사회·문화적으로 최대한 긍정적인 영향을 줄 수 있도록 하고 고용구조 등을 개선시킨다.

다. 국민의 복지증진과 문화전파

국민의 여가생활과 복지편의 증진을 통해 삶의 질 향상에 기여하고 자국의 자연경관과 문화경관을 통해 타국 관광객에게 문화를 전파한다.

라. 관광자원보호

지역특성에 맞는 관광자원을 합리적·효과적인 방법으로 보호·관리한다.

2) 관광자원개발의 조건

관광개발로 인해 발생될 수 있는 문제점을 분석·검토한 후 결정해야 한다. 관광개발을 하기 위해서는 지리적·자연적·사회적 조건 등을 전제로 검토하여야 한다.

가. 지리적 조건

(1) 거리

관광자원의 가치는 관광수요에 영향을 주게 된다. 관광자원의 위치는 관광배후지로부터 거리에 따라 소요되는 교통비용과 관광지에 도달하는 소요시간에 직접적인 영향을 주게 된다. 따라서 관광자원과 배후지 간 거리가 멀면 많은 관광수요를 창출하기 어렵다. 관광지의 규모나 성격, 가치를 좌우하는 중요한 요소 중의 하나는 거리로서 교통비용과 소요시간에 영향을 준다.

(2) 타 관광지와의 경쟁관계

관광지 주변에 다른 관광지가 존재하면 상호 간에 경쟁관계를 유지하게 된다. 또 일련의 관광군이나 관광벨트를 형성하여 탄력적인 관광루트와 관광지를 형성하게 된다.

(3) 관광자원의 존재

관광목적지로서의 가치가 충분한 관광자원을 보유한 경우에는 관광개발의 방향을 손쉽게 설정할 수 있으나 관광자원이 빈약할 경우에는 별도의 비용을 들여 관광대상을 건설하게 된다. 이와 같이 관광자원의 유무 여부는 관광지의 개발에 있어서 규모를 결정하는 부분에서뿐만 아니라 관광개발의 가능성에도 영향을 주게 된다.

나. 자연적 조건

(1) 지 형

지형이 평탄하거나 개발하고자 하는 조건에 맞는 지형인 경우에는 관광개발이 용이하다. 지형이 복잡하거나 교통로를 확보하는 데 어려움이 있고 자연현상 등으로 인한 위험요소가 있는 곳은 개발지로 부적합하다.

(2) 기 상

비교적 온화한 기후와 강수량이 적은 곳에서의 관광지 개발은 용이하다. 개발지 주변의 기상조건은 관광개발과 관광사업 경영에 많은 영향을 주는 요소가 된다.

(3) 자연환경

관광객에게 휴식공간을 제공하는 자연환경과 수려한 경관을 제공하는 관광지는 많은 관광객들의 호응을 얻을 수 있는 매력적인 요소가 된다.

다. 사회적 조건

(1) 법적 규제

관광지의 보호와 개발을 위한 법으로는 「문화재보호법」이 있으며 지역의 미관과 풍치의 유지를 위한 법으로는 「자연환경보전법」 및 「국토의 계획 및 이용에 관한 법률」 등이 있다. 관광사업진흥을 위하여 특별법 및 규제완화 등으로 행정규제 완화가 이루어지기도 한다.

(2) 지역사회의 반응

관광지를 개발함에 있어 해당 지역주민들이 느끼는 인식이나 반응 등은 개발의 방향이나 성패에 많은 영향을 주는 요소가 된다.

3. 관광자원개발의 형태

1) 개발주체에 따른 유형

가. 공공주도형 관광개발

관광개발의 주체가 국가나 지방자치단체 또는 공공기관 등의 형태로서 영리를 주목적으로 하는 관광시설 개발보다는 기반시설의 개발 등 공공재의 특성을 가진 기반시설을 개발하는 형태이다. 국토개발과 관광자원의 효율적인 보존을 강조하고 관광시설과 기반시설을 개발하는 공익성 형태의 개발이다. 이러한 개발 형태는 소득의 재분배효과, 비용분담 감소에 의한 이용기회의 균등화, 외부경제 효과 등을 기대할 수 있으며, 관광개발 투자 시 공공부문 투자예산의 경직성, 관광개발 후 관광시설의 사후관리 및 운영의 비능률성 등을 단점으로 들 수 있다.

나. 민간주도형 관광개발

기업이나 개인이 영리를 목적으로 관광시설을 개발하는 방식으로 민간기업이 관광시설개발에 소요되는 투자비용을 직접 부담하므로 개발 이후의 관리와 경영권을 갖게 되는 특성이 있다. 이러한 방식은 관광개발을 위한 재원을 조달하고, 민간부문의 활성화와 관광시설의 확충, 관광서비스 질을 향상하는 장점이 있으나 비영리적인 측면의 환경보존이나 복지후생시설 등은 등한시되는 단점도 있다. 또한 기업의 영리추구에만 초점이 맞춰질 경우 지역주민에게 돌아갈 각종 혜택과 지역발전의 측면이 도외시될 수 있다.

다. 민관공동 출자형 관광개발

민관이 공동출자한 형태의 관광개발방식은 공사혼합방식, 민관혼합방식, 제3섹터 등의 다양한 용어로 사용하고 있다. 중앙정부나 지방자치단체에서는 민간기업의 자금활용과 경영능력을 활용하며 개발에 관련한 지식과 기술을 축적하거나 지역경제발전 및 지역균형발전을 도모할 수 있다. 민간부문 측면에서는 투자의 안정성을 확보하고 정보의 공유와 공공부대사업의 우선권을 부여받게 되므로 지역사업의 참여기회, 기업의 이미지를 개선하는 이점이 있다.

지역의 새로운 관광개발은 사회적 수용 차원에서 민관의 공동출자 및 협력을 바탕으로 하고 있다. 지방자치단체가 공동체의 중심이 되어 공공프로젝트에 민간부문을 참여시켜 경영하는 형태이다. 이러한 방법으로 조직의 목적이나 운영형태를 공유하면 정부부문이나 민간부문만의 형태로는 곤란했던 문제점들을 해결할 수 있다.

일본에서는 관광개발참여 주체의 성격, 범위, 특성의 개념을 더 세분화하여 지방자치단체와 기업 간의 혼합은 제3섹터로 구분하고 있다. 〈표 7-10〉과 같이 지방자치단체와 주민 간의 혼합부분은 제4섹터, 주민과 민간 간의 혼합부분은 제5섹터, 이 3자의 혼합부분은 제6섹터 또는 혼합섹터로 나누어 관광자원을 개발하고 있다.

|표 7-10| 관광개발 참여주체의 유형과 범위

유 형	제4섹터	제5섹터	혼합섹터
참여자	공공부문 + 지역주민	민간부문 + 지역주민	공공 + 민간 + 지역주민
토지 소유자	지역주민	지역주민	지역주민, 공공부문
자금동원	공공부문	민간부문	공공부문, 민간부문
참여방식	토지신탁개발방식	등가교환개발방식	자치개발방식
개발효과	주민의 소득증대 주민의 고용창출	주민의 부동산수입 증가	기반시설 확충 주민소득증대
적정시설 유형	자동차야영장, 전통마을, 박물관, 민속관, 농축산 가공공장, 해수욕장, 체육공원 등	주제공원, 콘도, 관광호텔, 숙박시설, 골프장 등	리조트사업, 대형관광, 스키장 등
장단점	주민투자 위험감소 기반시설 투자액 주민부담 경감	주민사업기술 습득 사업의 공공성 확보 곤란	사업시행의 안전성 확보 사업기간의 장기성 부문 간 이해관계 상충

자료 : 이광원, 관광학의 이해, 기문사, 2007, p. 306.

2) 지역범위와 관광객 유치반경에 의한 유형

지역범위와 관광객 유치에 대하여는 이장춘, UNWTO의 연구가 있다.

가. 이장춘의 연구

- 전국단위의 관광계획
- 광역관광계획
- 지역관광계획
- 지방(국지)관광계획
- 지구관광계획(area)

나. UNWTO의 연구

- 전국규모
- 지역규모
- 지방규모
- 지구규모(area)

3) 개발기간에 의한 유형

계획의 편의를 위하여 시간적 범위에 따라 유형을 나눠볼 수 있다.

- 초장기계획 : 20년 이상의 관광지개발계획
- 장기계획 : 10~20년 사이의 관광지개발계획
- 중기계획 : 5~10년 사이의 개발계획
- 단기계획 : 1~5년 사이의 개발계획

4. 우리나라의 관광자원개발

우리나라는 관광개발계획의 추진을 위하여 1993년 12월 27일 「관광진흥법」을 개정하여 관광개발계획을 법정계획으로 규정하였고, 1994년 「관광진흥법」 개정을 통하여 기본계획은 10년, 권역계획은 5년 주기로 수립하도록 제도화하였다.

1) 제1차 관광개발기본계획(1992~2001년)

관광자원을 효율적으로 개발하기 위해 관리와 보전을 하며 자원의 특성과 교통편을 고려하여 관광객의 다양한 경험과 욕구를 만족시킬 수 있도록 [그림 7-6]과 같이 전국을 크게 5대 관광권으로 나누고 있다. 이를 24개의 소관광권으로 권역화하였다. 1차 권역별 관광개발계획(1992~1996)과 제2차 권역별 관광개발계획(1997~2001)에 걸쳐 관광루트를 체계적으로 설정하여 관광활동이 편리하고 쾌적하도록 관광지와 명소를 연계하여 개발하였다.

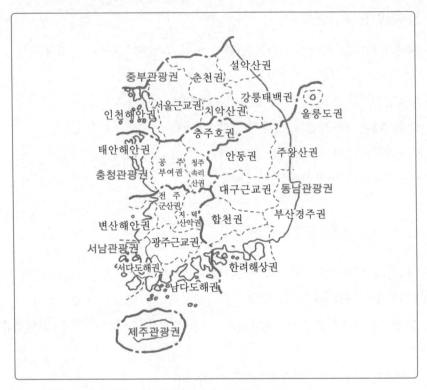

자료 : 문화체육관광부, 2010년 기준 관광동향에 관한 연차보고서, 2011.8, p. 130.

|그림 7-6| 제1차 관광개발기본계획 권역구분도

2) 제2차 관광개발기본계획(2002~2011년)

급변하는 환경변화에 대응하는 새로운 전략으로서, 21세기 지식정보사회에 맞는 고부가가치형 관광산업구조를 구축하고 선진적 문화관광 사회육성에 적극 기여하기 위해 관광개발의 방향을 제시하는 계획이다. 국제경쟁력 강화를 위한 관광시설 개발 촉진, 지역특성화와 연계화를 통한 관광개발 추진, 문화자원의 체계적 관광자원화 촉진, 관광자원의 지속 가능한 개발 및 관리강화, 지식기반형 관광개발 관리체계구축, 국민 생활관광향상을 위한 관광개발 추진, 남북한 및 동북아 관광협력체계구축 등 7대 개발전략을 제시하였다.

또한 기존 7대권 24개 소권 체제 하에서 문제점 및 한계로 제기되어 왔던 관광권역과 집행권역의 불일치로 인한 계획의 실천성 미흡을 개선하기 위하여 관광권역의 구분을 16개 광역지방자치단체를 기준으로 재설정하고 권역별 관광개발기본방향을 제시하였다. 동 계획에서 제시하는 권역별 관광개발 방향을 기초로 각 지방자치단체별로 제3차 권역별 관광개발계획(2002~2006년)과 제4차 권역별 관광개발계획(2007~2011년)은 이미 완료되었고, 현재에는 제3차 관광개발기본계획(2012~2021년)에 따른 제5차 권역계획(2012~2016년)이 시행 중에 있다.

3) 제3차 관광개발기본계획(2012~2021년)

제2차 관광개발기본계획에서는 행정권 중심의 관광권역인 16개 광역지방자치단체를 기준으로 관광권역을 단순화하고, 각 시·도별 특성에 맞는 권역별 관광개발기본방향을 설정·제시하였던 것이나, 이번 제3차 관광개발기본계획에서는 전국의 관광자원을 효율적으로 개발·이용·보호·관리하기 위한 방안으로 관광권역을 7개 광역관광권, 16개 시·도관광권, 6개 초광역 관광벨트로 설정하고, 권역별 개발목표 및 발전방향을 제시하고 있다.

제**8**장

관광마케팅과 관광서비스

제1절 관광마케팅
제2절 관광서비스와 고객만족

제**8**장 　관광마케팅과 관광서비스

관광마케팅

1. 관광마케팅의 정의

'마케팅은 생산자가 소비자의 욕구를 충족시키기 위한 상품과 서비스의 유통 등을 소비자의 관점에서 생각하고 행동하여 소비를 효과적으로 완성하고자 하는 기업의 총체적 활동'이다. 마케팅의 개념은 시대에 따라 변화하며 학자들에 따라 다양하게 정의되고 있다.

코틀러(P. Kotler)는 "제품과 가치를 창조하고 타인과의 교환과정을 거쳐 소비자의 욕구와 욕망을 충족시키는 인간활동"으로 설명하고 있다. 피터 드러커는 "고객을 잘 이해함으로써 제품이나 서비스가 적절하게 판매되는 것"이라 하였고, 미국마케팅협회(AMA)에서는 "마케팅이란 개인이나 조직의 목표를 만족시키는 교환을 창조하기 위해 아이디어, 재화, 서비스의 개념구성, 가격결정, 프로모션, 유통을 계획하고 실행하는 과정"이라고 하였다.

마케팅이란 용어는 미국에서 사용하기 시작하여 일부에서는 단순한 판매촉진 활동의 의미로도 사용하지만, 마케팅의 기능은 소비자의 욕구와 시장상황을 파악하기 위한 정보수집과 상품화 계획·광고를 통하여 소비자에게 정보를 전달하는 활동이라고 할 수 있다. 이러한 기능과 학자들의 정의를 배경으로 '관광마케팅'이란 관광객의 욕구와 관광조직의 목표를 만족시킬 수 있는 제품 및 서비스를 위한 아이디어 교환과 상품화 및 가격의 결정, 유통과 촉진을 계획하고 실시하는 전략적 조직활동'이라고 정의할 수 있다.

관광마케팅은 관광공급과 수요의 특징이 가져오는 결과에 기인하게 된다. 관광상품이 갖는 속성인 무형적 성격과 시간의 소멸성, 관광시장의 특수성, 주변상황과 다양한 관광객에게 판매되는 상품의 이질성 때문에 일반적인 마케팅과는 차이가 있다. 따라서 관광상품을 구매하고자 하는 고객들의 욕구충족을 만족시키기 위해 마케팅 수단을 활용한 마케팅 믹스(Marketing Mix)를 목표시장에 효과적으로 적용하여 목표달성을 극대화하는 전략을 수립하여야 한다.

2. 관광마케팅 전략

관광상품은 관광에 관련된 서비스의 결합이며 무형적 성격이 있어서 상품에 대한 인식이나 만족의 정도는 소비과정과 사용종료 후에 이루어지는 경험적 성향이 있다. 그러므로 구매자에게 서비스의 가치를 확신시켜 주는 것이 무엇보다 중요하다. 수요자의 욕구를 충족시키기 위한 마케팅 전략은 세분화·표적화·제품의 포지셔닝화로 설명할 수 있다.

관광마케팅의 첫 번째 전략인 시장세분화는 동일한 제품으로 다양한 소비자의 모든 욕구를 동시에 충족시키기는 어려우므로 관광상품의 수요가 발생되도록 전체시장을 여러 기준을 활용하여 욕구가 유사한 부류로 나누는 작업이다. 즉모든 잠재고객을 성별, 연령별, 계층별, 지역별, 라이프스타일 등과 같이 욕구의 유사성을 갖는 소비자로 집단화하여 구분하는 단계로서 관광마케팅 목표시장의 토대가 된다.

두 번째는 관광시장을 세분화한 후 관광기업의 목표달성에 가장 적합한 고객집단에 치중하는 단계로 소비자 집단을 선택 혹은 표적화(targeting)한다. 마케팅 노력을 투입할 시장의 범위를 결정하여 선택된 목표시장에서 상품의 질이나 가격 등을 결정하여 차별적인 경쟁우위를 유지시킨다. 세 번째는 선정한 관광상품이나 서비스가 고객의 마음속에 차별적인 우위에 자리잡을 수 있도록 하는 제품 포지셔닝(Positioning)전략을 세우는 것이다. 포지셔닝의 목적은 고객에게 이미지를 정립시켜 지각을 형성하는 데 있다. 객관적 포지셔닝은 제공되는 서비스나 시설의 객관적 특징을 강조할 필요가 있으며, 주관적 포지셔닝은 제공하는 서비스나 물리적인 특징보다는 잠재고객의 이미지를 강화하고 정립시켜 지각을 형성하는 데 있다.

3. 관광마케팅 믹스

마케팅 목표를 달성하기 위한 포지셔닝과 마케팅 목표가 선정되면 마케팅 전략을 설계한다. 효과적인 마케팅 전략은 기업이 통제 가능하고 적절한 마케팅 도구를 결합함으로써 가능하게 된다. 이러한 마케팅 도구의 결합을 마케팅 믹스(Marketing Mix)라고 한다.

매카시 교수는 4P체계로 마케팅 믹스의 구성요소를 설명하고 있는데, 4P는 상품(Product), 유통(Place), 가격(Price), 판매촉진(Promotion)으로 구성되어 있다.

관광분야에서는 서비스상품의 특성상 4P's와 더불어 추가적인 요소를 적용하여 제시하고 있는데, Morrison은 기존의 4P's와 종사원(Person), 패키징(Packaging), 프로그래밍(Programming) 및 제휴(Partnership)를 추가한 8P's를 관광마케팅의 믹스도구로 제시하고 있다.

1) 제품(Product)

제품은 기업이 생산하는 유형·무형의 재화 및 서비스로서 고객의 욕구를 충족시키는 모든 것이 대상이다. 나날이 다양해지는 고객의 기호와 욕구로 인하여 획일화된 단일상품이나 서비스로는 기업이 존속할 수 없으며 다양한 상품과 서비스를 제공하는 고객지향성 상품을 통하여 고객의 편익을 도모하게 된다.

2) 가격(Price)

제품의 가치를 측정하는 객관적 기준이 되는 것이 가격이다. 소비자가 자신의 욕구를 충족시키고자 하는 상품이나 서비스를 구매하기 위해 판매자에게 금전적으로 지불하는 대가이다. 가격은 기업의 생산과 유통을 위한 비용과 기업이익률, 마케팅비용, 시장규모, 경쟁업체의 가격이나 동향 요소 등 많은 요인들이 가격정책에 영향을 준다. 가격은 공급과 수요의 결과에 따라 발생한다. 공급이 수요를 초과하면 가격이 하락하며, 수요가 공급을 초과하면 가격이 상승한다. 또한 가격정책은 선별된 목표시장의 욕구에 영향을 받는다. 시장의 욕구를 만족시키고 중요한 것으로 인식되면 높은 가격을 형성하게 되며 수요에 따라 가격이 변하는 정도를 수요의 탄력성이라고 한다.

3) 유통(Place)

유통이란 서비스나 제품을 소비자에게 전달하는 과정과 관련된 조직 일체를 말한다. 관광상품은 생산과 소비가 동시에 이루어지므로 일반 유형재와는 다른 유통구조를 가지며 소비자가 효과적으로 관광상품을 구매하도록 하기 위해서 유통경로 요소인 관광객, 도매업자, 소매업자 등이 각 유통조직에 참여하게 된 동기와 시장 범위를 파악하여 적절하게 배합하는 것이 중요하다. 따라서 판매상품의 표적시장과 상품포지셔닝에 맞는 유통채널을 선택하여야 한다.

4) 촉진(Promotion)

촉진(promotion)은 상품과 서비스에 대한 정보를 고객들에게 알려주어 관심을 자극시킴으로써 자신의 상품을 지속적으로 선택하도록 하는 수단이다. 신문, 잡지, TV, 라디오, 인터넷, 전화 등의 광고(Advertising)와 판매촉진(Sales Promotion), 인적 판매(Personal Selling), 홍보(Publicity) 등이 있다. 촉진의 궁극적 목표는 기업의 상품과 서비스의 유통에 있다. 또한 고객들에게 자사의 상품이나 서비스의 장점을 인식시켜 고객이 기존의 구매성향을 바꾸거나 새로운 상품과 서비스를 선택하게 하는 데 있다.

가. 광고(Advertising)

대중매체를 이용하여 상품이나 서비스를 홍보하거나 기업이미지를 전달하는 커뮤니케이션 방법 중 하나이다.

나. 판매촉진(Sales Promotion)

광고와 인적 판매, 홍보를 제외한 촉진활동으로 직접적인 상품판매방식이 아닌 회사의 인지도를 높이거나 상품을 인식시키는 방법이다.

다. 인적 판매(Personal Selling)

판매자가 직접 소비자와 접촉하여 상품구매를 유도하여 판매하는 방식이다. 이 방식은 판매자 능력에 높은 의존도를 보이며 상품판매에 대한 직접적인 효과와 신속한 반응을 확인할 수 있다.

라. 홍보(Publicity)

대중매체나 공공기관을 통해 기업에 대한 긍정적인 기사와 보도 등의 화제를 다루어 해당 기업의 이미지를 높이고 상품을 간접적으로 알리는 활동이다. 직접적으로 비용을 들이지 않고 높은 효과를 거둘 수 있다. 기업에서는 긍정적인 기사 외에도 관심거리가 될 만한 내용으로 반향을 불러일으킬 수 있는 노이즈(noise) 홍보도 많이 활용하고 있다.

5) 종사원(Person)

서비스산업은 고객들에게 서비스를 제공하는 인적 자원에 따라 고객만족도가 크게 달라지게 된다. 따라서 양질의 서비스를 제공할 수 있도록 최적의 인적 자원을 고용하고 유지하는 것이 중요하다. 우수한 종사원의 확보와 교육의 실시는 높은 생산성과 서비스의 질을 유지하게 하여 고객에게 만족감을 주고 기업의 발전에 중요한 요소로 작용한다.

6) 패키징(Packaging)

구매자의 욕구에 맞도록 각각의 제품을 하나의 형태로 묶은 상호보완적 구성이다. 적절하게 결합된 상품은 고객에게 편리함과 다양한 혜택을 주어 상품의 가치를 높여준다.

7) 프로그래밍(Programming)

서비스를 구성하는 상품의 유형적 요소를 찾아내고 무형적 편익을 유형화시켜 제공함으로써 고객의 인식을 높인다. 또한, 일관된 의사소통으로 기업의 신뢰도 향상과 상품의 차별화를 이루어야 한다. 고객이 원하는 관광상품의 이미지와 편익을 조화시킬 수 있는 전문적인 기술과 방안을 마련해야 한다.

8) 제휴(Partnership)

제휴를 위해서는 기능적으로 상호보완할 수 있는 2개 이상의 조직체나 기업의 전략적인 업무협조를 통해 비용을 절감하고 경쟁력을 강화하는 프로그램이 필요하다. 최근에 항공사의 공동운항 제휴로 노선을 확충하거나 비용을 절감하는 방법이 많이 활용되고 있으며, 호텔과 레저를 렌터카, 항공서비스 등과 결합한 상호보완의 형태로 제휴가 모색되고 있다.

4. 관광마케팅의 발달과정

관광마케팅 초기에는 목적지, 루트, 시설 등에 한정되었기 때문에 성장하기 어려웠으며 다른 산업의 형태와 마찬가지로 관광제품과 서비스에서 간결하고 전통적인 방법으로만 판매되었다. 20세기에 들어오면서 관광산업에도 마케팅이론을 적용하기 시작하여 제품지향적·판매지향적·소비자지향적·사회지향적 마케팅의 단계를 거치면서 많은 변화와 발전을 가져왔다.

1) 제품지향적 마케팅

초기의 마케팅은 고객 위주의 관점이 아닌 모든 관심과 활동의 초점을 제품에 맞춘 마케팅 방식이었다. 이러한 방식은 좋은 제품을 생산하면 고객은 그 제품을 구매한다는 사고에서 비롯된 것이다.

2) 판매지향적 마케팅

생산능력이 증가하여 제품 공급이 수요를 초과하면서 기업에서는 생산한 모든 제품을 사람들이 구매하도록 설득해야 한다는 것을 깨닫게 되었다. 판매자, 훈련, 인센티브, 경영관리 등을 개선하기 위해 마케팅 활동이 변하였다. 매스미디어의 발달로 판매방법에도 커다란 변화를 가져오게 되었다.

3) 소비자지향적 마케팅

제2차 세계대전 이후 지속적인 대량생산방식으로 제품 생산이 적정수요를 넘어 초과공급현상을 가져오게 되었다. 상황은 경쟁적으로 변화하여 기업은 소비자가 원하는 것을 파악하고 판단하기 위해 시장조사를 실시하고, 마케팅이론의 영역은 확대되었다. 이와 같은 마케팅은 소비자를 중심으로 한 관점에서 실시되었다.

4) 사회지향적 마케팅

최근 들어 많은 사람들의 관심대상인 환경오염이나 자원부족, 인구증가, 인플레이션 등 여러 가지 사회적인 측면을 고려하여 기업행위를 접목한 마케팅 개념이다. 관광분야에서는 관광개발로 인해 지역사회에서 일어나는 갈등과 문화적 영향에 대한 문제점을 해결해야 했다. 따라서 관광기업에서는 관광에 관련된 문제해결에 적극성을 가지고 임해야 하며 상호 양호한 관계를 유지할 수 있도록 노력하려는 방향의 마케팅 개념이다.

제2절 관광서비스와 고객만족

1. 관광서비스의 의의

서비스를 활동의 관점으로 보는 개념으로서 미국 마케팅학회(AMA)에서는 "서비스란 판매를 목적으로 제공되거나 또는 상품과 연계해서 제공되는 일련의 활동, 편익, 만족"이라고 정의하면서 오락서비스, 호텔서비스, 전력서비스, 수리보수서비스, 수송서비스, 신용서비스 등을 들고 있다.

라스멜(J.M. Rathmell)은 '서비스란 시장에서 판매되는 무형의 상품'이라는 서비스의 속성을 중심으로 정의하고 있으며, 레빗(Levitt)은 서비스를 '인간의 인간에 대한 봉사'라고 보는 측면에서 파악하고 현대의 서비스는 표준화·단순화·기계화하여야 한다고 주장한다.

상기의 내용을 바탕으로 관광서비스란 서비스 구매자와 판매자 간의 상호작용에 의해 생기는 무형적 성격의 활동으로서 고객의 욕구를 충족시키는 행위를 말한다.

2. 관광서비스의 특성

관광서비스는 무형성, 비분리성, 이질성, 소멸성 등의 특성이 있다.

1) 무형성(Intangibility)

서비스제공은 무형성으로 객관적인 형태로 제시하기 어려우며 기존 제품처럼 만질 수 없는 특징을 가진다. 제공되는 각종 서비스는 유형적인 형태와 함께 서비스 제공자의 전문성과 친절성, 분위기 등 상호 간의 개인적 차이에 의한 주관적 요소가 존재하게 된다. 이처럼 객관화하기 곤란하며 일반상품처럼 진열하여 제시하기가 곤란한 무형적 특성이 있다. 무형적 특징의 문제점을 보완하려면 서비스를 체계적으로 표준화·단순화하는 시스템을 구축해야 한다.

2) 비분리성(Inseparability)

일반제품의 경우 대부분 생산된 후에 유통과정을 거쳐 시장에서 판매된다. 그러나 서비스는 서비스 제공자에 의해 생산됨과 동시에 고객에게 소비되므로 대부분의 서비스 제공자와 소비자가 현장에 참여하게 된다. 또한 서비스 품질은 현장에서 발생되므로 일반제품처럼 사전시험을 거쳐 확인하거나 통제하기가 곤란하다. 비분리성에 따른 문제요소를 해결하는 고객과 원활한 상호작용을 할 수 있도록 서비스 제공자의 체계적인 교육과 다양한 서비스 제공 및 철저한 고객관리가 이루어져야 한다.

3) 이질성(Heterogeneity)

서비스는 특성상 생산으로부터 고객에게 전달되는 과정에서 여러 가지 가변적 요소가 많기 때문에 일정한 품질을 유지하기가 어렵다. 서비스를 제공받는 고객에 따라 기대치와 만족도가 다르고 서비스제공자가 서비스를 제공하는 시간이나 공간 및 분위기 등 여러 상황에 따라 고객에게 제공되는 서비스가 다를 가능성이 있다. 그러므로 서비스기업은 일정한 수준 이상의 서비스를 유지하기 위해 시스템화한 표준화에 관심을 가져야 한다.

4) 소멸성(Perish ability)

일반제품은 판매되지 않은 제품을 보관하여 추후에 판매할 수 있지만 서비스생산에서는 재고와 저장이 불가능하기 때문에 재고조절이 곤란하다. 서비스상품이 갖는 효용성은 일회성으로서 소멸되는 것이며 더불어 서비스의 편익도 사라지게 된다. 이는 일정기간의 항공예약이나 호텔예약 등에서 쉽게 볼 수 있는 현상이며, 수급의 균형을 맞추기 위해 예측과 적극적인 관리가 필요하다.

3. 관광서비스의 과정설계

관광기업은 고객의 만족을 위하여 제공해야 할 상품과 수준 높은 서비스과정을 파악하고 개선할 수 있는 방법을 지속적으로 모색해야 한다. 모든 관광서비스는 이동을 기초로 하게 되며 서비스상품은 시간의 흐름에 따라 다양한 서비스의 결합으로 이루어진다. 또한 서비스 제공에 따른 소비자들의 반응도 다양한 과정과 시스템에 의해 반응하게 된다. 이러한 관광서비스 과정과 시스템 분석을 통해 서비스 전달과정을 이해하고 고객과 서비스 제공자 간의 상호작용에 대하여 알아볼 수 있다.

서비스 전달과정은 고객의 구매의사결정과정을 통해 이해할 수 있다. 고객은 서비스구매욕구가 인지되면 의사결정을 하기 위하여 다각적인 형태로 필요한 정보를 수집하고 이를 근거로 자신의 욕구를 충족시켜 줄 수 있는 상품을 선택하게 된다. 상품을 구매하기 전에 적합한 선택을 하기 위해 관련 종사원에게 문의 및 상담 등을 하게 되며 지속적인 관계를 유지한다. 따라서 판매자는 구매자가 필요로 하는 욕구와 만족을 주기 위한 정보 및 아이디어를 제공하여 고객이 최상의 선택을 할 수 있도록 도와야 한다.

4. 관광서비스의 품질관리

피틀(Pittle)은 "서비스 품질이란 고객의 수준에 맞는 서비스를 제공하고, 적시 적기에 고객의 요구조건을 갖추는 것"이라고 제시하고 있다. 또한 서비스 품질 은 제공된 서비스의 수준이 고객의 기대치에 미치는 만족도를 측정하는 것으로, '고객의 기대에 일치시키는 것을 의미'하는 것으로 루이스와 붐(Lewis & Booms) 은 주장하고 있다.

이와 같이 서비스 품질이란 고객이 설정한 서비스 품질을 고객이 제공받았을 때 느끼는 서비스의 차이에 의하여 결정된다고 볼 수 있다. 대체적으로 고객은 서비스를 유형적 요소와 주관적 인식으로 예상하여 구매 시 종사원이 제공하는 인적 서비스와 분위기 등의 복합적 요소를 통하여 서비스 품질을 인식하게 된다.

서비스 품질은 기대하는 품질과 제공받은 품질 사이의 차이에서 인식되며 제 공된 품질이 기대보다 높으면 고객은 만족하게 된다.

고객들이 서비스 질을 평가할 때의 기준은 '물리적 시설과 종업원 용모 등의 유형성(tangibles)과, 서비스의 정확하고 일관성 있는 신뢰성(reliability), 신속하고 만족스러운 반응성(responsiveness), 종사원의 지식과 예절 및 자세를 포함한 설 득성(assurance), 고객에 대한 개별적인 배려와 관심을 갖는 공감성(empathy)'으 로 제시되며, 서비스의 종류와 고객의 욕구에 따라 중요도가 다르게 나타난다.

5. 고객만족과 불만

고객만족은 서비스기업의 성패를 결정짓는 중요한 요소가 되므로 기업 마케 팅 개념의 중심이 된다. 고객의 높은 만족도는 고객의 충성도 향상과, 신규고객 창출, 기업의 이미지 향상 등에 긍정적 효과를 갖는다.

고객만족이란 소비자 심리과정의 최종상태를 말하며 인지적 상태, 평가, 정서적 반응, 인지적 판단과 정서적 반응이 결합된 고객 만족에 대한 판단 등의 네 가지 관점에서 살펴볼 수 있다.

1) 인지적 상태 : 소비자가 인식하는 지불한 비용에 대한 보상 정도
2) 평가 : 선택한 대안의 사전 신념과 일치 여부
3) 정서적 반응 : 기대의 일치·불일치와 같은 고객의 인지적 처리과정 후 형성되는 반응
4) 고객 만족에 대한 판단 : 인지적 판단과 정서적 반응의 결합

서비스기업의 상품은 고객과 종사원 간의 상호작용에서 발생하는 결과물로서 고객의 만족과 불만·불평이 항상 존재하게 된다. 고객이 잘못을 지적하고 개선을 요구하는 것에 대한 서비스기업의 능동적 수용은 효과적인 고객관리의 기본이 된다. 고객이 제공받은 서비스에 대하여 만족하지 못한 경험이나 불이익에 대하여 실제로 불평을 토로하는 소비자는 약 4% 정도로 밝혀지고 있다. 나머지 소비자는 서비스기업이 만회할 기회조차 주지 않고 떠나가 버리는 것이다. 이런 의미에서 기업입장에서는 불만을 제기하는 소비자의 효과적인 불만관리 및 처리는 기업의 단점을 보완하게 하는 중요한 요소가 된다.

소비자의 불만형태나 원인이 되는 요소는 다양하게 나타난다. 불만에 대한 효과적 관리방법으로는 신속한 대응, 감정이입을 통한 진심어린 사과, 적절한 보상체계가 있다. 또한 종사자와의 원활한 커뮤니케이션과 권한을 위임함으로써 현장에서 해결할 수 있도록 자율권을 부여할 필요가 있다.

제**9**장

외식업 및 숙박사업

제9장 외식업 및 숙박사업

제1절 외식업

외식사업은 현행 「관광진흥법」상의 범주에는 포함되지 않으나 관광산업에 관련된 지원사업으로서 현대산업사회의 식생활구조가 다양화·세분화됨에 따라 지속적으로 성장할 것으로 예상되는 사업분야이다. 세부요인으로는 가처분소득의 증가와 생활수준의 향상, 생활양식의 변화, 가치관의 변화, 소비의식의 구조변화에서부터 간편식 위주의 패스트푸드 수요증가, 식생활패턴의 변화 등 사회·경제·문화의 다각적인 측면에서 찾아볼 수 있다.

우리나라도 꾸준한 경제성장과 각종 규제의 완화 및 지역축제 증가 등 외부적 변화와 개인적 변화 등으로 인하여 외식산업은 지속적으로 성장하고 있다.

1. 외식업의 의의

외식의 사전적 의미는 '가정에서 직접 해 먹지 않고 밖에서 음식을 사먹음 또는 그런 식사'로 정의하고 있다. 외식이란 가정 밖의 공간에서 식사하는 모든 행위의 총칭이며, 외식사업이란 사람들이 가정 이외의 장소에서 식품 등을 제공하고 대가를 받는 영업행위를 총칭한다. 식사와 음료를 제공하고 인적 서비스 및 연출 분위기를 본질로 하며, Food Service Industry 혹은 Dining Out Industry라는 용어를 사용하고 있다. 또한 외식업체란 고객을 위주로 하는 개념으로서 '고객의 욕구에 부응하는 다양한 식음료 서비스를 제공하는 업'을 의미한다.

음식과 음료 등만 단순히 제공하는 일반음식점과는 달리 외식업은 음식 제공 외에도 인적·물적 서비스의 질적 향상과 분위기 연출 등 부가적 요소 등을 포함하는 사업체를 뜻한다.

2. 외식상품의 구성요소

외식상품이란 외식업체에서 고객에게 제공하는 제품, 즉 음식과 음료 등이며, 이러한 외식사업을 구성하는 상품내용에는 인적 서비스, 물적 서비스, 편리성, 가격 등이 포함된다.

1) 식음료

외식업에서 중요한 요소로서 메뉴를 들 수 있다. 메뉴를 선정하면 조리방법에 따른 주방설비를 결정하게 되고, 직원이 제공해야 할 서비스에도 영향을 주게 된다. 한정적인 소수의 메뉴를 제공하는 전문음식점과 다양하게 많은 메뉴를 제공하는 일반음식점 간에는 가격이나 점포의 인테리어 측면에서도 많은 차이를 보이게 된다.

메뉴는 고객욕구의 반영에 따른 주된 메뉴와 부수적인 메뉴항목에 대한 세밀한 계획을 통하여 시장조사 및 변화하는 사회추세와 기호에 맞게 지속적으로 개발해야 한다.

2) 인적 서비스

서비스는 업체 자체가 보유한 독립 서비스와 부대 서비스로 대별할 수 있다.

부대 서비스는 음식물을 제공하기 위해 표준화된 서비스를 말하며, 독립 서비스는 각 점포에서 제공하는 독자적인 서비스를 말한다.

음식물을 제공하는 부대 서비스 외에도 최근에는 각 점포에서 고객에게 제공되는 접객 서비스가 있고, 여흥 서비스를 통해 고객에게 즐거운 식사분위기를 만들어주는 독립 서비스들이 하나의 상품이 되고 있다. 접객 서비스가 고객 개인에게 직접적으로 만족감을 느끼게 하는 서비스에 초점을 두고 있으며, 여흥 서비스는 다수의 단체고객이나 대중적인 서비스에 초점을 맞춘 서비스로 볼 수 있다.

3) 물적 서비스

시설과 공간에 의한 서비스 개념으로 음식을 먹을 수 있는 장소와 부수적인 설비에 의한 공간 서비스와 여흥설비로 구분한다. 공간의 테마와 기능성 등은 복합적으로 조화가 이루어지도록 해야 한다. 시설 서비스 요소들은 점포의 특성에 맞추어 고객만족도를 높일 수 있도록 해야 한다.

4) 편리성

고객이 느끼는 편리성에는 고객의 요구에 맞추어 입지가 선정되어야 하고 영업시간과 휴일의 선정 및 요금을 정산하는 방법 등이 고려되어야 한다. 고객의 입장에서 보면 점포의 접근성이 중요시되는 공간의 입지와 시간의 입지로 볼 수 있는 휴일과 영업시간 등이 편의성을 결정짓는 중요한 요소가 된다.

5) 가 격

가격은 상품을 구매하는 대가로서 상품의 속성에 따라 매우 다양하게 산정할 수 있다. 외식업에서는 각 음식의 아이템별로 가격을 산정하는 경우와 몇 가지의 음식을 묶어 단일가격에 제공하는 방법이 있다.

3. 외식산업의 경영형태

1) 독립경영

투자에서 운영까지 모든 영업활동의 책임과 권한이 소유주에게 귀속되는 형태이다. 대부분의 일반식당이 독립경영의 형태를 취하고 있다.

2) 프랜차이즈 경영

2개 이상의 다수 업소를 대상으로 투자부터 영업운영까지 동일한 브랜드를 사용하게 하고 영업 및 운영에 따른 각종 시스템을 제공하고 지원하는 형태로서 가맹점은 이에 따른 일정의 로열티를 지불하는 경영형태를 말한다.

3) 계약경영

외식전문기업이 업주를 대신하여 경영해 주는 형태이다. 소유주는 건물이나 토지, 시설 및 운영자금 등을 제공하고, 외식기업에서는 경영에 필요한 권한을 위임 받아 경영하며 서로 합의한 기준으로 이익을 나눈다. 전문가에 의한 경영이 이루어지므로 안정적이며 높은 수익을 기대할 수 있다.

4. 외식사업의 주요업종

1) 패스트푸드(Fast food)

패스트푸드는 상품을 일정하게 규격화하고 업무 측면에서의 획일화를 통하여 메뉴와 서비스를 신속하게 제공할 수 있도록 시스템을 구축하고 있다. 이러한 패스트푸드점은 조리과정의 표준화와 밝은 분위기를 조성하며 신속한 서비스를 통하여 기존 음식점들과는 차별화된 전략으로 체인화 및 대형화하였다.

특히 동일한 방식으로 제공되는 메뉴의 신속한 서비스는 고객들의 시간을 절약시킨다는 장점으로 인하여 식사시간이 부족한 직장인들이나 젊은층에게 인기가 높다. 최근에는 드라이브 스루(drive through) 매장 및 테이크아웃 부스를 확대하고 인터넷 사용이 가능한 인터넷 존 설치와 여성고객을 위한 파우더 룸 등을 설치하면서 고객에게 한 차원 높은 편의성을 제공하고 있다. 패스트푸드는 표준화·단순화·전문화 등 시스템이 다른 유형의 외식산업에 비해 중요한 경쟁력으로 작용하는 업종이다.

2) 테이크아웃점

테이크아웃점(take out restaurant)은 구매한 상품을 매장이 아닌 외부로 가지고 나가는 테이크아웃(take out) 음식의 비율이 높은 점포를 말한다. 음식을 가지고 나간다는 점에서 패스트푸드와 유사한 측면은 있으나 패스트푸드는 외식의 간편화기능을 더 부각시키는 반면, 테이크아웃점은 자기 식의 간편한 기능을 보완시킨 영업이라고 볼 수 있다.

3) 패밀리 레스토랑

우리나라 패밀리 레스토랑의 시초는 1988년 일본과 합작하여 세운 코코스(cocos)로 볼 수 있다. TGI Friday's가 진출하면서 외식사업의 붐이 고조되었고 국내 대기업들이 해외 유명 브랜드와 제휴하여 시장에 진출하기 시작했다.

주요 고객은 모임이나 단체로서 테이블 서비스와 풀 서비스를 제공하는 방식으로 서비스 제공시간이 길고 가격이 비싼 편이다.

패밀리 레스토랑은 일반 외식업체에 비하여 점포나 투자의 규모가 크기 때문에 개인보다는 자본력 있는 대기업의 진출이 많다.

대기업이 외식사업에 진출하는 이유 가운데 하나는 현금회전의 부가이익과 더불어 사회변화에 따른 외식문화의 지속적이고도 높은 성장을 예상하기 때문이다. 대기업들이 진출한 패밀리 레스토랑은 안정적인 투자와 시스템의 도입에 따

라 서비스경쟁력을 확보하게 되었다. 이러한 브랜드 도입에 따른 외식업체는 외
식문화수준을 한 단계 진보시키는 긍정적인 측면이 있으나 해외 브랜드의 도입
경쟁으로 막대한 로열티 지급이 발생되는 문제가 있다. 해외에서 도입된 외식업
체로는 코코스, 베니건스, TGIF, 스카이락, 시즐러, 토니로마스, 마르쉐, 빕스, 아
웃백 스테이크 등이 있으며 도입시기에 따른 시장호응도 및 경영상의 문제, 경쟁
관계로 퇴출된 업체도 생겨나고 있다. 이러한 다수의 패밀리 레스토랑은 경쟁력
을 확보하기 위해 고객의 욕구를 주시하면서 계속적인 변화를 추구하며 경쟁하
고 있다.

최근에는 기존의 패밀리 레스토랑과는 차별화된 개념의 테마 레스토랑이 등
장하고 있다. 각 레스토랑들은 자금력을 바탕으로 음식과 서비스의 질을 유지시
키고, 로열티·인건비·식재료에 관한 비용을 절감시키는 합리적인 경영을 위해
노력하고 있다.

4) 퓨전레스토랑

퓨전레스토랑은 1980년대 중반부터 외식업계에 다양한 형태의 식당들이 등장
하면서 성장한 업종이다.

퓨전요리는 미국 캘리포니아에 정착한 많은 동양인들에 의해 시작되어 발전
해 온 것으로, 동서양의 조리기법 중에서 장점만을 뽑아 새로운 맛을 창조한 것
이다. 미국인들의 건강식에 대한 관심이 늘면서 야채를 많이 사용하고 기름지지
않은 동양요리를 즐기게 되었으며 이와 같은 추세로 인해 퓨전레스토랑이 미국
에서 확산되었다.

5) 고급전문식당

주로 전문요리를 취급하는 고급 레스토랑은 호텔의 한식당이나 중식당, 이탈
리아 식당 등과 같은 전문식당을 예로 들 수 있다. 테이블 서비스 중심의 편안한

분위기와 세련된 인테리어를 갖추고, 숙련되고 친절한 종사원들에 의해서 보다 높은 품질의 서비스가 제공된다. 고객은 분위기와 서비스를 중시하는 경향의 부류가 많다.

영업시간은 일정한 시간으로 한정되어 있으며, 주 메뉴는 코스요리가 제공된다. 식사시간이 오래 걸리고 메인코스 이외에 메뉴도 세분화되어 있어 고객의 취향에 따라 주문이 가능하다. 고급전문식당은 품질과 이미지가 중요하며 풀 코스 위주의 식사로서 주방장의 요리솜씨가 중요한 경쟁요소로 작용한다.

6) 카페테리아

카페테리아는 다양한 메뉴 중에서 고객이 기호에 맞는 메뉴를 직접 선택하여 셀프 서비스 방식으로 식사하는 방법의 간이식당을 말한다. 다른 외식사업과의 차이는 제한된 메뉴에 대한 선택 특성을 가지면서 동시에 가격도 차별화할 수 있다는 것이다. 주로 다수의 고객이 이용하는 식사위주의 대형건물이나 휴게소 등에서 많이 운영되는 형태이다.

제2절 숙박사업(호텔업)

1. 호텔업의 개념과 경영특성

1) 호텔업의 개념

호텔업은 관광산업의 기초산업인 숙박업에 해당하며 호텔의 사전적 의미로는 '대중이나 여행자를 위하여 숙소를 제공하며 식사와 여러 서비스를 갖춘 상업적 건물'로 정의하고 있다. 더불어 지불능력이 있는 사람에게 객실과 식사를 제공할 수 있는 시설을 갖추고 훈련된 종사원이 조직적으로 봉사하여 그 대가를 받는 기업으로서 영리의 목적을 가지고 인적 서비스를 제공하고 숙박과 부대시설 및 여가와 오락을 제공하는 속성을 갖는다.

우리나라 「관광진흥법」에서 호텔업이란 "관광객의 숙박에 적합한 시설을 갖추어 관광객에게 제공하거나 숙박에 딸리는 음식, 운동, 오락, 휴양, 공연 또는 연수에 적합한 시설 등을 함께 갖추어 이를 이용하게 하는 업"을 말한다(법 제3조 제1항 2호). 호텔업은 관광호텔업, 수상관광호텔업, 한국전통호텔업, 가족호텔업, 호스텔업으로 세분하고 있다.

전통적으로 호텔은 숙박과 식음료를 제공하는 기능을 위주로 하였으나 스포츠나 레저공간의 제공, 비즈니스장소 제공 등의 여러 측면에서 다양하고 다기능화되고 있다.

현대사회의 다양한 욕구는 호텔의 목적과 편익에 따라 Inn, 유스호스텔, 콘도미니엄 등의 여러 가지 형태로 나타나고 있다.

호텔의 기본적인 조직은 객실과 식당, 경영관리의 3가지 분야로 구분되며, 고정자산의 감가상각부분과 이윤의 극대화를 위해 강조되어야 할 부분은 경영관리 분야이다. 호텔경영은 연중무휴 24시간 안락한 서비스와 사회문화적 대중공간의 가치를 높이기 위해 전문화와 세분화가 더욱 요구된다.

2) 호텔경영의 특성

가. 시설상의 특성

일반기업에 비해 건물이나 시설의 투자비중이 높아 고정자산에 대한 의존도가 높다. 또한 1년 내내 끊임없이 사용하게 되므로 시설이나 부속물에 대한 노후화가 빠르고 시설의 수명이 짧다. 따라서 호텔의 시설을 항상 확인하여 최상의 상태로 유지시켜야 하는 부담이 있다.

나. 영업상의 특성

인적 자원에 대한 의존도가 높다. 호텔은 일반가정과 동일한 기능을 가지고 영리사업을 하는 기업이다. 고객들에게 안락한 편의를 제공하기 위해서는 예절 바르고 신속하며 세련된 서비스를 제공하도록 항상 노력하여야 한다. 또한 연중 무휴로 24시간 영업을 한다.

다. 운영상의 특성

호텔은 상품외적인 요소로 운영된다. 호텔이 고객에게 판매하는 것은 일반 상품뿐만 아니라 외적인 요소로 작용하는 서비스의 제공이 포함된다. 호텔운영은 인적·물적 서비스를 함께 제공하여 이익을 창출하기 때문에 상품을 구성하는 모든 요소들이 호텔 전체의 운영에 영향을 주게 된다. 서비스상품의 특성상 고객에 대한 적극적인 자세와 적정한 가격으로 만족감을 줄 수 있어야 한다.

2. 호텔업의 분류

호텔업은 법 규정, 입지적 요인과 숙박기간, 숙박목적, 경영형태, 요금지불방식 등의 기준에 따라 분류할 수 있다.

1) 관광진흥법에 의한 분류

과거에는 관광숙박업을 관광호텔업, 국민호텔업, 해상관광호텔업, 가족호텔업, 한국전통호텔업 및 휴양콘도미니엄업으로 분류하였으나, 현행 「관광진흥법」은 관광숙박업을 호텔업과 휴양콘도미니엄업으로 분류하고, 다시 호텔업을 관광호텔업, 수상관광호텔업, 한국전통호텔업, 가족호텔업, 호스텔업으로 세분하고 있다(동법시행령 제2조제1항 2호).

가. 관광호텔업

관광객의 숙박에 적합한 시설을 갖추어 관광객에게 이용하게 하고 숙박에 딸린 음식·운동·오락·휴양·공연 또는 연수에 적합한 시설 등을 함께 갖추어 관광객에게 이용하게 하는 업을 말한다.

우리나라 관광호텔업의 등록현황을 살펴보면 2010년 12월 말 기준으로 전국 630개 업체에 6만 8,583실이 운영되고 있다.

|표 9-1| 관광호텔업 등록현황

(단위 : 개소)

구분	특1등급		특2등급		1등급		2등급		3등급		등급미정		계	
	업체	객실	업체	객실	업체	객실	업체	객실	업체	객실	업체	객실	업체	객실
서울	17	8,701	26	6,192	33	3,820	21	1,309	14	720	20	1,408	131	22,150
부산	6	2,469	5	783	12	1,155	12	585	13	1,321	3	416	51	6,729
대구	3	696	4	534	4	210	-	-	-	-	11	663	22	2,103
인천	3	1,020	6	1,380	2	149	11	506	8	330	11	493	41	3,878
광주	1	120	2	198	6	363	6	252	1	44	4	174	20	1,151
대전	1	174	2	394	7	453	7	257	4	193	3	486	24	1,957
울산	2	495	-	-	-	-	2	146	1	75	2	65	7	781
경기	2	474	5	744	22	1,685	16	789	13	715	22	1,159	80	5,566
강원	7	1,561	8	1,278	11	716	4	199	2	114	5	430	37	4,298
충북	1	328	1	180	15	1,077	1	30	3	103	-	-	21	1,718
충남	-	-	3	467	2	158	7	319	-	-	5	238	17	1,182
전북	1	118	2	277	5	419	6	293	-	-	-	-	14	1,107
전남	1	208	1	108	8	541	6	289	4	159	8	449	28	1,754
경북	7	1,901	3	532	13	868	8	444	8	384	11	550	50	4,679
경남	2	401	4	478	12	1,066	7	361	4	199	7	349	36	2,854
제주	12	3,622	5	507	18	1,600	5	284	2	123	9	540	51	6,676
계	66	22,288	77	14,052	170	14,280	119	6,063	77	4,480	121	7,420	630	68,583

자료 : 문화체육관광부, 2010년 기준 관광동향에 관한 연차보고서, 2011.8, pp. 250~251.
주) 등급미정은 신규등록업체 및 등급유효기간 만료업체로서 현재일 기준 등급심사가 이루어지지 않은 업체.

나. 가족호텔업

가족단위 관광객의 숙박에 적합한 숙박시설 및 취사도구를 갖추어 관광객에게 이용하게 하거나 숙박에 딸린 음식·운동·휴양 또는 연수에 적합한 시설을 함께 갖추어 관광객에게 이용하게 하는 업을 말한다. 경제성장으로 인한 국민소득수준의 향상은 가족단위 관광의 증가를 가져왔는데, 이에 정부는 국민복지 차원에서 저렴한 비용으로 건전한 가족관광을 영위할 수 있게 하기 위하여 가족호텔 내에 취사장, 운동·오락시설 및 위생설비를 겸비토록 하고 있다.

우리나라 가족호텔업의 등록현황을 보면, 2010년 12월 말 현재 전국 55개소에 객실수 6,150실이 등록되어 있다.

|표 9-2| 시·도별 가족호텔업 등록현황(2011)

(단위 : 개소)

구분	호텔명	위 치	등록일	객실수
서울 (7)	오크우드프리미어	강남구 삼성동 159	2001.10	280
	반얀트리호텔	중구 장충동2가 산 5-5	2007. 9	218
	프로비스타 가족호텔	서초구 서초동 1677-6	2007. 1	170
	매리어트 이그제큐티브	영등포구 여의도동 26	2007. 8	103
	프레이저스위츠 서울 가족호텔	종로구 낙원동 272	2007. 9	213
	프레이저플레이스 센트럴 서울	중구 순화동 214 외 1필지	2008.10	240
	이스트게이트타워호텔	중구 을지로6가 17-2 케레스타빌딩 18~20층	2009. 5	280
부산 (1)	금강국민호텔	동래구 온천동 1-4	1985.11	17
인천 (1)	무의아일랜드 가족호텔	중구 무의동 370외 4필지	2005. 4	30
울산 (1)	블루오션뷰	울주군 서생면 진하리 77-12	2009. 7	35
경기 (1)	브니엘 청평 가족호텔	가평군 상면 덕현리 산 74-12	1990. 7	52
강원 (7)	호산비치가족호텔	삼척시 원덕읍 호산리 39	1999. 2	39
	호텔 굿모닝	속초시 조양동 1432-1	2002. 1	88
	설악교육문화회관	속초시 도문동 155	1996. 2	77

구분	호텔명	위 치	등록일	객실수
강원 (7)	오색그린야드호텔	양양군 서면 오색리 511	2008. 5	155
	엘카지노호텔	정선군 남면 무릉리 471	2008.11	54
	엘스호텔	정선군 사북읍 사북리 356-87	2009.12	46
	호텔올림피아	평창군 대관령면 차항리 266-14	-	98
충북 (1)	후랜드리 가족호텔	충주시 호암동 540-10	1990. 7	52
충남 (1)	천안상록 가족호텔	천안시 수신면 장산리 669-1	2007. 7	100
전북 (4)	남원 가족호텔	남원시 신촌동 437	1989. 5	43
	무주리조트 가족호텔	무주군 설천면 심곡리 산 43	1990.12	974
	무주리조트 국민호텔	무주군 설천면 심곡리 산 43	1997. 2	418
	대명리조트 변산	부안군 변산면 격포리 257	2008. 7	504
전남 (8)	빅토리아호텔	고흥군 도화면 발포리 89-1	2005. 7	55
	담양리조트 온천호텔	담양군 금성면 원율리 399	2003.11	36
	은혜가족호텔	장성군 북하면 약수리 211	2005. 1	32
	한화리조트/지리산	구례군 마산면 황전리 27-2	1997. 1	57
	흑산 비치 가족호텔	신안군 흑산면 진리 31-1	2000.12	53
	지리산 가족호텔	구례군 산동면 대평리 729	2003. 1	134
	두륜산 온천가족호텔	해남군 삼산면 구림리 138-8	2007. 1	34
	TOP가족관광호텔	목포시 대의동 12-1	2010.12	30
경남 (8)	애플리조트호텔	밀양시 산내면 남명리 1-5	1997.12	45
	거제훼미리호텔	거제시 남부면 갈곶리 263-3	2006. 7	30
	오아시스호텔	거제시 신현읍 장평리 815-21	2007. 4	99
	남해스포츠파크 가족호텔	남해군 서면 서상리 1182-9	2002. 5	95
	남송가족호텔	남해군 삼동면 물건리 5-1	2005. 2	37
	호텔씨팰리스	거제시 일운면 와현리 622	2009. 3	138
	CLUB E. S 통영리조트	통영시 산양읍 미남리 697-2	2009. 4	106
	라베르호텔	통영시 도남동 201-19	2010. 8	44
제주 (15)	중문훼미리호텔	서귀포시 상예동 2729-2	2006. 5	32
	꼬뜨도르 가족호텔	제주시 구좌읍 동복리 827	2003. 9	30
	그랑빌 가족호텔	서귀포시 색달동 2512	2007. 7	42
	중문빌리지 가족호텔	서귀포시 하예동 141	2007. 8	30

구분	호텔명	위 치	등록일	객실수
제주 (15)	그림리조트	제주시 용담3동 1020-4	2008. 1	30
	송악리조트	서귀포시 대정읍 상모리 78	2008. 1	30
	다인리조트	제주시 애월읍 고내리 79-5	2008. 3	33
	조은리조트	서귀포시 강정동 2486	2008. 3	33
	담앤루	서귀포시 대포동 1174	2008. 6	30
	올레리조트	제주시 애월읍 신엄리 2867-3	2008. 6	48
	호텔 네이버후드 제주	제주시 노형동 1295-16	2008. 8	346
	뷰티플리조트	서귀포시 대포동 1265-1	2008. 8	32
	다인리조트 투(2차)	제주시 애월읍 고내리 79-8	2009. 3	33
	중문리조트	서귀포시 색달동 1821-3	2009. 8	44
	제주마을리조트	서귀포시 상예동 2850	2009. 9	46
계	55개소	-	-	6,150

자료 : 문화체육관광부, 2010년 기준 관광동향에 관한 연차보고서, 2011.8, pp. 257~259.

다. 한국전통호텔업

한국전통의 건축물에 관광객의 숙박에 적합한 시설을 갖추거나 부대시설을 함께 갖추어 관광객에게 이용하게 하는 업을 말한다.

우리나라에는 1991년 7월 26일 최초로 제주도 중문관광단지 내에 객실수 26실의 한국전통호텔(씨에스호텔앤리조트)이 등록되었으며, 2010년 7월 5일에는 경북에 ㈜신라밀레니엄 라궁 16실, 2011년 전남에 영산재 21실이 등록되어 전국 3개소, 63실이 운영되고 있다.

라. 수상관광호텔업

수상에 구조물 또는 선박을 고정하거나 매어 놓고 관광객의 숙박에 적합한 시설을 갖추거나 부대시설을 함께 갖추어 관광객에게 이용하게 하는 업으로서, 수려한 해상경관을 볼 수 있도록 해상에 구조물 또는 선박을 개조하여 설치한 숙박시설을 말한다. 만일 노후 선박을 개조하여 숙박에 적합한 시설을 갖추고 있더라도 동력(動力)을 이용하여 선박이 이동할 경우에는 이는 관광호텔이 아니라 선박으로 인정된다. 2000년 7월 부산 해운대구에 객실 53실의 수상관광호텔이 등록되었으나, 태풍으로 멸실되고 현재는 운영되지 않는다.

마. 호스텔업

호스텔업은 배낭여행객 등 개별 관광객의 숙박에 적합한 시설로서 샤워장, 취사장 등의 편의시설과 외국인 및 내국인 관광객을 위한 문화·정보 교류시설 등을 함께 갖추어 이용하게 하는 업을 말한다. 이는 2009년 10월 7일 「관광진흥법 시행령」 개정 때 호텔업의 한 종류로 신설되었는데, 2010년 12월 말 기준으로 사업계획승인을 받아 건축 중인 시설은 있으나 아직 등록하고 운영 중인 시설은 없다.

바. 휴양콘도미니엄업

휴양콘도미니엄업이란 관광객의 숙박과 취사에 적합한 시설을 갖추어 이를 그 시설의 회원이나 공유자, 그 밖의 관광객에게 제공하거나 숙박에 딸리는 음식·운동·오락·휴양·공연 또는 연수에 적합한 시설 등을 함께 갖추어 이를 이용하게 하는 업을 말한다. 2010년 12월 말 기준으로 휴양콘도미니엄업의 등록현황은 〈표 9-3〉과 같다.

|표 9-3| 시·도별 휴양콘도미니엄업 등록현황

(단위: 개소)

구분	부산	인천	경기	강원	충북	충남	전북	전남	경북	경남	제주	계
개소 수	4	2	16	57	7	13	7	6	14	8	40	174
객실 수	1,385	351	3,113	18,062	1,782	2,413	815	942	2,669	1,338	4,381	37,251

자료: 문화체육관광부, 2010년 기준 관광동향에 관한 연차보고서, 2011.8, pp. 260~261.

2) 입지적 요인에 의한 분류

호텔이 위치한 입지에 따라 분류할 수 있다.

가. 대도시호텔(Metropolitan hotel) : 대도시에 위치한 대규모로 모여 있는 호텔군(群)을 말한다. 대형 호텔로서 일시에 많은 인원을 수용할 수 있으며, 대연회장이나 집회장 등의 시설을 갖춘 고급호텔이다.

나. 도시호텔(City hotel) : 도시 중심지에 위치한 호텔로 사업가나 상용·공용 또는 도시에 오는 관광객들이 이용한다.

[사진 9-1]은 레바논의 베이루트에 있는 도심호텔이고 [사진 9-2]는 내전의 상처가 남아 있는 홀리데이 인 호텔이다.

|사진 9-1| 베이루트의 도심호텔

|사진 9-2| 베이루트의 홀리데이 인 호텔

다. 전원호텔(Country hotel) : 교외나 산악지대에 위치하며, 계절 여행객이 주로 이용한다.

라. 공항호텔(Airport hotel) : 공항 부근에 위치하며 항공기 이용고객의 편의를

고려한 호텔이다.

마. 항구호텔(Seaport hotel) : 항구 부근에 위치하여 여객선 이용자를 위한 호텔

바. 터미널호텔(Terminal hotel) : 철도역이나 고속버스터미널 근처에 위치한 호텔

사. 하이웨이호텔(Highway hotel) : 고속도로변에 위치한 호텔

3) 숙박기간과 목적에 의한 분류

체재기간에 따라 단기투숙호텔(Transient hotel), 장기체재호텔(Residential hotel)로, 체재목적에 따라 회의, 비즈니스, 휴양, 환승호텔로 분류할 수 있다.

가. 거주형 호텔(Residential hotel) : 대체로 1주 이상 장기체류할 숙박자를 대상으로 한다.

나. 비즈니스호텔(Business hotel, Commercial hotel) : 도시 중심지에 위치하며, 상용 및 공용 업무를 목적으로 하는 숙박자가 주로 이용한다. 체재기간이 짧고, 요금도 저렴한 편이다.

다. 아파트먼트호텔(Apartment hotel) : 초·장기 체재를 위한 호텔로서 객실에 취사시설이 갖추어져 있다.

라. 클럽호텔(Club hotel) : 특정단체의 회원을 위한 호텔로 대체로 비영리적이며, 회원들이 출자하여 건설하고, 회원들의 회비로 운영하므로 일반인에게는 공개되지 않는다.

마. 휴양지호텔(Resort hotel) : 관광지·피서지·피한지·해변·산간 등 보건휴양지에 위치한 호텔로서 숙박객들이 심신의 피로를 풀도록 아름다운 곳에 위치한다.

바. 환승호텔(Transit hotel) : 이동이 용이하도록 교통이 편리한 장소에 위치하며 항공기나 교통수단의 환승을 위한 호텔이다.

4) 경영형태에 의한 분류

가. 개인호텔(Independent hotel) : 호텔을 독자적으로 운영하는 방식으로서 시
장전략과 개발이 자유로워 환경변화에 적응하기 쉬우나 원가절감의 어려
움과 외부리스크에 취약한 면이 있다.

나. 체인호텔(Chain hotel) : 2개 이상의 그룹으로 운영하는 호텔형태로 대량구
입에 따른 원가절감과 업무의 효율성, 예약의 용이 등 규모의 경영을 할
수 있다.

다. 프랜차이즈 호텔(Franchise hotel) : 호텔 소유주는 체인명의로 운영하도록
프랜차이저와 계약하여 일정액의 비용을 지불하고 시스템을 제공받고 명
의를 사용하며, 이에 따른 프랜차이저는 세일즈 및 광고지원, 예약의 공유,
종사원의 훈련 등에 도움을 준다.

라. 리스호텔(Lease hotel) : 호텔 소유 자금능력이 부족하여 건물을 임차하여
호텔을 운영하는 방식이다.

마. 경영위탁계약(Management contact) : 효율적인 운영을 위하여 전문관리인
에게 위탁함으로써 소유주는 경영에 참여하지 않고 투자자의 형태로, 운
영자는 소유권 없이 수익의 배분을 받으며 호텔을 운영하는 방식이다.

5) 기타 숙박시설

가. 모텔(Motel) : 자동차여행객을 위한 호텔로 개발되었으며 주차가 용이하다.

나. 보텔(Botel) : 보트로 관광하는 사람들이 이용하는 호텔

다. 요텔(Yachtel) : 요트관광객을 위해, 해안과 호반에 계류설비를 갖춘 호텔

라. 유스호스텔(Youth hostel) : 청소년을 위한 숙박시설

마. 콘도미니엄(Condominium) : 숙박과 취사가 가능한 가족호텔

바. 민박 : 숙박과 취사가 가능한 관광객을 위해 숙소를 제공하는 일반가정집

사. 샬레(Chalet) : 스위스식 시골 농가

아. 방갈로(Bungalow) : 열대지방의 원두막형태의 숙박시설

자. 게스트하우스(Guesthouse) : 규모가 작은 가정적 분위기의 숙박시설

3. 호텔의 조직과 부문 및 직책별 업무

1) 호텔의 조직

호텔은 숙박·음식·오락 등의 다양한 기능을 제공하기 때문에 효율성을 최대화하기 위한 조직이 필요하다. 총지배인과 부 총지배인의 관리하에 관리이사, 영업이사를 두고 하부조직으로 객실부, 식음료부, 조리부, 판촉과 등 직접 수익을 창출하는 부문과 직접 수익을 창출하지 않는 부문인 관리회계, 영선부서로 나누고 있다.

가. 프론트오피스(Front office) : 고객과 직접 대하는 부서로서 예약, 객실배정, 우편물, 수하물 등을 취급한다.

나. 하우스키핑(House keeping) : 고객의 안락함을 위하여 객실 및 공공장소의 청결과 정돈을 담당한다.

다. 식음료부(Food & Beverage) : 호텔의 기본적인 조직으로 레스토랑, 바, 칵테일라운지 등에서 식음료를 제공한다.

라. 시설부(Engineering) : 호텔의 모든 기계설비의 유지와 보수업무를 담당한다.

마. 관리부 : 호텔운영을 담당하는 부서로서 인사, 회계, 재무, 구매, 영업, 마케팅을 담당한다.

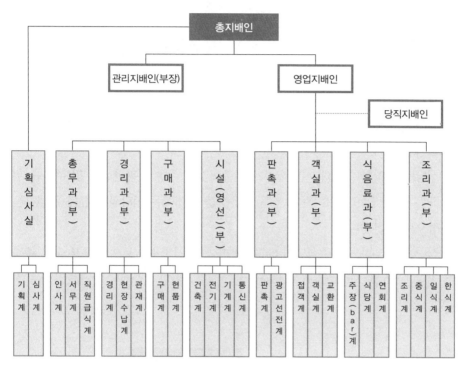

자료 : 김성혁, 관광학원론, 형설출판사, 2009, p. 154.

|그림 9-1| 호텔조직표(300실 이하)

2) 부문별 업무

호텔에서 고객을 상대하여 수익을 창출하는 부문을 객실부문과 식음료부문, 부대시설부문으로 나누어 살펴볼 수 있다.

가. 객실부문의 업무

호텔의 경영에 있어서 가장 큰 비중을 차지하는 부문으로 접객(front desk)과 객실정비(house keeping)로 구성된다.

접객부문은 호텔을 이용하는 모든 고객과 접하게 되며 예약확인과 객실배정, 지불 등과 관련된 업무와 주변의 오락활동에 대한 정보제공 등을 한다.

현관 서비스는 숙박객과 기타 고객을 대상으로 각종 서비스를 제공하는 곳으로 도어 맨(door man), 포터(porter), 벨 맨(bell man)으로 구성되어 있다.

나. 식음료부문의 업무

연회나 회의장시설의 판매가 증가하고 있어 식음료부문의 중요성도 한층 더 강조되고 있다.

식당을 운영하기 위해서는 요리가 만들어지는 주방과 관련설비 및 주류를 취급하는 Bar가 필요하며 식음료부문은 음식을 판매하는 식당과 주류를 판매하는 주장으로 구분한다.

식당은 기본적으로 주식당인 Grill · 커피숍 · 룸 서비스 등으로 구분되며, 주장은 Bar, Lounge, Night Club, Cabaret 등으로 구분된다. 식당과 주장을 겸하는 경우도 있다.

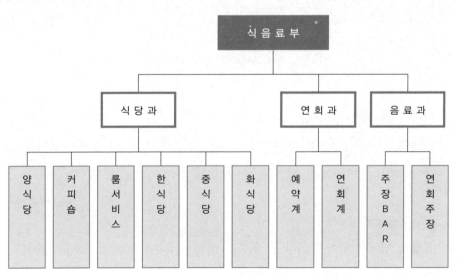

자료 : 유준상 외 2인, 관광의 이해, 대왕사, 2005, p. 269.

|그림 9-2| 식음료부문의 조직

(1) 식음료지배인

식당·주장·커피숍·연회장·룸 서비스 등 모든 식음료부문의 시설 관리·유지를 하며 영업 및 종업원의 관리를 총괄한다.

(2) 업장 지배인

각 식당의 책임자로서 영업현장의 업무 전반과 고객 서비스와 종업원의 지휘·감독, 근무관리의 운영을 담당한다.

(3) 캡 틴

해당 식당의 영업준비, 고객 서비스, 식당기물과 청결상태, 종업원의 근무태도 감독업무를 담당한다.

(4) 식당접객원(Waiter or Waitress)

식당의 영업준비와 식탁세팅, 고객 식음료판매 및 서비스, 식당 청결유지, 기물관리 등의 업무를 담당한다.

(5) 연회지배인

고객의 요구에 따라 목적별·종류별로 상세한 사항을 기록하여 완전한 예약이 되도록 준비시킨다. 완성된 예약은 현장·주방·회계·주장·현관 등 직·간접 부서에 협조문을 배포하여 전반적인 연회업무의 실질적인 책임자업무를 담당한다.

|사진 9-3| 호텔연회장

(6) 체크 룸 근무자

식당에 오는 고객의 소지품·의류·모자 등을 보관하고 일정시간 동안 보관하는 근무자로 고객이 편리하게 이용할 수 있도록 한다.

(7) 접객원 보조(Bus boy)

접객원을 보조하며, 식당기물 준비와 세척·정리 및 영업장의 청소를 담당한다.

(8) 음료지배인(Beverage manager)

알코올음료와 기타 음료에 대한 지식이 있어야 하며, 주장 종업원을 지휘·감독하고, 음료의 재고관리와 고객 서비스 등 주장을 책임지는 업무를 담당한다.

(9) 조주사(Bartender)

주장의 영업준비와 조주기술을 숙지하여 음료·조주판매, 고객 서비스, 기물관리, 연회 서비스 등 음료판매에 관한 업무수행을 담당한다.

3) 호텔의 직책별 업무

가. 총지배인(General manager)

주주와 사주에게 경영의 책임을 위임받아 호텔을 경영하는 사람으로서 기업과 고객의 이익을 도모하는 호텔의 전문경영인이다.

나. 부 총지배인(영업담당지배인 또는 영업이사)

총지배인을 보좌하며, 총지배인 부재 시 영업부문의 전반에 관한 지도와 감독 등 그 직무를 대행하고, 운영이 원활하게 이루어지도록 한다.

다. 관리지배인(관리이사 또는 관리부장)

호텔 관리부문의 총책임자로서 총지배인을 보좌하고 호텔영업을 위한 지원관리·감독과 서무·인사·종업원급식·후생·경리·구매·시설·설비·관재 등 후방지원업무를 담당한다.

라. 당직지배인(Duty manager)

호텔 전체 영업장에 관한 업무 및 고객요구에 의한 업무처리와 문제해결, 영업부문의 당직업무를 수행한다.

마. 기획심사부

각 영업장별 운영분석을 실시하고, 이익률의 증진과 사용물자의 합리적인 관리를 하며 업무에 대해 전반적으로 감독하는 성격을 갖는다.

바. 총무책임자

관리지배인을 보좌하고, 대내외적인 업무와 인사·서무·후생·종업원급식·물품구매관리 등의 업무를 담당한다.

사. 경리부문

관리부서의 일부이며 호텔의 운영자금계획, 대외업무, 전표결재, 감사수검, 보고서작성 및 경리회계 전반 등 호텔의 자산관리업무 등을 총괄한다.

아. 구매부문

호텔에 소요되는 모든 물품의 구매·조달업무를 하며 품질의 선정, 필요량 산정, 구매보관 등의 업무를 한다.

자. 시설(영선)부문

호텔 전반에 걸쳐 자재 및 공정과정·냉난방 운영, 기계설비 등의 관리와 보수·유지에 관련된 업무를 담당한다.

4. 객실의 종류

1) 침대의 개수와 종류에 따른 분류

일반적으로 침대의 종류와 개수에 따라 Single Room, Double Room, Twin Room, Triple Room, Suite Room으로 분류한다. 일반적으로 Triple Room은 Double Room에 Extra Bed를 넣어 만든다.

① 싱글룸(Single Room) : 1인용 침대가 1개 있는 객실
② 트윈룸(Twin Room) : 1인용 침대가 2개 있는 객실
③ 더블룸(Double Room) : 2인용 침대가 1개 있는 객실
④ 스위트룸(Suite Room) : 침실과 응접실이 따로 분리된 객실

|사진 9-4| 싱글룸

|사진 9-5| 트윈룸

|사진 9-6| 더블룸

|사진 9-7| 스위트룸

2) 객실의 위치에 따른 분류

① 아웃사이드룸(Out Side Room) : 전망이 좋은 바깥쪽 방

② 인사이드룸(Inside Room) : 건물 안쪽에 위치하여 아웃사이드룸보다 저렴한 방

③ 커넥팅룸(Connecting Room) : 두 객실이 연결되어 출입이 가능한 방

④ 어조이닝룸(Adjoining Room) : 두 객실이 나란히 연결되어 있는 방

제 **10** 장

국제회의업

제10장 국제회의업

제1절 국제회의업의 개요

1. 국제회의업의 정의

국제회의업은 국제회의시설업과 국제회의기획업으로 분류하며 국제회의업이란 '국제회의 유치 및 개최할 수 있는 시설을 설치·운영하는 업'을 말하고 사전적으로는 '국제적 이해사항을 토의하고 결정하기 위하여 다수 국가의 대표자에 의해 열리는 회의' 또는 '국제적 이해사항을 심의 및 결정하기 위하여 각국의 전권위원에 의해 열리는 회의'로 정의하고 있다. 또한 국제회의기획업은 대규모 관광수요를 유발하는 국제회의의 계획, 준비, 진행 등에 필요한 업무를 행사주관자로부터 위탁받아 대행하는 업을 말한다.

국제협회연합(Union of International Associations)에서는 "국제기구가 주최 또는 후원하는 회의이거나, 국제기구에 가입한 국내단체가 주최하는 국제적인 규모의 회의로서, 참가자 수 300명 이상, 회의참가자 중 외국인이 40% 이상, 참가국 수 5개국 이상, 회의기간 3일 이상"이라는 네 가지 조건을 만족하는 회의를 국제회의로 규정하고 있다.

|표 10-1| 한국의 연도별 관광관련 국제회의 참가실적

연 도	회의명	기 간	장 소
2008	제7차 ASEAN+3 관광장관회의	1.20~23	태국 방콕
	ITB(Internationle Tourismus Boerse)	3.5~9	독일 베를린
	PATA 이사회 및 AGM	4.5~7	스리랑카 콜롬보
	제5차 APEC 관광장관회의	4.9~11	페루 리마
	PATA CEO Challenge 2008	4.29~30	태국 방콕
	제83차 UNWTO 집행이사회	6.13~14	제주
	한·중·일 관광장관회의	6.22~24	부산, 충북
	PATA Travel Mart 및 이사회	9.16~21	인도 하이데라바드
	'기후변화와 관광' 국제포럼	9월	서울
	한중 고위급 관광회담 및 동북아 관광포럼	10월	중국 따롄
	국제 의료관광 콘퍼런스	11.4~7	서울
	제82차 OECD 관광위 고위급 콘퍼런스	11.8~9	미정
	제84차 UNWTO 집행이사회	11.22~29	콜롬비아
	제33차 APEC 관광실무그룹회의	12월 첫째주	브루나이
2009	제8차 ASEAN+3 관광장관회의	1.7~9	베트남 하노이
	스페인 국제관광전 FITUR (Feria Internacional de TURismo)	1.28~2.1	스페인 마드리드
	ITB(Internationle Tourismus Boerse)	3.11~3.15	독일 베를린
	제85차 세계관광기구(UNWTO) 집행이사회	5.7~8	말리 바마코
	CIBTM(China Incentive Business Travel and Meetings Exhibition)	9.8~10	북경
	IT & ME(Incentive Travel & Meeting Executives)	9.29~10.1	시카고
	한·중·일 관광장관회담	10.17~21	일본 나고야, 다카야마
	제18차 UNWTO 총회 및 집행이사회	10.1~8	카자흐스탄 아스타나
	IT & CMA(Incentive Travel & Convention, Meetings Asia) 2009	10.6~8	방콕
	중국국제여유교역전(CITM)	11.19~11.21	중국 쿤밍
	제10회 한국 컨벤션산업전	11월	한국

연 도	회의명	기 간	장 소
2009	EIBTM(Global Meetings and Incentive)	12.1~3	스페인 바르셀로나
	한 · 일 관광진흥협의회	12월	인천
2010 실적	제85차 세계관광기구(UNWTO) 집행이사회	2.24~26	남아공 요하네스버그
	AIME(Asia Pacific Incentives & Meetings EXPO)	3.2~3	호주 멜번
	ITB(Internationle Tourismus Boerse)	3.11~15	독일 베를린
	IT&CM China(Incentive Travel & Conventions, Meetings China)	4.7~9	중국 상해
	IMEX(Incentive Travel, Meetings & Events Exhibition)	5.25~27	독일 프랑크푸르트
	CIBTM(China Incentive Business Travel and Meetings Exhibition)	8.31~9.2	중국 베이징
	PATA(Asia Pacific Travel Association) 이사회 및 트래블마트	9.14~17	중국 마카오
	IT&CMA(Incentive Travel & Convention, Meetings Asia) 2010	10.5~7	태국 방콕
	IT&ME(Incentive Travel & Meeting Executives)	10.12~14	미국 시카고
	중국국제여유교역전(CITM)	11월	중국 상하이
	제11회 한국 MICE산업전	11.24~25	서울
	EIBTM(Global Meetings and Incentive)	11.30~12.2	스페인 바르셀로나
	제9차 ASEAN+3 관광장관회의	-	-
	스페인 국제관광전 FITUR(Feria Internacional de TURismo)	-	-
	한일 관광장관회담	-	-
	제19차 UNWTO 총회 및 집행이사회	-	-
	한일 관광진흥협의회	-	-
2011 계획	AIME(Asia Pacific Incentives & Meetings EXPO)	2.15~16	호주 멜번
	PATA(Asia Pacific Travel Association) 이사회	4.9~12	중국 베이징
	IT&CM China(Incentive Travel & Conventions, Meetings China)	4.13~15	중국 상해
	IMEX(Incentive Travel, Meetings & Events Exhibition)	5.24~26	독일 프랑크푸르트

연 도	회의명	기 간	장 소
2011 계획	CIBTM(China Incentive, Business Travel & Meeting Exhibition)	8.30~9.1	중국 북경
	PATA(Asia Pacific Travel Association) 이사회 및 트래블마트	9.6~9.9	인도 뉴델리
	IT&CMA(Incentive Travel & Conventions, Meetings Asia)	10.4~6	태국 방콕
	IMEX AMERICA(Incentive Travel, Meetings & Events Exhibition America)	10.11~13	미국 라스베가스
	ITB ASIA(The Trade show for the Asian Travel Market)	10.19~21	싱가포르
	EIBTM(European Incentive, Business Travel & Meetings)	11.29~12.1	스페인 바르셀로나

자료 : 문화체육관광부, 2010년 기준 관광동향에 관한 연차보고서, 2011.8, p. 86.

국제회의전문협회(ICCA : International Congress & Convention Association)에서는 '참가국 수 4개국 이상, 참가자의 수 100명 이상의 회의'를 국제회의로 정의하고 있으며, 아시아국제회의협회(AACVB : Asian Association of Convention & Visitor Bureaus)에서는 2개 대륙 이상에 참가하는 회의를 국제회의(international meeting)로, 동일대륙의 2개국 이상의 국가가 참가하는 회의를 지역회의(regional meeting)로 규정하고 있다.

우리나라에서는 국제회의용역업의 명칭으로 1986년에 관광진흥법상 관광사업으로 신설되었다. 1998년에 관광진흥법을 개정하여 국제회의기획업으로 명칭을 변경하였으며 국제회의시설업을 추가하여 국제회의업으로 확대하였다.

이와 발맞춰 정부는 국제관광기구 및 컨벤션관련 국제기구에서 주관하는 행사에 대표를 파견하고 한국관광 홍보활동과 국제협력관계를 증진하고 있다. 한국의 관광과 컨벤션관련 국제회의 참가실적은 〈표 10-1〉과 같다.

컨벤션(convention)은 국제·국내 지역 등에서 특정한 사람들이 특정한 주제와 연차회의, 각종 위원회 및 임원회와 같은 의미로 사용되어 왔으나 최근 들어

회의보다 넓은 의미로 전시, 교역, 강습회, 연수회, 박람회, 인센티브 단체회의
및 관광, 각종 스포츠 및 이벤트, 예술제 또는 축제 등을 포함하여 MICE(Meeting,
Incentive, Convention & Exhibition)산업이라 하고 있다.

세계 주요국가들의 국제회의 개최현황은 〈표 10-2〉와 같다.

|표 10-2| 주요국가의 국제회의 개최현황

(단위 : 건수)

세계 순위			아시아 순위		
순위	국가별	건수	순위	국가별	건수
1	미국	936	1	일본	741
2	일본	741	2	싱가포르	725
3	싱가포르	725	3	한국	464
4	프랑스	686	4	중국	236
5	벨기에	597	5	인도	164
6	스페인	572	6	말레이시아	100
7	독일	499	7	태국	82
8	한국	464	8	대만	67
9	영국	375	9	홍콩	54
10	오스트리아	362	10	인도네시아	48

자료 : 한국관광공사, UIA(국제협회연합), 2010년 기준

2. 국제회의의 종류

국제회의는 회의의 형태와 목적에 따라 분류할 수 있다.

1) 컨벤션(Convention)

회의분야에서 사용하는 가장 일반적인 용어로 정보전달을 목적으로 하는 정
기집회를 말한다. 전시회의를 수반하는 경우가 많으며 일반적으로 대회의장에서

개최되는 단체회의로 몇 개의 소형 그룹으로 나누어 브레이크아웃 룸에서 위원회를 열기도 한다. 예전에는 각 기구나 단체에서 개최되는 연차총회를 의미하였으나 최근에는 총회·휴회기간 중 개최되는 소규모 회의와 위원회 회의 등을 의미하는 것으로 확대되었다.

2) 콘퍼런스(Conference)

콘퍼런스는 컨벤션과 거의 같은 의미를 가진 용어로서 회의참가자들에게 토론 참여기회가 부여된다. 컨벤션이 정기회의에 사용되는 반면 콘퍼런스는 주로 과학·기술이나 학문분야의 새로운 지식습득과 특정 문제점의 연구를 위한 회의의 성격이 강하다.

3) 콩그레스(Congress)

콩그레스는 유럽에서 국제회의를 뜻하는 용어로 사용하며 대표자들에 의한 회합이나 집회와 회담 등을 의미한다. 자연과학 및 사회과학분야의 각종 학회에서 개최하는 회의가 이 유형에 속한다.

4) 포럼(Forum)

포럼은 제시된 한 주제에 대해 다른 견해를 가진 동일분야의 전문가들이 사회자의 주도로 청중 앞에서 벌이는 공개토론회이다. 청중이 자유롭게 질의에 참여하고 사회자가 의견을 종합한다.

5) 심포지엄(Symposium)

심포지엄은 포럼과 유사한 성격이며 제시된 안건에 대해 전문가들이 청중 앞에서 벌이는 공개토론회로서 포럼에 비하여 형식을 갖춘다.

6) 강연(Lecture)

강연은 심포지엄보다 더욱 형식적이며 전문가가 청중에게 주제에 관하여 강의형식으로 진행한다. 청중에게 질의와 응답시간을 제공한다.

7) 세미나(Seminar)

세미나는 대면토의로 진행되는 교육적 목적의 비형식적 모임으로 30명 이하 정도의 참가자가 특정인의 주도로 특정분야에 대한 경험과 지식을 발표하거나 토론한다.

8) 워크숍(Workshop)

워크숍이란 훈련을 목적으로 30~35명 정도가 참가하여 특정한 문제나 과제에 관한 아이디어와 지식, 기술, 통찰방법 등을 교환하는 소규모 회의다.

9) 패널 토의(Panel discussion)

패널 토의는 청중이 모인 가운데 2~8명의 연사가 사회자의 주도로 각자 자기 분야의 전문가적 견해를 발표하는 공개 토론회로서 청중도 자신의 의견을 발표할 수 있다.

10) 전시회(Exhibition)

전시회는 무역 및 산업, 교육 분야 또는 상품 및 서비스 판매업자들의 대규모 전시회로서 회의를 수반하기도 한다. 전시회는 보통 컨벤션이나 콘퍼런스의 한 부분으로 운영된다. 엑스퍼지션(exposition)은 같은 의미로 주로 유럽에서 사용하고 있다.

11) 회의(Meeting)

회의는 모든 종류의 모임을 총칭하는 가장 보편적이고 포괄적인 용어이다.

12) 무역박람회(Trade show 또는 Trade fair)

무역박람회 또는 교역전은 부스(booth)를 이용하여 여러 판매자가 자사의 상품을 전시하는 형태다.

13) 화상회의(Teleconferencing)

화상회의는 화면을 통하여 다른 여러 장소에서 동시에 회의를 진행하는 방법이다. 참가자들은 각기 다른 자신의 장소에서 TV화면을 통해 상대방과 의견을 교환한다. 화상회의는 이동 비용과 시간을 절약하며 회의를 할 수 있는 방법으로 일부의 호텔체인시스템이나 컨벤션센터, 콘퍼런스센터 등에서 화상회의를 이용하고 있다.

3. 회의의 성격 및 분류

회의는 성격별로 기업회의와 협회회의, 비영리단체회의, 정부주관회의 등으로 구분할 수 있다.

1) 기업회의

주주총회 및 사원연수, 지역총회 등 기업들이 하는 여러 형태의 회의를 말한다.

2) 협회회의

협회에 관련된 주제와 관심을 다루는 회의로서 전문가단체회의(association meeting)가 있다.

3) 비영리단체회의(Non-profit organization meeting)

비영리단체가 주최하는 회의로서 한국스카우트연맹의 세계잼버리대회, 로터리지구 주최의 로터리클럽 세계대회 등이 있다.

4) 정부주관회의(Government agency meeting)

정부나 정부산하조직이 주관하는 세계적 또는 전국적 규모의 회의를 말한다. 노동부가 주관하는 아시아태평양지역 노동장관회의나 국회사무처에서 주관하는 아시아태평양지역 국제의원연맹총회 등이 있다.

4. 국제회의 개최장소

국제회의를 개최할 수 있는 장소는 다양하며 회의의 성격과 입지적 측면을 고려하여 적합한 장소를 선택하게 된다.

1) 호 텔

회의산업이 보편화되고 증가함에 따라 호텔에서는 어셈블리 룸과 전시공간 및 다양한 시청각 시스템을 갖추어 회의장소를 제공하고 있다. 호텔은 회의산업을 유치함으로써 호텔운영의 비수기 타개책이 되고 있다. 최근의 호텔영업에 많은 비중을 차지하고 있다.

2) 리조트

리조트시설은 아름다운 경치와 매력을 가짐으로써 회의기획가와 참여자의 입장에서 선호하게 되는 회의장소로서, 주최회의 및 레크리에이션 시설로서 각광받는 장소로 이용된다.

3) 콘퍼런스센터

콘퍼런스센터는 외부로부터의 방해를 적게 받도록 설계되어 있어서 많은 회의기획가들이 회의장소로 선호하고 있다. 기업체회의를 비롯하여 대부분의 회의에 이용된다. 객실 조명이 잘 구비되어 저녁에도 회의를 할 수 있으며, 호텔 측의 전문적인 회의담당 직원이 가까이에 있어서 회의 참가자나 회의기획가의 요구에 즉시 대처할 수 있도록 되어 있다.

4) 컨벤션센터

대규모의 단체를 수용하는 데에는 호텔이나 리조트, 콘퍼런스센터의 경우에 한계가 있다. 규모가 큰 회의나 교역전시회와 같이 많은 인원의 수용이 필요한 경우에는 컨벤션센터에서 진행한다. 이는 도심에 위치하여 교통 및 접근성이 뛰어나기 때문이다.

5) 시빅센터(Civic center)

시빅센터는 도심의 상업지역에 위치하며 컨벤션센터와 유사한 기능을 갖고 있다. 대형 지역 컨벤션과 전국 컨벤션 및 교역전시회, 무역쇼 등에 이용된다.

6) 유람선

소형 및 중형 회의를 수용할 수 있는 시설을 갖추고 있으며 인센티브관광에도 이용되고 있다.

제2절 국제회의산업의 발전요인 및 효과

1. 국제회의산업의 발전요인

국제회의산업이 발전하게 된 주요 요인은 국제화·개방화에 따른 정보화의 가속화가 빠르게 진행되며 정보교환에 대한 필요성이 인식되고 있기 때문이다. 더불어 교통산업의 획기적인 발전과 회의산업의 기반이 되는 관광과 호텔산업의 발전이 회의 참석자들의 참여욕구와 기회의 확대를 가져오게 되었다.

세계는 정치·경제·사회·문화·기술 등 모든 분야에서 빠른 속도로 변화하고 있으며, 다양한 현안과 문제에 대한 정보를 공유하고 해결하는 경쟁과 협조체제를 이루게 되었다. 이러한 활동의 증가는 국제회의의 수요를 증가시켰으며 국제회의산업은 인적·물적 교류뿐만 아니라 문화적 호기심을 유발하여 문화의 교류를 유발하고 산업화를 촉진시키게 되었다.

2. 국제회의산업의 효과

국제회의는 국가 간 이해관계에 대한 방침을 결정하거나 의사결정을 위한 것이므로 국가 간의 교류나 국제회의 단체회원 간의 상호교류가 이루어진다. 국제회의의 유치 및 개최는 경제·정치·사회·환경 등 전 부문에 걸쳐 상당한 파급효과를 가져온다.

1) 경제적 효과와 관광진흥 효과

국제회의 개최는 컨벤션산업과 더불어 관련된 산업에 파급되는 연쇄효과를 가져온다. 회의시설과 숙박시설 및 관련 서비스 등을 제공함으로써 외화획득을 가져온다. 국제회의 참가자들은 순수관광객에 비해 체재기간이 길고 소비지출이 높게 나타나므로 비수기에 개최할 경우 관광산업의 취약성인 계절성을 극복하는 효과도 있다.

대형 국제회의는 참가인원의 규모가 크기 때문에 많은 관광객을 유치하는 수단이 되고 관련분야에 종사하는 다양한 사람들이 참여하게 되므로 고용유발효과를 기대할 수 있다.

2) 사회 · 문화적 효과

국제회의가 개최되는 지역에서는 정치 · 경제 · 사회 · 문화 · 예술 등 다양한 인적 교류와 물적 교류가 지속적으로 이루어진다. 이를 통해 다른 참가자의 사회적 · 문화적 차이를 이해함으로써 편견을 줄이는 계기가 되고 상호 간에 이해를 증진할 수 있다. 지역사회는 기능적인 역할과 균형적인 발전을 위해 각종 시설물의 정비와 교통망 확충, 항공 · 항만시설의 정비, 환경개선 등의 질적 향상을 도모할 수 있다. 지역에서는 주민의 고용증대와 자부심을 고양할 수 있고, 의식수준의 향상도 기대할 수 있다. 고유문화의 홍보와 파급으로 민간문화의 교류가 촉진되며 국제교류의 거점 역할을 할 수 있다.

3) 교육적 효과

성공적인 국제회의의 개최를 위해서는 해당 관련분야의 전문가가 필요하며 이를 위한 양성교육과정 등을 위해 필요한 프로그램 개발이나 훈련이 이루어져 다양한 교육효과를 가져온다.

4) 정치 · 외교적 효과

각국 대표의 참석은 국가 간의 외교적 협력에 영향을 주며 개최국의 국제지위 향상과 문화교류를 통한 민간차원의 외교와 국가 홍보효과도 기대할 수 있다.

제3절 회의시장의 종류와 특성

국제회의시장은 다양하게 구분할 수 있는데, 그중 크게 대표되는 협회시장 (association market)과 기업시장(corporate market)으로 분류하여 살펴보기로 한다.

1. 협회시장(Association market)

협회시장에서는 관련협회의 임원을 선출하거나 해당 협회에 필요한 사회적 활동을 활성화하고 조직화하는 일련의 모임을 갖는다. 무역전시(trade show)나 컨벤션과 연관되는 협회시장에서는 많은 객실과 관련된 공간(function space)이 필요하다. 관련논문을 발표하거나 이사회를 개최하며 각종 규모의 사회적 접촉으로 지속적인 모임을 갖는다. 지역이나 국가 및 국제적으로 많은 협회들이 있다.

1) 협회시장의 종류

가. 산업협회(Trade association)

대부분의 산업이 전국단위의 협회를 가지고 있으며 지역단위의 여러 협회도 갖고 있다. 동일한 산업 내에서도 제조업자, 도매업자, 소매업자 등의 산하에 작은 협회가 결성되어 있다. 전국적인 산업컨벤션은 많은 임원이 참가하게 되며 종종 전시회와 함께 개최하기도 한다.

나. 전문협회(Professional association)

전문협회의 회원은 일반적으로 비슷한 사업욕구를 갖고 있는 개인이나 기업 조직이다. 의료협회, 관광협회, 변호사협회, 의약협회, 은행협회, 건축협회 등의 다양한 협회가 있다. 정기적으로 전국단위의 연례모임 및 지역모임을 개최한다.

다. 과학기술협회(Scientific and technical association)

과학기술협회는 정기적 연례회의 이외에도 새로운 발견을 토론할 필요가 발생하면 특별회의를 개최하기도 한다. 기술적인 토론을 위해 첨단장비가 요구되는 경우도 있다.

라. 교육협회(Educational association)

교육협회는 지명도가 높은 협회조직 중의 하나이다. 교육적 미팅은 보통 학교가 쉬는 방학기간에 열리게 된다. 교육적 컨벤션은 다른 회의보다 더 긴 회의 프로그램을 갖는 경향이 있다.

마. 예비역군인협회(Veterans and military association)

퇴역군인단체는 친분과 사교를 주목적으로 연례모임을 갖는다. 전국 단위의 모임으로 수많은 참가자들을 유치하게 된다.

바. 우애조합(Fraternal association)

우애조합은 대형의 친목단체를 말한다.

① 학생우애회, 학생클럽
② 공통적 관심 목적 및 상호 부조를 위한 단체
③ 사회이익단체

이들은 모두가 정기적인 컨벤션을 개최한다. 국제로터리클럽은 전국적으로 대규모의 집회를 갖는다. 기술·사회·전문적인 일보다는 이벤트 레크리에이션 오락에 주안점을 둔다.

사. 윤리종교협회(Ethnic religious association)

윤리단체는 우애조합의 친목단체와 일반적 철학 및 목적이 우애와 친목에 역점을 둔다는 점에서 친목단체의 성격과 유사하다. 종교단체의 집회는 직업적 성직자들과 여러 종파의 신도를 위해 개최된다.

아. 자선협회(Charitable association)

자선협회는 적십자와 같은 자선단체의 모임이다.

자. 정치단체와 노동조합(Political association and labor unions)

정치적 컨벤션은 몇 년마다 대통령 선거가 열리면 각 정당에서 대통령 후보를 지명하는 정당모임이다. 많은 다른 정치적 모임은 도(주)나 지방단체에서 개최된다. 노동조합은 전국적·지방적 단계에서 모임을 개최한다. 전국적 미팅은 대형 컨벤션센터에서 열리고 많은 참가자를 유치한다.

2) 협회시장의 특성

협회시장의 특성은 첫째, 다수가 참가하게 된다. 특히 전국적인 컨벤션의 경우에 두드러진다. 둘째, 자발적인 참가자들로 여행이나 숙박에 관한 비용을 자비로 부담한다. 셋째, 개최지는 관광지나 리조트를 선택한다. 넷째, 개최하는 목적지가 변한다. 다섯째, 집회 주기는 반년 또는 1년이라는 식으로 정기적으로 개최된다. 여섯째, 연례회의는 사전에 미리 계획한다. 일곱째, 체류기간은 3~5일 정도가 소요된다. 여덟째, 주요 컨벤션에는 전시회를 동반하여 개최한다.

3) 협회시장의 동기욕구 기대

협회에서는 특별한 관심이 있는 교육적 회의 및 이사회를 포함하여 여러 유형의 회의를 지원한다. 예로써 지부의 모임을 점심 혹은 저녁 만찬 회의의 형식으로 지원하거나 학문적 회의도 지원한다. 그 외에도 협회들은 다양한 목적지에서 일 년 내내 여러 가지 회의를 계획한다. 목적지 선정은 협회 회의에 참가자의 인원이 최대로 참가할 수 있도록 선택해야 한다.

참가자들은 자비부담의 지원자들이기 때문에 목적지를 선택하는 데 호텔 및 시설의 가용성, 교통수단의 편리성과 비용 등을 고려해야 한다. 회의 그 자체가 유인요인이기 때문에 기후나 레크리에이션 및 문화적 활동은 컨벤션 시장만큼 중요하지 않다. 호텔을 선택하는 경우에는 음식의 질, 요금, 회의실, 계산절차 등을 중요시한다.

2. 기업시장(Corporate market)

기업회의에서 기업의 주요관심은 회의가 생산적이어야 하며, 기업의 목표를 달성하는 데 있다. 피고용자는 기업에서 제시하는 회의에 참석해야 하는 의무가 있다. 이러한 점이 기업회의를 개최하게 될 장소를 선택하는 데 있어서 효율성을 강조하게 된다.

1) 기업시장의 종류

기업시장은 각 산업과 거래하는 모든 단계에 존재한다. 기업시장을 6가지로 분류하여 설명할 수 있다.

가. 세일즈 미팅(Sales meeting)

세일즈 미팅은 지역적·전국적으로 개최되며, 사원의 사기 고취, 신제품 및 새로운 회사정책 도입, 판매기술 제안에 주로 이용된다. 세일즈 미팅의 장소는 매우 다양하다. 어떤 경우에는 회사의 제조 플랜트가 가까이 있는 호텔에서 개최된다. 이러한 경우 세일즈맨은 자사의 제조단계에 있는 상품을 볼 수 있다. 어떤 경우에는 주요 시장지역에서 열린다.

나. 딜러 미팅(Dealer meeting)

딜러 미팅에는 회사판매 직원, 딜러, 소매점을 대표하는 유통업자가 참여한다. 딜러 미팅은 세일즈 미팅과 유사하게 딜러의 판매를 독려하기 위해 이루어진다. 딜러 미팅은 보통 신상품소개와 세일 및 광고 캠페인 착수를 위해 개최된다. 참가자는 기업의 규모와 거래 소매점의 수에 따라 매우 다양하다.

다. 기술 미팅(Technical meeting)

기술 미팅은 주로 첨단기술자, 최신기술개발과 혁신에 관련된 기술자를 대상으로 한다. 보통 세미나와 워크숍이 기술 미팅에서 널리 이용되고 있다.

라. 경영자 미팅(Executive/management meeting)

경영자 미팅에는 회사 간부회의와 경영개발세미나 양측을 포함한다. 전자는 회의 참가자가 많으며, 후자는 보통 소규모이다. 참가자들의 대부분이 유명회사의 간부이기 때문에 최고의 숙박과 서비스를 기대한다. 특히, 도심에서 떨어진 리조트에 위치한 디럭스 호텔과 콘퍼런스센터가 적당한 장소이다.

마. 트레이닝 미팅(Training meeting)

트레이닝 미팅은 기업의 모든 계층의 사람들로 구성되며, 최고경영자도 여기에 참가한다. 워크숍과 클리닉의 경우에 참석자 수는 보통 50명 이하이며, 가장 적을 때는 10명 이하일 수도 있다. 교외의 소규모 리조트가 적당하며, 짧은 트레이닝 일정인 경우에는 회사 근무지에서 접근하기 편리한 장소가 주로 선택된다.

바. 퍼블릭 미팅(Public meeting)

퍼블릭 미팅은 비종업원에게 오픈된 미팅이다. 하루를 초과하지 않으므로 숙박시설이 필요없다.

2) 기업시장의 특성

기업시장의 특성상 회사의 지시에 의해 참가하는 비자발적 참가형태로서 여행 및 숙박비용은 회사가 지불하게 된다. 회의에 참석하는 인원 수가 적으며 회의를 개최하는 장소로는 회사의 사무실이나 공장의 위치가 목적지를 선정하는 요소가 된다. 미팅은 전시실 이용이 거의 필요치 않으며 수시로 개최한다. 장소는 대체로 동일한 곳에서 개최되며 미팅기간이 짧다. 따라서 계획단계와 예약확정기간도 현저하게 짧은 경향이 있다.

3) 기업시장의 동기, 욕구, 기대

기업회의계획가(corporate meeting planner)에게 목적지의 선택 시 가장 중요한 속성은 호텔의 가용성, 교통수단의 편리성, 교통비용, 참석자가 살고 있는 거주지로부터의 거리 등이다. 호텔선택에 있어 가장 중요한 요인은 음식의 질, 회의실, 요금, 객실, 지원서비스 및 요금계산 등이다. 기업회의계획가는 회의가 생산적으로 진행되어 기업이 투자한 비용에 대비하여 좋은 결과가 나오기를 기대한다. 기업회의계획의 성공은 원만한 회의를 기획하는가에 달려 있다. 기업회의시장에는 호텔의 회의실과 객실을 적절하게 잘 정돈해야 한다. 참가자들은 안락하고 쾌적한 객실을 원하기 때문에 객실상태는 매우 중요한 요소가 된다. 회의계획가들은 음식의 질과 레크리에이션시설에 관하여도 관심을 가져야 한다. 기술회의에서 참가자들 간에 상호작용할 수 있는 시간을 갖고 소통하는 공간으로서 중요한 역할을 하기 때문이다. 분위기 좋은 레스토랑에서 식사를 하고, 레포츠시설에서 스포츠를 즐기거나, 문화행사를 통하여 상호작용함으로써 회의의 경직성이나 단조로움을 완화할 수 있다.

제4절 우리나라 국제회의업의 현황

1. 국제회의 시설

우리나라의 경우 2000년 ASEM회의 개최를 계기로 세계 정상들이 참여하는 회의를 수용할 수 있는 컨벤션센터 건립의 필요성이 제기되어 국내 최초로 국제 규모의 국제회의시설인 코엑스 컨벤션센터가 신축·개관되었다. 그 후 서울과 부산, 제주 등 도시들이 유치경쟁에 참여하면서 컨벤션센터 건립에 대한 관심이 증대하였다. 이에 따라 ASEM 정상회의 개최지로 확정된 서울 이외의 지방도시 에서도 컨벤션센터 건립을 추진하게 되었다. 2009년 3월을 기준으로 우리나라에 는 28,100명을 수용할 수 있는 9개의 컨벤션센터와 127개소의 호텔회의장, 41개 소의 준회의장 등의 국제회의시설이 있다. 2008년 현재 우리나라 전문국제회의 장 건립현황은 〈표 10-3〉과 같다.

|표 10-3| 전문국제회의장 건립현황

개관 연도	시설명	규 모	
		대회의장(석)	전시장(천㎡)
2000	코엑스(COEX)	7,000	36,027
2001	대구전시컨벤션센터(EXCO-DAEGU)	4,200	11,616
	부산전시컨벤션센터(BEXCO)	2,400	26,508
2003	제주국제컨벤션센터(ICC JEJU)	4,300	2,504
2005	창원전시컨벤션센터(CECO)	2,000	10,627
	한국국제전시장(KINTEX)	2,000	53,541
	김대중컨벤션센터	1,500	9,072
2008	송도국제컨벤션센터	2,000	8,416
	대전컨벤션센터	2,500	2,520

자료 : 문화체육관광부, 2010년 기준 관광동향에 관한 연차보고서, 2011.8, p. 92.

2. 국제회의 관련 서비스업체

국제회의의 주체는 국제단체이며 국제회의의 객체는 개최국(지역)과 국제회의 전문업체·시설업체 그리고 국가(지역)유치단체가 된다.

국제회의의 세부구성요소는 다음과 같다.

① 국제회의단체(international organization)

② 국제회의 기획업체(professional convention organizer)

③ 국제회의 주체단체(host organization)

④ 국제회의 후원 지원단체(sponsor)

⑤ 국가(지역)유치단체(convention bureau)

⑥ 국제회의시설업체(convention centers)

국제회의는 상기와 같은 구성요소들의 복합상품이라고 할 수 있다. 국제회의를 성공적으로 개최하기 위해서는 준비과정이나 운영성격에 맞춰 부대시설과 행사진행에 이르기까지 매우 복잡하고 다양한 업무를 원활히 진행할 수 있는 국제회의 전문기획가와 국제회의 기획업체의 역할이 매우 중요하다.

국제회의는 고도의 전문성이 요구되며 국제회의에 관한 종합적이고 광범위한 지식과 식견을 지닌 전문인력이 필요하다.

국제회의는 국제회의 기획업체뿐만 아니라 회의장, 숙박, 수송, 식음료, 사교행사, 통역, 번역, 전시시설, 인쇄업자 등 다양한 서비스와 관련업체가 상호작용을 하게 된다.

국제회의기획업은 각종 국제회의의 국내 유치를 위한 촉진활동과, 회의개최 관련 업무를 행사주최 측으로부터 위탁받아 계획, 준비, 진행 등을 대행해 주는 조직체로서 보다 효율적인 회의준비와 운영을 위해 회의전문기획가(meeting planner)와 속기사 및 통역사(interpreter) 등을 고용하여 다양한 전문용역을 제공하는 관광사업자이다.

1986년에 관광진흥법상 '국제회의용역업'의 명칭으로 관광사업으로 추가되어 1996년에 국제회의기획업으로 명칭을 변경하고 국제회의시설업을 추가하여 국제회의업으로 확대되었다. 2007년 기준으로 국제회의기획업은 국제회의의 개최 증가에 힘입어 등록된 국제회의기획업체는 155개 업체로 늘어나게 되었으며, 이러한 양적인 증가와 더불어 대형 국제회의를 개최한 경험이 많은 업체가 증가하면서 전문직종으로 부각되고 있다.

제**11**장

관광교통 수송사업

제11장 관광교통 수송사업

교통은 장소의 이동을 용이하게 하는 수단으로서 장소와 장소를 연결해 주는 모든 활동과 과정을 의미한다. 관광교통은 일반적인 생활수단을 위한 교통과 달리 관광목적의 수단을 의미하며 관광객에게 위락수단으로서 편의와 가치를 제공하고 운송기능도 겸하고 있다.

현대의 자동차 보급은 가족단위와 소규모 그룹의 여행을 활성화시켰으며 철도산업은 지속적인 관광수요의 유지와 더불어 고속철도 개발로 인한 중장거리 여행객의 여행경비 절감과 새로운 수요창출을 가져오고 있다. 크루즈산업의 발달은 시간적으로 여유 있고 이색적인 경험을 원하는 여행자층의 수요를 자극하고 있다. 항공산업의 발달은 전 세계를 하나로 묶어 많은 사람들이 이동거리에 커다란 저항감 없이 원하는 관광목적지를 선택할 수 있도록 하고 있다.

이처럼 개선된 교통수단과 교통체계는 관광객에게 다양성을 제공하여 폭넓은 교통수단의 선택을 가능하게 하고 관광활동을 용이하게 하며 관광욕구를 충족시켜 주는 중요한 역할을 한다.

제1절 관광교통업의 개념 및 특성

1. 관광교통의 의의

교통은 사람의 왕래나 화물의 수송과 기차, 자동차, 배, 항공기 등을 운행하는 일을 총칭하여 사람 및 재화 간의 상호교류나 장소이동을 말한다. 관광은 기본적으로 장소의 이동을 전제하게 되므로 교통시설이 가지는 의미는 속성상 관광매체로 인식하게 된다. 관광에서 교통은 관광객이 관광활동을 하기 위한 필수적인 요소가 될 뿐만 아니라 교통을 이용하는 자체에서 즐거움을 찾을 수 있는 매력대상이 되기도 한다.

오늘날 관광의 대중화 요인 가운데 가장 큰 역할을 한 것이 교통의 발달이다. 즉 관광객이 관광활동을 위해 출발지에서 목적지까지 이동하는데 시간적 단축뿐만 아니라 대량수송이 가능해짐에 따라 이동비용이 크게 낮아지면서 거리의 개념을 시간의 개념으로 전환시키고 거리가 갖는 장애요소가 제거됨으로써 관광발달에 크게 기여한 것이다.

훌륭한 관광자원이 존재한다고 하여도 장소적 접근이 어렵거나 관광객의 접근이 불가능하다면 관광자원의 가치는 크게 감소되거나, 관광자원으로서의 의미를 가지지 못하게 될 것이다. 이러한 측면에서 교통수단과 관광과의 관련성은 매우 밀접하며 교통수단 그 자체가 즐거움과 서비스를 수반하는 관광상품의 역할이나 목적이 되고 있다. 이와 같이 관광에 관련되어 진기성이나 희소성, 호화성, 쾌적성 등을 갖춘 교통수단을 관광교통시설이라 부르며 그 자체만으로도 관광객의 관광대상이나 목적이 되기도 한다.

2. 관광교통의 특성

관광은 기본적으로 이동을 전제로 하기 때문에 이동의 수단이 되는 교통과 불가분의 관계를 형성하면서 발전해 왔다. 관광이란 일상적인 생활권을 떠나 타지의 관광 매력요소를 보고 돌아오는 행위이다. 이 과정에서 교통수단은 관광의 본질적인 요인 가운데 하나인 이동을 담당하는 것으로 중요한 관광의 구성요소가 되고 있다.

일반적으로 교통이란 "어떤 반복현상을 수반하는 체계 있는 기관을 가지고 거리의 저항을 극복함으로써 이루어지는 인간과 화물의 장소적 이동"으로 정의된다.

이를 기초로 하여 관광교통의 의미를 살펴보면, 관광교통이란 "관광객이 일상생활을 떠나 즐거움을 갖게 하는 행위를 위하여 적절한 교통수단을 이용하여 관광대상을 찾아가면서 이루어지는 경제 · 사회 · 문화적 현상을 포함하는 이동수단의 총체"로 정리할 수 있다. 따라서 관광교통은 신속성과 안전성도 물론 중요하지만, 위락성과 쾌적성도 매우 중요한 가치로 인식되고 있다. 관광객은 거주지를 떠나 교통수단을 이용하는 시점부터 여행의 즐거움이 시작되기 때문에 관광의 속성상 관광교통수단은 '쾌적하고 낭만이 있는 여행의 연출'에 초점을 맞추어 나아가는 데 주안점을 두어야 한다. 이러한 관점에서 관광교통의 특성을 요약하면 다음과 같다.

(1) 무형재 : 유형재는 일정한 형태와 보존기간을 갖게 되며, 그에 따른 생산과 소비는 각기 다른 시간과 장소에서 이루어지고 있다. 그러나 서비스의 일종인 관광교통 서비스는 일정한 형태나 보존기간을 설명하기 어려우며, 그 생산이나 소비과정도 일반적인 서비스상품과 같이 동일한 장소에서 이루어지게 된다. 관광교통 서비스는 생산되는 순간에 소비되지 않으면 소멸되는 특성으로 저장의 형태가 불가능하다. 따라서 관광교통 서비스는 수요에 대응할 수 있는 시스템과 예측을 통한 대비가 필요하다.

(2) 수요의 탄력성 : 출퇴근이나 주말에 특정구간의 교통상황에서 보이는 것처럼 교통수요는 시간이나 목적에 따른 차이가 발생하게 된다. 일반적인 출퇴근이

나 업무상 출장과 같은 '생산적 교통수요'인 경우에는 성수기나 비수기의 개념이 성립되지 않고 수요가 대체적으로 비탄력적이다. 그러나 관광행위나 여행, 레저를 위한 일종의 '소비적 교통수요'인 경우에는 계절이나 사회·경제적 조건에 따라서 수요의 탄력성이 매우 높게 나타난다.

일반교통의 경우에는 운임이 인상되었다고 해서 일상에 필요한 이동을 포기하거나 기피하기 어렵지만, 관광에 관련된 교통은 가격변동의 반영이 쉽게 나타난다. 따라서 관광교통은 수요의 가격탄력성이 매우 크다. 일반적으로 특성상품에 대한 수요가 처음에는 사회·문화적인 성격을 가지며 점차 소비관행으로 정착하게 되고, 필요성이 높은 것으로 전환되는 것이 통례라고 본다면 관광교통도 이러한 현상의 진행을 거친다고 할 수 있다.

(3) 독점성 : 관광객과 관광자원 간의 매개체 역할을 수행하고 있는 관광교통은 이동을 전제로 하는 관광의 특성상 독점형태의 성격을 띠고 있다. 따라서 대체교통수단이 없을 경우 운임이 크게 인상되었다고 해도 그 교통수단을 이용하지 않을 수 없다. 이와 같은 독점에 따른 폐단이 크기 때문에 교통사업에 대한 통제는 사회문제로 논의되어 왔고, 정부의 통제에 의해 운행되고 있다.

(4) 관광객이 스스로 교통 서비스를 생산하고 소비하는 형태를 취하거나 관광교통업에서 제공하는 서비스를 이용하더라도 관광객은 이동 시 시간의 소비를 수반한다.

(5) 자동차나 철도, 선박, 항공 등의 일반교통과 캠핑카, 렌터카, 관광버스(전세버스), 관광열차, 크루즈, 헬기 등 관광교통수단의 서비스는 신속성·쾌적성·교통매체의 연계성 등에서 각기 다른 특성을 가지고 있다. 따라서 관광객은 기호에 따라 쾌적하고 안락한 관광교통수단을 선택한다.

(6) 관광교통은 항상 신속성 · 정확성 · 안전성 · 경제성 · 연계성 등을 유지하도록 끊임없는 기술을 개발하고 유지해야 한다. 특히 관광교통은 희귀성 · 진기성 · 호화성 · 쾌적성 가운데 하나 이상의 요소가 갖추어질 때 관광성을 갖게 된다. 모노레일이나 증기기관차, 대형여객선, 협궤열차, 케이블카, 로프웨이, 관광잠수함 등이 관광성을 인정받고 있는 교통수단들이다.

(7) 관광교통은 관광도로의 개발과 불가분의 관계에 있다. 관광교통기관이 이용하는 교통로는 관광교통수단에 적합한 관광도로의 개설이 필요하다. 특히 관광지와 관광지 간 또는 관광자원의 특정구간은 경관이 탁월한 경관도로(scenic road)나 다양한 관광루트를 개발하여 관광객의 만족도를 높여야 한다.

3. 관광교통의 분류

1) 관광교통수단의 역할에 의한 분류

관광교통수단은 여행자의 거주지로부터 관광목적지까지 일반여객과 관광객을 수송하는 일반교통수단과 거주지를 떠나 관광목적지까지 이동하는 관광객을 수송하거나 관광지 내에서 유람적인 여객수송을 담당하는 특수교통수단으로 구분할 수 있다.

가. 일반교통수단은 일반여객의 수송과 화물수송을 담당한다.

(1) 육상교통 : 자동차, 버스, 택시, 오토바이

(2) 철도교통 : 열차, 고속전철, 경전철, 지하철

(3) 해상교통 : 여객선

(4) 항공교통 : 항공기

나. 특수교통수단은 관광객의 수송을 담당한다.

(1) 육상교통 : 렌터카, 관광버스, 캠핑카

(2) 철도교통 : 관광열차, 리조트열차, 모노레일

(3) 해상교통 : 크루즈, 요트, 관광잠수함

(4) 항공교통 : 전세항공기, 헬기, 비행선, 글라이더

(5) 삭도교통 : 케이블카, 로프웨이, 스키리프트

일반교통수단의 경우도 관광사업에 있어서는 필수적이며, 일반교통의 발달이 전제되어야 특수교통수단의 발전과 관광사업의 발전도 가능한 것이다.

2) 관광교통 운송 서비스체계에 의한 분류

관광교통은 운송 서비스체계에 따라 항공·도로·철도·수상·기타로 구분되는데, 교통 서비스의 성격에 따라 분류하면 [그림 11-1]과 같다.

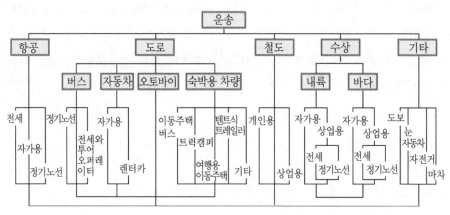

자료 : 문화체육관광부.

|그림 11-1| 관광교통운송 서비스체계에 의한 분류

4. 관광교통수단의 장단점

관광교통수단은 제2차 세계대전 이후 과학기술이 발달됨에 따라 급속히 발전해 왔다. 자동차는 단거리여행이나 가족단위의 개인여행 시 가장 선호되는 관광교통수단이고, 열차는 과거보다는 이용률이 저조하나 친환경교통수단의 개념과 고속철도시대의 도래로 중·장거리 여행에 유용한 관광교통수단으로 재조명되고 있다.

유람선의 경우 해양관광시대의 도래에 따라 많은 관광객들에게 인기를 얻고 관광산업의 유망한 업종으로 자리잡아 가고 있다. 항공기는 장거리이동 관광객이나 시간의 절감을 필요로 하는 사람들에게 널리 이용되는 중요한 관광교통수단이다.

이처럼 관광교통수단은 기능적 특성과 서비스 수준에 있어서 각각의 장점과 단점을 가지고 있는데, 이를 정리하면 〈표 11-1〉과 같다.

|표 11-1| 주요관광 교통수단의 장단점

구 분	장 점	단 점
자동차	• 여정과 중간 경유지의 자유로운 선정 • 출발시간 통제 가능 • 수화물과 장비를 자유롭게 운송 • 3명 이상 소규모 여행 시 경비절감 • 관광지에서 자유로운 이동 가능	• 안전성, 안락성 결여 • 대량수송의 불가능 • 운전자의 육체적·정신적 피로
전세버스	• 여정에 따른 관광활동 보장 • 단체관광객의 이동편리 • 상대적으로 저렴한 요금 • 관광안내원의 관광안내	• 대형사고의 위험성 상존 • 안락성, 쾌적성 결여 • 서비스 질 저하
열차	• 중장거리여행 • 관광객 대량수송 • 상대적으로 저렴한 요금 • 안전성 보장	• 장시간의 운행 • 출발시간의 상대적 융통성 결여 • 한정된 철도노선 이용 • 음식 서비스의 질

구 분	장 점	단 점
	• 여행 중 흥미로운 일상사 경험, 감상 • 열차 내의 자유로운 이동	• 열차 내 소음
선 박	• 안락하고 낭만적인 여행 • 대량수송 가능	• 상대적으로 긴 여행소요시간 • 기상상태에 좌우되는 안전성 • 지루하고 단조로운 여행 • 지상요금에 비해 상대적으로 비싼 요금
항공기	• 신속성, 안전성, 경제성, 쾌적성으로 신선한 이미지 • 관광객의 대량수송 • 비행 전과 비행 중 및 비행 후 상대적으로 완벽한 서비스 제공	• 여행요금의 고가 • 접근가능지역 한정 • 공항을 오가면서 많은 시간 낭비

자료 : 유준상 외 2인, 관광의 이해, 대왕사, 2005, p. 221.

5. 관광교통수단 선택 시 의사결정

관광객들이 관광할 때 이용하는 관광교통수단은 제공하는 서비스수준에 따라 다르게 나타난다. 즉 이용가능성, 운항빈도, 비용 · 요금, 속도 · 시간, 안전성, 안락성 · 호화성 등과 터미널시설 · 입지, 신분 · 권위, 출발 · 도착시간 등이 관광교통수단 선택 시 결정요인으로 작용하고 있다.

관광객들의 여행목적에 따라 달라지는 경향이 나타나고 있으나 일반적으로 상용관광객은 속도나 시간과 출발, 도착시간 등을 중시하는 경향이 있고, 관광목적의 관광객은 비용과 즐거움을 중시하는 경향이 있다.

1) 기능적 유용성

관광객은 거주지로부터 관광목적지 도달까지의 과정, 즉 출발과 도착시간, 안전성, 직항 및 경유운행 등 교통 서비스에 대한 기능적 유용성을 기준으로 특정 관광교통의 수단에 대하여 평가를 하게 된다.

2) 심미적 · 감정적 유용성

관광객은 이전에 이용했던 교통수단에서 얻은 심미적 · 감정적인 느낌을 연상하게 되는데, 이러한 가치는 관광교통수단의 스타일과 내부 및 외부의 장식, 위락성, 호화성, 안전성 등을 추구하는 방법으로 표출된다.

3) 사회적 · 조직적 유용성

관광교통수단이 제공하는 서비스는 사회 및 조직적으로 유용한 관계를 가지고 있다. 버스여행이나 관광유람선은 젊은 계층보다는 노인과 정년퇴직자들이 휴가 시 자주 이용하는 교통수단이다.

4) 상황적 유용성

관광객은 관광교통수단이나 터미널시설 같은 물적 서비스가 자신들이 이용하기 편리한 장소에 위치하고 있는지의 여부와 승무원의 친절 등 인적 서비스의 수준 등을 평가한다.

5) 호기심

관광객들은 새롭고 독특한 특성을 가진 관광교통수단에 대해 호기심을 가진다. 이와 같이 관광교통의 선택요인은 접근성과 서비스의 다양성을 포함하여 공급 지향적 결정요소와 관광목적, 개인의 인구통계적 상황, 라이프스타일, 특정교통수단에 대한 친밀감과 만족감 등의 심리적 · 환경적 요소들의 영향을 받아 유용성의 수준을 평가하고 그 결과로 관광교통수단을 선택하게 된다.

제2절 육상교통업

육상교통은 여행에 필요한 최소한의 교통수단으로서 장거리를 여행하거나 중거리, 단거리 여행에 모두 적용되는 중요한 역할을 하고 있다. 전 세계의 여러 나라에서 항공이동이나 선박이동의 최종적인 교통수단 연결은 철도사업, 버스사업, 자동차대여사업 등이 하고 있다. 상대적으로 기후의 변화에 크게 민감한 영향을 받지 않은 교통수단이며 기존에 확보된 철로는 주요 도심의 접근성이 용이하다. 획기적으로 보편화된 자동차는 자가용을 이용한 가족단위의 여행과 렌터카 사업을 발달시켜 개별여행의 즐거움, 전세버스를 이용한 단체여행객의 이용 등 다양한 형태의 관광교통 수단으로 자리잡고 있다.

1. 철도산업

1) 철도사업의 발전사

철도의 역사는 1763년 와트가 증기기관을 발명하면서 시작되었다고 볼 수 있다. 그 후에 디젤기관의 발명과 전기 기관차의 개발, 고속전철의 개발로 이어졌다. 세계 최초의 증기기관차가 1804년 영국에서 시간당 5마일의 속도로 운행되었다. 증기기관차는 대서양을 거쳐 미국으로 건너가 1829년에는 사우스캐롤라이나 캐널과 철도(South Carolina Cannel and Rails)사의 열차가 승객을 태우고 사우스캐롤라이나주 찰스턴에서 조지아주 함부르그까지 136마일을 운행하였다. 1835년 미국에서 운행했던 철로 길이는 1,000마일이었으며, 1850년에는 9,000마일로 증가하였다. 1869년에는 유타주 프로몬토리 포인트(Promontory Point)에서 유니온 퍼시픽 노선(Union Pacific rail lines)과 센트럴 퍼시픽 노선(Central Pacific rail lines)이 연결되어 대륙횡단철도(Transcontinental line)가 완성됐다. 1900년까지 열차는 승객에게 쾌적함을 제공할 정도로 발전하여 20세기 열차(Twenties Century Limited), 초호화 열차(Super Chief), Empire Builder를 타고 이동하면서 오락을 즐겼다. 1916년의 노선 길이는 25만 4천 마일로 최고에 달했으나 1950, 60년대 도시와 도시를 연결하는 철도사업은 쇠퇴하기 시작했다. 그 첫째 요인은 자동차산업의 발달로 자가용 소유자의 급속한 증가이다. 둘째 요인은 항공산업의 지속적인 성장이다. 장거리 항공노선의 경우 철도보다 더 빠르고 오히려 경제성에서도 우위를 갖추었기 때문이다.

2) 한국철도의 발달

1899년에 동대문과 홍화문 사이에 전차가 운행되었다. 장안 한복판으로 시속 8km의 속도로 운행되었다. 40인승 두 칸으로 연결된 전차는 밖을 내다볼 수 있도록 유리창을 달았고 내부는 방과 마루로 구성되었다. 전차는 오전 8시부터 오후 6시까지 운행하였으며 승객이 손만 들면 태워주었다. 당시에는 이 전철이 명물이어서 전국 각지에서 전차를 타보기 위해 몰려들었다. 그 당시 평균 승차인원은 서울인구(약 21만명)의 약 1%인 2,170명에 달하였다.

이 전차는 장안의 명물로 70년간 인기를 누리다 1968년에 폭주하는 자동차에 밀려 사라졌으며 5년쯤 뒤에 지하철이 등장하게 되었다.

3) 미국철도의 발달

미국정부는 사철이 쇠퇴하기 시작하자 철도사업 참가자의 자본금과 연방보조금에 의한 공동재정으로 1970년에 설립된 반 공공적이고 정부가 보조한 국가철도여객회사(National Railroad Passenger Corporation)를 만들었다. 암트랙(Amtrak)으로 더 잘 알려진 이 기관의 설립목적은 서비스를 개선하고 비효율적인 노선을 정비하여 일반인들의 철도여행의 신뢰를 회복하는 데 두었다.

암트랙은 모든 도시 간을 잇는 여객열차사업을 1971년에 인수하였다. 초기에 암트랙의 전망은 불투명하였으며 노선과 운행을 반으로 줄이는 경영합리화를 실시하였다. 그러한 일환으로 인구밀도가 높은 지역을 중점적으로 운행함으로써 새로운 기관차와 개선된 철로를 제공하였다. 기름값이 오르면서 늘어나던 자동차 이용자들이 점차 열차여행으로 전환했다. 이로 인해 10년 동안 암트랙으로 여행하는 승객 마일 수가 60% 상승하였고, 총 수익은 300% 이상 증가하였다.

4) 유럽철도의 발달

유럽에서는 여객열차가 미국과는 달리 중요한 교통수단이었다. 유럽 대부분의 열차는 정부소유로 운영되고 있다. 유럽정부들은 여객열차를 효율적이고 필수적인 서비스로 여기고 있다.

유럽인이 아닌 관광객의 열차여행을 촉진시키기 위해 1959년에 유럽 각 나라의 열차사업을 통합하여 유레일패스(Eurailpass)를 만들었다. 유레일패스는 21개국이 참가하여 무제한의 일등급 여행을 제공한다. 이에 참가한 21개국은 오스트리아, 벨기에, 덴마크, 핀란드, 프랑스, 독일, 그리스, 아일랜드, 이탈리아, 룩셈부르크, 루마니아, 슬로베니아, 체코, 크로아티아, 헝가리, 네덜란드, 노르웨이, 포르투갈, 스페인, 스웨덴, 스위스 등이다.

유레일패스는 유람선이나 각 도시를 연결하는 버스 서비스에서도 사용할 수 있으며 기간은 15일, 21일, 1개월, 2개월, 3개월간 유효한 여러 종류가 있다. 유레일패스는 유럽 이외에서만 판매되고 유럽에서 사는 사람은 이용할 수 없고, 확정된 요금으로 26세 이하의 젊은 사람에게만 적용되고 있다. 영국은 유레일패스에 참가하지 않고 개별적인 브리트레일 패스(Brit Rail Pass)를 운용하고 있다. 브리트레일패스를 확대시킨 브리트레일 시패스(Brit Rail SeaPass)는 영국에서 아일랜드나 유럽대륙을 여행할 수 있도록 유레일 시스템과 연결되어 있다.

유럽의 장거리 열차는 미국의 열차보다 속도가 상당히 빠르다. 가장 빠른 프랑스의 TGV(Train a Grande Vitesse)는 시간당 160마일(380km)을 달린다. 파리에서 리옹까지 265마일을 2시간 40분 만에 도착한다.

5) 일본철도의 발달

일본에는 정부소유의 국철이 있었다. 국철이 1987년에 개혁되어 민영화된 JR 6사(북해도 JR, 동일본 JR, 동해 JR, 서일본 JR, 시코쿠 JR, 쿠슈 JR)가 승객에게 서비스를 제공하고 있다. 최고의 서비스를 자랑하는 다수의 기존 사철과 함께 일본 여객열차시스템은 세계 제일이라고 전문가들은 평가하고 있다. 일본철도의 서비스는 빠르고 편안하다.

신칸센은 1964년부터 시간당 125마일의 속도로 승객들을 수송하고 있다. 엔지니어들은 부상자기의 전도체를 사용하는 매글레브(maglev)라 불리는 시간당 300마일의 속도를 내는 고속열차를 개발하고 있다. 매글레브가 운행되면 세계의 철도산업을 혁신할 수 있을 것이다.

6) 고속전철의 시대

영국, 프랑스, 독일, 미국, 일본 등 제국주의 열강들이 19세기 식민지 개척에 있어 철도교통수단을 이용하였다. 증기기관차의 속도는 1825년 영국에서 20km/h에서 시작하여 5년 후에는 50km/h가 되었고 1850년에는 100km/h의 증기기관차가 개발되었으나 상업적인 운전은 되지 못하였다. 그러나 20세기에 독일에서 200.4km/h를 기록하고 1938년에는 영국에서 202.7km/h를 기록하면서 2차 세계대전까지 국가 자존심을 걸고 열차의 스피드경쟁을 하였다. 이어 독일에서는 1930년 최고속도 160km/h로 달리는 증기기관과는 다른 디젤기관차인 '후라라겐다 함부르크차호'가 운행되면서 디젤기관을 이용한 150km/h 이상의 열차개발이 붐을 이루게 되었다.

영국과 미국, 독일을 중심으로 증기기관차와 디젤기관차로 속도경쟁을 하였으나 항공기와 자동차의 기술개발로 영국과 미국에서는 잠시 사양길에 들어섰다. 그 후 속도경쟁은 프랑스와 일본에 의해 전기기관차의 개발과 속도향상 경쟁으로 이어졌다. 프랑스는 1954년에 전기기관차 'CC 7121'이 243km/h의 세계기록을 세우면서 전기기관차에 의한 속도경쟁시대를 선도하였다. 또 1년 후인 1955년에는 'CC 7107 & BB 9004'라는 전기기관차로 313km/h의 대기록을 세웠으나 지연 등의 문제로 영업운행은 하지 못하였다.

일본은 제2차 세계대전 중에 시작했던 '탄환열차개발계획'을 재개하여 1964년에 도쿄-오사카 간 515.4km의 동해도 신칸센을 210km/h로 개통하여 고속전철의 시대를 열었다. 이와 같이 210km/h 이상의 고속전철 제조기술을 보유하고 있는 국가는 일본, 프랑스, 독일을 비롯하여 영국, 스웨덴, 이탈리아, 캐나다 등이다.

일본의 고속열차에 가장 먼저 도전한 것은 프랑스였다. 프랑스는 1967년 CAPITAL호가 200km/h의 속도로 영업운행을 하기에 이르렀고, 고속신선 TGV계획에 의해 1981년에 파리-리옹 구간을 개통한 'PUSH PULL' 방식으로 260km/h로 운행을 하여 일본 신칸센의 속도를 앞질렀으며 시험운전에서 380km/h를 기록하여 곧 400km/h의 시대를 열게 될 것이다.

독일에서도 속도향상에 노력하여 1988년 'ICZ PROTO TYPO'로 406km/h를 내어 프랑스의 기록을 깨뜨렸다. 프랑스는 1989년에 428km/h의 기록을 내고 다시 1990년에 'TGV A#325'가 순간속도 515.3km/h의 최고기록을 내어 현재까지 기록을 유지하고 있다.

|사진 11-1| 최고시속 515.3km/h를 냈던 프랑스 고속전철과 동종의 TGV

2. 버스사업

우리나라에서 버스는 가장 많이 사용되고 가격도 저렴한 대중교통수단이다. 버스는 여러 고속도로와 전국을 걸쳐 지나가기 때문에 먼 지역이든 작은 마을이든 도시 간의 여행에 가장 경제적인 교통수단이다.

버스의 기원은 말이 끄는 역마차로 1670년 영국의 런던과 에든버러(Edinburgh) 간의 운행을 시발로 17세기엔 유럽에서, 18세기엔 미국에서 여객서비스를 개시했다. 말이 끄는 역마차는 가솔린엔진이 발명되어 자동차가 운행되던 1890년대까지 유럽과 미국에서 운행되었다. 가솔린버스는 독일에서 만들어졌고 도시버스는 1900년대 초에 런던과 뉴욕에서 운행되기 시작했다. 도시 간 도로망의 팽창과 버스제작기술의 개선으로 미국에서는 1928년에 대륙횡단버스 운행이 시작되었고 1930년대에는 미국 전역의 고속도로에서 운행되었다.

최초의 버스는 딱딱한 의자에 약 20명을 운송하였다. 1930년대의 버스사업은 미국의 일반교통수단으로 자리잡고 있던 열차사업에 도전하였으며, 1939년에는 버스회사가 1,000여 개에 달하였다. 제2차 세계대전은 도시 간 버스여행을 급속히 성장시켰다.

버스사업에서 가장 발전전망이 있는 부분은 전세버스(charter)와 관광버스이다. 1926년부터 버스여행이 개시되었지만 제2차 세계대전 이전에는 여행시장에 크게 영향을 미치지 못하였다.

세계에서 가장 큰 관광버스회사인 그레이 라인(Gray Line)은 매일 1,500번 이상의 주유여행을 한다. 그레이 라인은 200여 개의 협력체를 소유하고 미국과 캐나다의 주요 해외도시에서 회사를 경영하고 있다.

3. 자동차대여업

자동차대여업은 미국 네브래스카주 오하마에 살고 있던 사운더(Sounder) 형제가 차가 고장나, 차를 빌린 것에서 비롯된다. 사운더 형제는 그때 자신들이 경험한 것처럼 일정기간 동안 자동차를 필요로 하는 사람이 반드시 있을 것이라 생각하고 차 몇 대를 구입하여 렌터카사업을 시작했다.

오늘날 가장 규모가 큰 렌터카회사인 허츠(Herts)사는 1918년에 영업을 시작하였고, 에이비스(Avis)사는 1946년에, 내셔널(National)사는 1947년에 시작하였다. 자동차대여업은 비교적 쉽게 시장에 잠입할 수 있어서 다른 교통수단의 경제성과는 다르다. 초기에 대규모의 자본도 필요 없어서 신용상태만 좋아도 은행으로부터 재정적인 도움을 받아 창업할 수 있었기 때문이다.

자동차대여업은 상용여행자들에게 초점이 맞추어져 있으나 여가시장의 확대로 지속적인 성장시장이 예상되는 관광산업이다.

제3절 해상교통업

1. 유람선의 기원

유람선 여행은 가장 매력적인 여행형태 중 하나이다. 유람선 여행은 낭만과 모험을 연상하게 한다. 유람선 여행은 일명 크루즈여행이라고도 부르며 일부 부자들이나 유명인들이 1920년대부터 즐겼던 여행이다. 유람선 여행이 대중화된 시점은 1960년대였다.

유람선산업은 관광분야에서 현재 비약적인 성장을 하고 있다. 세계 도처의 대양과 수로를 항해하고 2,000명의 승객을 태우는 호화로운 쾌속선으로부터 10여명을 태울 수 있는 요트에 이르기까지 매우 다양하다.

배는 초기에 승객수송을 목적으로 하기보다는 상품교역과 전쟁을 위해 사용되었다. 12세기에 나침반과 운항해도가 개발되면서 위험을 무릅쓰고 큰 바다로 항해를 하였다. 배를 조정하는 키의 개발로 배를 더 쉽게 조정하게 되었고 1400

년과 1800년대 후반에 배의 설계기술도 개선되어 제국주의 국가의 영토확장과 6대 주에 도착하기 위한 5대양의 항로가 열리게 된 것이다. 무역 등이 근본적인 동기였으나 여객수송의 중요성이 점차 증가하여 발전하게 된 사업이다.

2. 선박의 발달과 유람선 탄생

1950년대에 선박 대신에 항공로를 이용하여 대서양을 건넜다. 대서양을 여행하는 승객의 63%가 여객기를 이용했다. 선박회사들은 '배를 타는 즐거움'을 강조하면서 승객들을 유치하기 위해 노력하였으나 여행자들은 4~5일 걸리는 선박보다는 이동시간이 빠른 비행기를 더 선호하였다. 이동 중에 재미를 느끼는 것보다는 목적지에서 더 많은 시간을 보내는 것을 더욱 중요하게 생각했기 때문이다. 이러한 상황으로 일부 선박회사는 파산하였고 관광객의 매력적인 자원으로 탈바꿈할 유람선 운영으로 사업을 바꾸어야 했다.

3. 세계 유람선 여행

초기의 유람선 여행사업은 소수의 부유한 엘리트에게 서비스를 제공하는 것이었다. 1960년대 초반에 개발된 현대 유람선은 부유한 관광객을 표적시장으로 하여, 선박회사들은 정기여객선을 열대지방 유람선으로 전환하였다. 예를 들어 프랑스호는 노르웨이 캐리비안(Caribbean)사의 기함인 노르웨이호로 재탄생하였다. 1960년대 이후에는 고급 대형여객선을 만들었다. 이 여객선은 여름에는 한 지역에서 다른 지역에 여객을 수송하는 코스(point to point)를 운영하고, 겨울 동안에는 남쪽 지역으로 여객을 수송하였다.

1969년에 처음 항해한 쿠나드사의 퀸 엘리자베스 2호는 가장 주목할 65,000톤의 여객선이었다. 배 위에는 4개의 수영장과 여러 개의 바, 라운지와 상점, 나이트클럽과 어린이놀이방 등의 시설이 있고 선실에는 에어컨과 개인욕실 및 샤워시설이 갖추어져 있다. 이 여객선의 승객정원은 1,700명이고 선원은 900명이었다.

1980년대와 1986년 사이에는 유람선 건설에 30억 달러가 투자되어 크루즈유람선의 수는 기존의 2배가 되었다. 승객도 현저하게 증가하였으며 대부분의 승객은 시간과 경제력을 갖춘 미국인들이었다.

세계 유람선 여행(월드 크루즈)은 시간과 돈에 여유가 있는 사람을 위한 일생의 휴가이자 최고의 여행이다. 승객은 3개월 동안 최상의 요리와 국제적인 환대, 최상의 개인적인 서비스를 받고 이국적인 항구에 정박하면서 유람을 한다. 퀸 엘리자베스 2호의 디럭스 스위트는 약 7,500$에서 100,000$를 상회하는 비용을 지불해야 한다.

단기유람선여행은 승객이 가장 많은 선박산업으로 태양과 즐거움(sun and fun)을 강조하고 있다.

1) 카리브해

1960년대에 현대 유람산업이 최초로 발전한 지역이다. 카리브 지역의 5~6개 섬을 유람하는 데 일주일가량이 소요된다. 카리브해가 이국적인 매력을 제공하고 있으며, 이질적인 경험을 원치 않는 미국여행객들에게는 매우 친숙하고 안전한 곳이다. 서카리브해의 섬들은 마이애미, 에버글레이즈, 로더데일, 탬파 등의 플로리다주 항구에서 배로 하루나 이틀이 걸린다. 버뮤다행 일주일 크루즈여행은 뉴욕을 출발하여 3~4일이 소요되는 일정이다.

2) 멕시코 리비에라

북미의 서해안항구에서 출발하여 항해 시 가장 인기 있는 여행지이다. 최근 몇 년 동안 유람선산업에서 가장 빠르게 성장한 지역 중의 하나이다. 항해하는 여행기간은 대부분 7일 이상이고 겨울과 봄에 로스앤젤레스에서 출발한다.

3) 파나마운하 통과

멕시코 리비에라와 카리브해 양쪽을 항해하는 유람선 상품이다. 승객들은 선호도가 높은 두 지역의 항해와 함께 파나마운하를 통과하는 경험을 하게 된다. 이러한 형태의 유람선을 운하통과 유람선이라 부른다. 로스앤젤레스나 아카풀코, 로더데일 항구 사이의 항해기간은 열흘 정도 소요된다.

4) 알래스카

알래스카 항해는 유람선시장에서 급속도로 성장한 인기 있는 지역이다. 알래스카 유람선은 행복하고 재미있는 항해와는 달리 모험을 좋아하는 자연주의자나 고래 구경꾼과 자연환경보호운동자들을 표적시장으로 하고 있다. 밴쿠버 출발의 7일간 크루즈 상품은 국립빙하공원 유적지를 항해하고, 14일간의 알래스카 크루즈 상품은 로스앤젤레스와 샌프란시스코에서 출발한다.

5) 하와이섬

미국 본토에서 하와이 간의 왕복유람선 노선은 없지만 캘리포니아와 하와이 간 유람선은 계획단계에 있다. 그러나 호놀룰루는 로스앤젤레스나 샌프란시스코를 출발하는 장기 남태평양여행의 정박항구가 되기도 한다.

아메리칸 하와이언 크루즈회사는 1979년에 영업을 개시하여 연중 7일간 크루즈로 하와이의 주요 항구에 정박한다.

6) 미국 동부

뉴잉글랜드 해변은 연금생활자에게 매우 인기 있는 지역이다. 이곳 유람선의 특징은 수용인원이 100명 정도로 소형이며 유람선의 이용객은 대체로 노년층이 많다. 계절유람선은 메인주로부터 플로리다 키 해안까지 동부연안을 따라 운항한다. 동쪽 해안을 따라 도는 전체 항해의 여정은 2~3주 정도 걸린다.

7) 지중해

유럽지역 유람선사업의 주요 항해지역이며 카리브해 다음으로 가장 인기 있는 여행지이다. 크루즈선박은 동부와 서부 지중해에 집중되어 있다. 이 지역은 역사적인 고장이기도 하여 관광객들은 문화적인 탐구욕망도 강하다.

아테네 항구도시인 피라에우스는 동부 지중해를 항해하는 그리스 유람선의 주요 출발지이다. 이 지역의 유람선들은 처음 여행하는 관광객을 끌기 위해 3~4일 여정의 유람코스 상품을 제시하고 있다.

8) 북유럽

노르웨이의 모스 케이프(Morth Cape)는 유럽에서 미주의 알래스카와 같은 존재라고 할 수 있다. 주요한 매력은 알래스카처럼 노르웨이 서해안의 장관인 피요르드(fjord)의 경치이다. 유럽선박은 6월에서 8월까지의 짧은 시즌 동안에 7일, 10일, 14일 예정으로 코펜하겐, 함부르크, 베르겐, 브레머하벤과 같은 항구에서 떠난다. 코펜하겐, 함부르크는 발트해에서 항해하는 출발점이기도 하다.

제4절 항공교통업

항공산업의 발달은 인류의 이동수단을 획기적으로 변화시켜 장거리 이동을 보다 효율적으로 할 수 있게 함으로써 관광분야에서도 계량적 거리의 개념을 시간적 거리로 바꾸며 전 세계를 하나의 생활권으로 형성하게 하였다. 세계로 이어지는 교량역할의 대부분을 항공산업이 차지하게 됨으로써 각국은 항공산업을 적극적으로 육성하고 있으며 항공사 간의 상호협력관계도 종횡으로 연결하며 치열한 경쟁을 벌이고 있다. 이와 같은 항공교통의 발달은 관광객들에게 많은 혜택과 기회를 제공하여 관광분야의 중요한 교통수단으로 자리매김하게 되었다.

1. 항공서비스의 발달

1) 세계 항공서비스의 발달

1783년 프랑스인이 열기구 풍선을 타고 파리의 300피트 상공을 비행한 것이 유인항공기로서 처음 성공한 비행으로 기록된다. 열기구 풍선의 계속된 실험들은 비행선으로 공기보다 가벼운 항공기를 탄생시켰다.

승객과 화물수송을 위한 비행이 가능해진 시기는 제1차 세계대전 시 강력한 엔진과 동체 전체가 금속으로 된 전투기와 폭격기를 개발함으로써 항공기의 발달을 크게 진보시킨 이후부터였다.

1920년대와 1930년대에는 엔진프로펠러를 장착한 항공기들이 등장하여 장거리 항공운송을 가능케 하였다. 제2차 세계대전 이후에는 상용항공기산업이 비약적으로 발전하였다. 제트기가 개발되었으며, 대량수송 항공기의 개발이 시작되었다.

1946년 영국에서 세계 최초의 제트엔진항공기가 생산되었으며, 1960년대에 미국의 보잉사에서 B707 제트여객기 양산시대를 맞이하였다.

보잉사에서 개발한 B747은 1회 400명을 수송할 수 있게 되었다. 항공기의 발전은 공항의 시설개선과 항공기 제조업 경쟁 등에 큰 영향을 주었다.

2) 한국 항공서비스의 발달

우리나라 최초의 비행사는 안창남이다. 안창남은 1922년 단발쌍엽 1인승 비행기 '금강호'로 여의도 간이비행장을 이륙하여 남산을 돌아 창덕궁 상공을 거쳐 서울을 일주한 것으로 기록되어 있다. 1925년에는 한국 최초의 여류비행사가 탄생하였으며, 우리나라 최초의 민간항공은 1926년 이기옥 비행사가 서울에 경성항공사업소를 설립하면서 시작되었다.

1948년 10월 신용욱은 대한민국항공사(KNA : Korea National Airlines)를 설립하였다. 대한민국항공사는 같은 해 10월 10일 교통부로부터 국내선 면허를 취득하고 서울-부산 간 여객수송을 시작하였다. 1953년에는 주식회사로 체제를 전환하고 서울-대만-홍콩을 주 1회 운항함으로써 동남아국제노선을 취항하게 되었다.

1960년 11월 한진상사가 한국항공 Air Korea를 설립하고 한·일 노선을 비롯한 국제선 정기노선의 취항을 목표로 항공기를 도입하여 1961년 3월 서울-부산 간 정기편을 운항하였다. 1962년에는 우리나라 국영항공사로서 대한항공공사가 설립되었으나 계속되는 누적적자와 재정난 및 경영부진으로 운영을 중단하고 1969년 3월 1일 한진그룹에 인수되어 민간항공으로 재출발하였다. 그로부터 20년 후에는 1988년 금호그룹이 제2민항으로 출발하여 1988년 12월 23일 서울-부산노선과 서울-제주노선에 취항함으로써 국내선 운항을 개시하였다. 이로써 우리나라에 복수 민항시대가 개막되었다.

아시아나항공은 1990년 2월 10일 첫 국제노선인 서울-도쿄노선 취항을 계기로 국제노선 취항을 늘리게 되었다. 인천국제공항의 기본시설이 6월에 완공되었고, 인천공항의 전용 고속도로가 11월에 개통되었다. 21세기 항공수요에 대비해 24시간 운영 가능한 동북아지역의 중추공항으로 2001년 3월 29일에 인천공항이 개항하여 국제선 항공수요를 처리할 수 있게 되었다.

2. 항공서비스의 특성

항공기에 의하여 여객 및 화물을 운송하는 항공운송은 모든 교통기관처럼 안정성, 고속성, 정시성, 쾌적성 등을 갖추어야 한다. 항공사업 고유의 특성으로 인해 항공운송사업은 급속히 발전하게 되었다. 항공운송사업이 갖는 고유의 특성은 다음과 같다.

1) 고속성

다른 교통수단에 비해 빠른 속도로 이동할 수 있는 이점은 여행객에게 폭넓은 목적지를 선택할 수 있고 많은 여행시간을 확보하게 하여 관광활동을 증가시켰다. 이것이 항공운송이 지니는 특성인 고속성이다. 교통수단으로서 가장 늦게 발달한 항공운송이 전 세계의 주요 도시를 연결하는 항공노선을 구축하여 항공운송이 국제교통의 중심이 된 것도 이와 같은 고속성 때문이다.

항공운송의 속도는 항공기가 움직이기 시작해서 목적지 비행장에 도착 후 완전히 정지할 때까지 소요되는 총 시간을 기준으로 이루어진다.

2) 안전성

교통수단으로서 가장 중요시되는 안전성은 지속적인 기술의 발달로 기계적 결함의 개선과 항공정비의 철저한 확인을 통하여 불안정요소를 보완하고 항공통신과 항공감시 등의 항공기술 발달은 항공산업을 더욱 안전한 교통수단으로 자리잡게 하고 있다. 항공운송의 안전성은 항공기, 운항노선, 공항진입로 등의 기술적 원인이나 기상조건의 자연적 원인에 의하여 크게 좌우되기 때문에 항공운송의 초기에는 안전성이 매우 낮았으나 항공기 제작, 운항, 정비기술, 통신, 전자, 운항 지원시설 등의 발달로 안전성이 높아지게 되었다.

3) 정시성

정기노선의 항공편은 정해진 시간대로의 운항을 원칙으로 실시하게 되며 각 항공사의 신뢰도에 영향을 주는 요소가 된다. 항공운송사업은 운항준비 및 정비 절차가 복잡하고 어려우며 공항이 복잡하고 기상조건 등의 영향을 많이 받으므로 정시성을 확보하기가 어렵다. 운항의 정시성과 운항횟수는 수요의 유치에 큰 영향을 미치게 된다. 항공회사는 항공기의 고속성을 이용하여 운항빈도 및 항공운송 서비스의 품질 및 고객들의 신뢰도를 높이기 위하여 최선을 다해 정시운항을 하도록 노력하고 있다. 항공운항시설, 공항, 장비, 운영 등의 개선도 정시성 유지를 위한 일련의 노력이라고 할 수 있다.

4) 경제성

항공운임은 다른 교통수단과 비교하였을 때 매우 높다. 때문에 속도에 의한 시간의 단축으로 시간 가치를 높이고 양질의 서비스에 비중을 두게 된다. 항공 운송산업의 발전은 대형화와 시설, 장비의 현대화, 자동화, 경영합리화를 통한 원가 절감 및 소득 증가를 통하여 대중화 시대를 맞아 중요한 시간절약 가치를 구현함으로써 다른 운송수단보다 경제성이 높다고 할 수 있다.

5) 쾌적성

여객기 내의 시설개선으로 인한 온도, 습도, 기압 등의 기내상태와 수준 높은 기내서비스 등으로 여행자에게 쾌적한 여행을 제공한다. 쾌적성의 중요 요소인 기내 서비스는 항공사 고유의 서비스 내용으로 다른 회사와의 차별화를 통한 고객의 유인요소로서 경쟁력을 갖는 서비스이다. 기내 서비스는 항공여행 중의 즐거움을 증가시키는 요소로서 특히 승무원들에 의하여 제공되는 서비스는 중요하다. 객실승무원의 숙련되고 친절하며 정성을 다하는 서비스는 항공여행을 더욱 즐겁고 쾌적하게 할 수 있는 중요한 요소가 된다.

6) 공공성

항공운송도 대중화·일반화되어 가는 추세이며 하나의 교통수단이므로 국민 다수의 사회적 생활을 위한 공공성을 갖는다.

7) 국제성

국가 간의 상호협정에 따라 운항노선과 횟수가 결정되며 국제항공운송협회나 국제민간항공기구에서 국제운임과 항공협정에 대한 조정을 받게 된다.

3. 항공서비스의 유형과 가격영향요소

여객에 관련한 항공서비스는 항공편 예약에서 시작하여 발권, 수하물처리, 항공좌석배정, 항공기탑승, 출입국관련 수속과정 등에 이르는 전반적인 서비스를 말한다. 따라서 항공사의 서비스가 고객에게 만족을 주기 위해서는 항공사 기내 편의시설과 기내용품, 식사, 좌석의 간격, 항공기의 연령과 같은 물적 서비스 부분과 운항시간, 스케줄, 정시성, 타 항공사와의 제휴, 예약 발권과정 등 체계적으로 숙련된 직원들의 업무능력과 진심 어린 서비스 정신이 필요하다.

항공산업에서의 여객상품은 항공기 운항에서 발생되는 좌석이다. 여행전문가는 여행객의 여행동기, 욕구, 기대 등을 조사한 후 그에 적합한 여행상품을 판매한다. 여행의 유형, 비행편의 형태, 서비스유형, 제한적 요금, 경쟁항공사 등이 항공요금에 영향을 주고 있다.

1) 여행의 유형

가. 편도여행(One-way journey)

편도여행은, 출발도시에서 시작해서 목적지에서 끝나는 여행형태이다.

나. 왕복여행(Round trip)

왕복여행은 출발지에서 목적지로 갔다가 다시 원래 출발했던 곳으로 돌아오는 여행이다. 노선은 양방향 모두 동일해야 한다.

다. 순환여행(Circle trip)

순환여행은 왕복여행과 비슷한 형태이지만 출발 시와 귀향 시의 노선이 다르다.

라. 오픈조 여행(Open-jaw Trip)

왕복여행과 비슷한 것으로 왕복여행 시에 출발지와 도착지가 상이한 여행을 말한다. 서울을 출발하여 도쿄를 목적지로 하여 부산에 도착하는 여행형태와 같다. 이처럼 출발지와 도착지가 다른 경우를 말한다.

2) 서비스 유형

초기 항공사의 비행 중 기내 서비스에는 냉동된 점심식사와 항공기에서 느끼는 기압 차이를 완화시킬 목적으로 스낵이 제공되었다. 그러나 오늘날의 승객들은 따뜻한 식사와 칵테일·음악·영화 등의 서비스를 제공받고 있다. 승객이 받는 서비스 유형은 비행기 객실등급과

|사진 11-2| 기내서비스

요금에 따라 달라진다. 비행기의 가장 일반적인 좌석배치는 퍼스트 클래스(first class), 비즈니스 클래스(business class), 코치 클래스(coach class) 또는 이코노미 클래스(economy class)로 구성되어 있다.

① 퍼스트 클래스 승객들은 좋은 그릇에 제공되는 훌륭한 식사, 질 좋은 알코올음료, 영화 그리고 차별적인 인적 서비스를 받는다. 그들은 또한 보다 안락하게 항공여행을 한다. 퍼스트 클래스 좌석들은 엔진소음으로부터 멀리 떨어진 비행기 앞쪽에 위치한다. 좌석은 넓고 다리를 뻗기에 충분한 공간, 보다 넓은 피치(무릎과 좌석 간의 거리)를 두고 있다.

② 퍼스트 클래스와 코치 클래스의 중간에 있는 비즈니스 클래스는 할인티켓으로 비행하는 승객들보다 조용한 장소를 원하고, 더 많은 서비스를 기대하는 승객들을 위해 개발되었다.

③ 이코노미 클래스의 좌석들은 간격이 붙어 있어 좁으며, 객실 내의 위치에 따라 안락성에 차이가 난다.

항공사는 항상 특별한 욕구를 가진 승객에게 기내 서비스(in flight service)를 제공한다. 승무원들은 신체장애자들이 탑승하는 것을 도와주고, 혼자 여행하는 어린이들을 돌보는 특별훈련을 받는다. 또한 채식주의자나 유태교인의 음식 등 특별한 식사를 요구하는 승객의 요청을 충족시켜 준다.

3) 무제한 및 제한적 항공요금

비할인항공요금 또는 정상항공요금인 무제한항공요금(unrestricted airfares)을 지불한 승객은 목적지로의 이용이 가능한 좌석이 있을 경우, 어떤 항공기에도 탑승할 수 있다. 반면에 판매촉진항공요금·할인항공요금 등으로 부르는 제한적 항공요금(restricted airfares)은 저렴할수록 사용에 대한 제한이 더 많아진다.

① 사전에 구입하는 조건(출발시점 이전 기간에 따라 다르다)
② 목적지에서의 최대 및 최저 체류기간의 제한
③ 명시된 여행일정과 출발시간의 변경제한
④ 제한적인 출발일(특정요일만 가능)
⑤ 취소료
⑥ non endorse(할인가격으로 정해진 항공기에만 탑승 가능)

휴가여행자나 친구와 친척을 방문하는 사람들은 비상시를 제외하고 일반적으로 일정이 여유롭기 때문에 상용목적 여행자보다 저렴한 항공요금을 선호하여 구입하는 경향이 있다. 항공사는 비수기의 탑승비율을 높이기 위해 할인티켓을 판촉하고 있다.

4) 국제항공요금

IATA(국제항공운송협회) 회원들은 국제항공요금을 협의하기 위해 회의를 개최한다. IATA는 제정된 규칙과 원칙을 토대로 세계의 항공요금을 결정한다. 서로 다른 통화로 항공요금을 계산하는 복잡성을 감소시키기 위해서 모든 국제항공요금은 운임의 공시단위(FCU : Fare Construction Units)로 표시된다.

 IATA는 비행거리, 서비스 유형, 요금의 제한성 여부 등을 기초로 하여 항공가격을 산정한다. 많은 IATA 항공요금은 거리원칙(mileage principle)에 기초를 둔 체계를 적용하고 있다. 국제항공요금은 일반적으로 비행거리와 직접적인 관계가 있다. 이것은 장거리 여행이 단거리 여행에 비하여 더 많은 비용이 든다는 것을 의미한다.

 그러나 시장에서의 여러 변수는 먼 거리의 여행비용을 저렴하게 만들기도 한다. 예를 들면 보다 많은 여행객이 방문함으로써 취항하는 항공편의 확대로 인한 경쟁요금의 책정이나 방문국가의 관광을 권장하기 위해 보다 낮은 판매촉진요금을 승인하는 경우도 있다.

카지노사업 및 관광정보사업

제12장 카지노사업 및 관광정보사업

제1절 카지노사업의 이해

1. 카지노사업의 개요

카지노의 경제적 효과는 관광사업의 발전과 연관되어 있으며, 관광호텔 내에서 게임, 오락, 유흥 등의 서비스를 제공하여 체재기간의 연장과 더불어 관광객의 지출을 증대시키는 주요한 관광사업이다. 또한 카지노는 외래관광객을 대상으로 관광사업 중 비교적 규모가 큰 외화획득을 창출하여 국제수지개선과 국가재정수입의 확대, 지역경제발전, 신규투자를 자극하여 고용창출 등의 효과를 발생시키는 관광산업 중 중요한 수출산업으로 인식되고 있다.

1) 카지노의 개념

우리나라에서 카지노업은 종래 「사행행위등 규제 및 처벌특례법」에서 '사행행위영업'으로 분류하여 경찰청장이 허가·관리하여 오던 것을, 1994년 8월 3일 「관광진흥법」을 개정할 때 관광사업의 일종으로 전환 규정하고, 문화체육관광부장관(제주특별자치도는 제주도지사)이 허가권과 지도·감독권을 갖게 되었다.

그리고 「관광진흥법」은 제3조 제1항 5호에서 카지노업이란 "전문영업장을 갖추고 주사위·트럼프·슬롯머신 등 특정한 기구 등을 이용하여 우연의 결과에 따라 특정인에게 재산상의 이익을 주고 다른 참가자에게 손실을 주는 행위 등을 하는 업"이라고 정의내리고 있다.

2) 우리나라 사행산업 현황

사행산업(射倖産業)이란 인간의 사행심(射倖心)을 이용하여 이익을 추구하거나 관련된 물적 재화나 서비스를 생산하는 산업, 즉 우연의 결과에 따라 특정인에게 재산상의 이익과 손실을 주는 행위를 하는 산업을 말한다. 사행산업에는 카지노업, 경마, 경륜, 경정, 복권, 체육진흥투표권 등 총 6개 업종이 허용되고 있다(사행산업통합감독위원회법 제2조).

우리나라 사행산업 업종별 시설을 살펴보면 강원랜드 카지노(내국인 출입 허용) 1개소, 외국인전용 카지노 16개소, 경마 3개소, 경륜 3개소, 경정 1개소 등이 있으며, 복권 12종, 체육진흥투표권 16종이 판매되고 있다.

2. 카지노의 역사

Gambling은 인류의 오래된 문화로 간주되고 있다. 고대 이집트인들은 기원전부터 gambling을 여가선용이나 스포츠로 여겨왔으며, 인도나 그리스에서도 기원전부터 성행했다는 기록을 찾아볼 수 있다. 중세 유럽 귀족사회에서는 사교의 한 수단으로 시작되어 17~18세기에 걸쳐 유럽 각지에 소규모의 카지노가 개설된 것이 근대적인 카지노의 시작이다. 18세기 중엽에는 카지노 게임이 설치·운영이 되었으며 19세기에는 클럽형태의 회원제 스타일의 카지노가 유럽 각국에서 개업되었고, 유럽인들의 세계진출이 활발해지면서 카지노가 전 세계로 확산되기 시작하였다.

카지노(casino)는 작은 집의 뜻을 가진 카자(casa)라는 이탈리아어가 어원이다. 18세기 이후 도박·음악·쇼·댄스 등 여러 가지 오락시설을 갖춘 연회장이라는 의미를 가진 르네상스시대에 귀족이 소유하고 있었던 사교와 오락용의 별관을 뜻하기도 한다. 웹스터사전에서는 카지노를 모임이나 춤 특히 전문갬블링(professional gambling)을 위해 사용되는 건물이나 넓은 장소로 정의하고 있다.

오늘날 카지노는 사교나 여가선용을 위한 공간으로 주로 갬블링이 이루어지고, 동시에 다양한 볼거리를 제공하는 장소로 해변·온천·휴양지 등에 있는 실내 도박장을 의미한다.

3. 카지노업의 특성

카지노업의 기본적인 기능은 외래관광객을 위한 게임장소와 오락시설의 제공이다. 카지노업의 특성은 다음과 같다.

1) 인적 서비스의 높은 의존성

카지노산업은 노동집약적 성격의 기업으로서 인적 자원에 대한 의존도가 타 산업에 비해 높다. 카지노영업을 위해서는 다양한 게임기계와 더불어 많은 딜러가 필요하다. 카지노업에서 고객의 태도를 결정하는 주요인은 서비스이기 때문에 카지노산업에서 제공하는 인적·물적 서비스는 고객의 만족도에 직결된다.

2) 연중무휴의 높은 고용효과

카지노는 하루 24시간 휴일 없이 영업을 한다. 카지노를 이용하는 고객들은 주로 관광객들이며 호텔 내에 투숙하며 카지노를 즐기기 때문에 종사원은 항상 고객에게 서비스를 제공할 준비를 하고 있어야 한다. 특히 카지노산업은 타 업종에 비해 시설이나 규모는 작지만 게임테이블 수에 비례하여 종사원을 채용하기 때문에 타 산업에 비해 고용유발효과가 매우 높다고 볼 수 있다.

3) 관광객 체재기간 연장과 관광비용 증대

관광객 중 일부는 카지노 게임을 즐기기 위해 체재기간이 길어지는 경우도 있으며, 체재기간이 연장되면 관광비용도 늘어나 관광수입이 증대된다.

카지노 이용객의 1인당 평균소비액은 외래관광객 1인당 평균소비액의 약 38%를 차지할 정도로 단일 지출항목으로는 가장 높은 비중이다.

카지노 이용객의 1인당 소비액은 매년 증가세를 보이고 있으며 외래관광객 소비지출을 증가시키는 주요한 관광상품이 되고 있다.

4) 호텔영업에의 높은 기여도

일반적으로 카지노 고객은 카지노가 있는 호텔에 투숙하기를 희망하므로 호텔의 객실이나 식음료의 판매에도 크게 기여할 수 있다. 또한 게임이 목적인 고객은 고가의 객실과 식음료 및 부대시설을 주로 이용하므로 일반 관광객보다 지출액이 훨씬 높게 나타나 호텔의 수익도 증가시켜 준다.

호텔의 수입을 객실, 식음료, 카지노 및 기타 수입으로 구분하면 카지노 수입이 전체 매출의 59%를 차지함을 알 수 있다. 그 외에 객실수입 12%, 식음료수입 22%, 기타 수입이 7%로 카지노 수입은 타 부문에 비하여 월등히 높은 것으로 나타나고 있다.

5) 관광객을 위한 게임장소 및 오락시설의 제공기능

카지노산업의 기본적인 기능은 관광객을 위한 게임장소와 오락시설의 제공이다. 따라서 카지노업체는 다양한 게임과 장소 및 가족이나 어린이들이 즐길 수 있는 다양한 오락시설들을 제공하고 있다.

6) 야간관광상품 및 옥외관광상품의 대체기능

카지노업은 실내영업장에서 이루어지는 영업이므로 외부 기후에 영향을 받는 옥외관광상품의 악천후 시 대체상품으로 활용이 가능하다. 또한 24시간 영업하므로 야간관광상품으로 이용할 수 있는 장점이 있다.

4. 카지노사업의 부정적 영향

카지노의 경우 그 자체로는 가치(values)를 창출하지 못한다는 의미에서 비생산적인 산업으로 볼 수 있다. 또한 사행성이 높아 과도하게 심취하는 경우에는 재산의 탕진과 가정파괴 및 심신의 타락과 같이 부정적인 면이 많다.

1) 범죄의 증가

내국인의 출입이 가능한 폐광지역 카지노와 관련하여 발생할 수 있는 사회적 문제의 하나는 카지노를 둘러싼 조직범죄 발생가능성이다. 카지노 주변의 유흥업소, 카지노 부대시설 등을 둘러싼 이권개입, 불법고리대금업에의 개입 및 매춘 등의 발생가능성이 매우 높다.

2) 가족공동체의 파괴

인간의 다양한 활동 중에서 도박은 중독성이 심하고, 한번 빠지면 헤어나기 어려운 속성을 지니고 있다. 특히 카지노 게임을 단순한 오락과 여가활동이 아니라 일확천금을 획득할 수 있는 기회로 생각할 수 있다. 이와 같은 한탕주의는 아무리 많은 돈을 잃더라도 '단 한 번에' 만회할 수 있다는 생각으로 과다한 금액을 쏟아붓게 된다.

이러한 과다한 게임비용 지출은 원만한 가정생활을 영위하는 데 심각한 장애요소가 될 뿐만 아니라, 나아가 사회 전체적으로 심각한 문제로 대두될 수 있다. 즉 자신의 경제적 능력을 넘어선 도박으로 과다한 부채를 견디지 못하고 자살하거나 이혼하는 등 가정파탄의 위험이 크다. 또한 사회계층 간 위화감을 조성하고, 근로자들의 노동의욕을 저하시키며, 일확천금을 노리는 한탕주의가 사회 전반에 만연할 개연성이 매우 높아서 문제가 되고 있다.

3) 사행성 조장

지리적 여건상 카지노장에 인접한 지역의 주민들이 호기심에서 카지노장에 출입하면서 점차 도박성향이 강해지고 나아가 도박 중독에 이를 가능성이 많기 때문에 우리나라의 경우 폐광지역 카지노 주변 지역 주민의 도박 중독과 이로 인한 재산탕진의 문제 역시 간과할 수 없다.

이렇게 되면 지역주민의 생업활동에 지장을 초래하게 됨은 물론, 재산을 탕진할 우려도 높은 것이다. 실제로 카지노장과 인접한 지역에 거주하는 미국의 한인사회에로 카지노 열풍이 불어 전 재산을 탕진한 사례가 많이 있다.

4) 해외도박으로 인한 외화유출 및 탈세

해외에서의 도박으로 인한 외화유출 및 탈세는 궁극적으로 외화유출을 가속화할 수도 있어 이에 대한 충분한 관심과 대비가 필요하다.

5) 불법자금 유입 및 불법고리대금업

내국인출입 카지노와는 별도로 현재 국내에 있는 외국인전용 카지노에서 발생되는 여러 가지 문제 가운데 하나가 불법자금 유입 및 관광객을 대상으로 한 고리대금업이다. 이러한 행위는 그 자체로 불법일 뿐만 아니라 그 자금의 조성 경위 또한 의심스러운 경우가 많으며, 이렇게 출처가 불명확한 자금의 고리대금업은 돈세탁을 가능하게 해줄 수 있으며 폭력조직이 연계하여 범죄조직의 국제화를 촉진하는 계기가 될 수도 있다.

6) 매출액 축소 및 탈세

카지노를 운영하는 업체에서 카지노장의 매출액을 축소하고 탈세를 자행할 가능성도 매우 높다. 국내의 경우 카지노에 대한 국민적 인식이 부정적인 이유는 카지노업체의 매출액 축소 및 탈세의혹에 있다.

7) 카지노를 통한 돈세탁

내국인 출입이 가능한 카지노의 설치가 야기할 수 있는 가장 심각한 사회문제의 하나는 돈세탁행위이다. 카지노에 대해 부정적 인식을 하게 된 주요한 이유 중 하나가 카지노를 통한 돈세탁행위와 관계가 깊다.

최근에는 마약판매대금이나 정치자금·뇌물 등 출처가 정당하지 못하거나 부정한 자금이 카지노를 세탁장소로 이용하는 경우도 있다. 내국인 출입이 가능한 정선지역 카지노가 내국인들의 불법자금세탁에 이용될 경우 우리 사회는 더욱 신뢰성을 잃을 수 있다.

제2절　우리나라 카지노업 현황

1. 우리나라 카지노업의 발전과정[2]

우리나라 카지노 설립의 법적 근거가 된 최초의 법률은 1961년 11월 1일에 제정된 「복표발행현상기타사행행위단속법」으로, 1962년 9월 동법의 개정된 사항에 외국인을 상대로 하는 오락시설로서 외화획득에 기여할 수 있다고 인정될 때에는 이를(외국인을 위한 카지노설립) 허가할 수 있게 함으로써 카지노 설립의 근거가 마련되었다.

---

2) 오수철 외 3인 공저, 최신카지노경영론(서울 : 백산출판사, 2012), pp. 69~71.

이와 같은 법적 근거에 따라 외래관광객 유치를 위한 관광산업 진흥정책의 일환으로 카지노의 도입이 결정되어 1967년에 인천 올림포스호텔 카지노가 최초로 개설되었고, 그 다음해에 주한 외국인 및 외래관광객 전용의 위락시설(게임시설)로서 서울에 워커힐호텔 카지노가 개장되었다.

그런데 1969년 6월에는 「복표발행현상기타사행행위단속법」을 개정하여 이때까지 카지노에 내국인출입을 허용했던 것을, 이후로는 카지노 내에서 내국인을 상대로 사행행위를 하였을 경우 영업행위의 금지 또는 허가취소의 행정조치를 취할 수 있게 함으로써 카지노에 내국인 출입이 제한되고, 외국인만을 출입시키는 법적 근거가 마련되었다.

1970년대에 들어 카지노산업이 주요 관광지에 확산되어 4개소가 추가로 신설되었으며, 1980년대에는 2개소가 추가 신설되었고, 1990년대에는 5개소가 신설되면서 전국적으로 13개 업체가 운영되었다.

한편, 1991년 3월에는 「복표발행현상기타사행행위단속법」이 「사행행위등 규제 및 처벌특례법」으로 개정됨에 따라 계속적으로 '사행행위영업'의 일환으로 규정되어 오던 카지노를 1994년 8월 3일 「관광진흥법」을 개정할 때 관광사업의 일종으로 규정하고, 문화체육관광부장관이 허가권과 지도·감독권을 갖게 되었다. 다만, 제주도에는 2006년 7월부터 「제주특별자치도 설치 및 국제자유도시 조성을 위한 특별법」이 제정·시행됨에 따라 제주특별자치도에서 외국인전용 카지노업을 경영하려는 자는 제주도지사의 허가를 받도록 하였다.

이와 같이 외국인전용 카지노의 허가권을 갖게 된 문화체육관광부는 2005년 1월 28일자로 한국관광공사 자회사인 (주)그랜드코리아레저에 3개소(서울 2개소, 부산 1개소)의 카지노를 신규 허가하여 2006년 상반기 모두 개장하였다.

한편, 1995년 12월에는 「폐광지역개발지원에 관한 특별법」이 제정되면서 강원도 폐광지역에 내국인 출입카지노를 설치할 수 있는 법적 근거가 마련되었으며, 이에 따라 2000년 10월 28일 강원도 정선군에 강원랜드 스몰카지노가 개장되었고, 2003년 3월 28일에는 메인카지노를 개장하였다. 이로써 1969년 6월 이후 금지되었던 내국인출입 카지노의 시대가 개막되었다.

이상을 도표로 나타낸 것이 다음 〈표 12-1〉이다.

|표 12-1| 우리나라 카지노산업의 발전과정

시 기	주요 내용
1961년 11월	카지노 설립의 법적 근거가 된 최초 법률 제정(복표발행현상기타사행행위 단속법)
1962년 9월	동법 개정을 통해 외국인을 상대로 하는 오락시설로 외화획득에 기여할 수 있음이 인정될 때 이를 허가할 수 있게 함으로써 설립 근거가 마련됨
1967년	최초로 인천 올림포스호텔 카지노 개설. 그 다음해에 주한 외국인 및 외국인 관광객 전용의 위락시설(게임시설)로서 서울에 워커힐호텔 카지노 개장
1969년 6월	'복표발행현상기타사행행위단속법'을 개정하여 이후로는 내국인 출입을 금지시키고 이를 어길 경우 영업행위 금지 또는 허가취소의 행정조치를 취할 수 있도록 함
1970년대	주요 관광지에 확산. 속리산 관광호텔 카지노(1971년), 제주칼호텔 카지노(1975년), 부산 해운대 파라다이스비치호텔 카지노(1978년), 경주 코오롱 관광호텔 카지노(1979년) 등 개장
1980년대	설악파크호텔 카지노(1980년)가 강원도에 최초 개설, 제주하얏트호텔 카지노(1985년) 개장, 1990~1991년에 제주그랜드호텔 카지노, 제주남서울호텔 카지노, 제주서귀포호텔 카지노, 제주오리엔탈호텔 카지노, 제주신라호텔 카지노 순으로 개장
1991년 3월	'복표발행현상기타사행행위단속법'이 '사행행위 등 규제 및 처벌특례법'으로 개정되면서 카지노업을 사행행위영업으로 규정하고 이에 대한 허가등 행정권한을 경찰청장에게 부여함
1994년 8월	'관광진흥법' 개정시 종래 사행행위영업으로 규정해오던 카지노업을 관광사업의 일종으로 규정함
1994년대 말	행정조직 개편으로 관광의 주무부서가 교통부에서 문화체육부로 이관되었으며 카지노업은 문화체육부장관이 허가·운영·감독을 맡게 됨
1995년 12월	'폐광지역개발지원에관한특별법' 제정을 통해 내국인 출입허용 카지노를 강원도 정선을 중심으로 개발추진. 폐광진흥지구 지정 및 종합개발계획 수립, 개발에 따른 각종 규제사항의 완화, 내국인 출입이 가능한 카지노 설치 허용

시 기	주요 내용
1997년 12월	'관광진흥법시행규칙' 개정령 공포를 통해 카지노 영업종류에 슬롯머신, 비디오게임, 빙고게임이 추가되어 1998년 1월부터 시행
1998년 6월	내국인전용 카지노법인인 (주)강원랜드 출범
1999년 6월	관광사업(카지노업 포함) 외국인 및 외국인사업자에 개방
2000년 10월	최초의 내국인 출입허용 카지노인 강원랜드의 스몰카지노 개장
2003년 3월	강원랜드의 스몰카지노 폐장 및 강원랜드 메인 카지노 개장
2004년 1월	제주국제자유도시특별법(2004.1.28) 제55조의2 신설 • 제주지역 관광사업에 5억 달러 이상 투자하는 경우 외국인카지노 허가 특례
2005년 1월	한국관광공사 자회사인 ㈜그랜드코리아레저에 3개소 카지노 신규허가 (서울 2, 부산 1)
2005년 5월	「기업도시개발특별법」(법률 제7310호, 2005.5.1 시행) 제30조 개정 • 관광레저형 기업도시의 실시계획에 반영되어 있고 관광사업에 5,000억원 이상을 투자하는 사업시행자에게 외국인전용 카지노업 허가 특례
2006년 7월	제주지역 카지노 인허가권 제주특별자치도지사에게 이양
2007년 9월	카지노 등 사행산업을 통합·관리·감독하는 사행산업통합감독위원회 출범

자료 : 문화체육관광부, 2010년 기준 관광동향에 관한 연차보고서, 2011, pp. 274~275.

2. 카지노업체 및 이용현황[3]

1) 카지노업체 현황

외국인전용 카지노는 1967년 인천 올림푸스호텔 카지노 개설을 시작으로 2005년 한국관광공사에 신규로 허가된 3개소를 포함하여 2010년 12월 말 기준으로 전국에 16개 업체가 운영 중에 있으며, 지역별로는 서울 3개소, 부산 2개소, 인천 1개소, 강원 1개소, 경북 1개소, 제주 8개소이다. 내국인출입 카지노는 강원랜드 1개소가 운영 중에 있다. 시·도별 카지노업체 현황을 살펴보면 다음의 〈표 12-2〉와 같다.

---

3) 사행산업통합감독위원회, 2009 사행산업백서, pp. 39~44 참조.

|표 12-2| 시·도별 카지노업체의 현황

(단위 : 명, 백만, 원, ㎡)

시·도	업소명 (법인명)	허가일	운영 형태 (등급)	종사원 수	2010 매출액	2010 입장객	전용 영업장 면적
서울	파라다이스워커힐카지노 【(주)파라다이스】	'68.03.05	임대 (특1)	855	295,881	368,419	3,178.4
	세븐럭카지노 서울강남점 【그랜드코리아레저(주)】	'05.01.28	임대 (컨벤션)	703 (본사 포함)	250,842	343,537	6,059.85
	세븐럭카지노 서울힐튼점 【그랜드코리아레저(주)】	'05.01.28	임대 (특1)	448	166,437	774,734	2,811.94
부산	세븐럭카지노 부산롯데점 【그랜드코리아레저(주)】	'05.01.28	임대 (특1)	265	56,159	180,020	2,234.32
	파라다이스카지노부산 【(주)파라다이스글로벌】	'78.10.29	직영 (특1)	249	70,452	83,947	2,283.5
인천	골든게이트카지노 【(주)파라다이스인천】	'67.08.10	임대 (특1)	272	63,678	29,186	1,060.6
강원	에스엠카지노 【(주)코자나】	'80.12.09	직영 (특2)	30	294	4,334	547.9
경북	인터불고대구카지노 【(주)골든크라운】	'79.04.11	임대 (특1)	103	60	569	3,458
제주	라마다프라자카지노 【(주)에이스통상】	'75.10.15	임대 (특1)	158	12,673	19,903	2,359.1
	파라다이스그랜드카지노 【(주)파라다이스제주】	'90.09.01	임대 (특1)	153	20,972	30,522	2,756.76
	신라호텔카지노 【벨루가(주)】	'91.07.31	임대 (특1)	140	4,376	13,848	1,953.69
	로얄팔래스카지노 【(주)풍화】	'90.11.06	임대 (특1)	106	10,620	9,174	1,353.18
	롯데호텔제주카지노 【(주)두성】	'85.04.11	임대 (특1)	133	20,744	33,322	1,205.41
	엘베가스카지노 【티엘씨레저(주)】	'90.09.01	직영 (특1)	109	13,404	23,091	2,124.52
	하얏트호텔카지노 【(주)유니콘】	'90.09.01	임대 (특1)	71	5,424	5,640	803.3
	골든비치카지노 【(주)골든비치】	'95.12.28	임대 (특1)	131	13,558	25,573	1,528.58

시 · 도	업소명 (법인명)	허가일	운영 형태 (등급)	종사원 수	2010 매출액	2010 입장객	전용 영업장 면적
	16개 업체(외국인대상)		직영 : 3 임대 : 13	3,926	1,005,574	1,945,819	35,719.05
강원	강원랜드카지노 (내국인대상) 【(주)강원랜드】	'00.10.12	직영 (특1)	1,697	1,256,850	3,091,209	7,322.12
	17개 업체(내 · 외국인대상)		직영 : 4 임대 : 13	5,623	2,262,424	5,037,028	43,041.17

자료 : 한국카지노업관광협회, 2010년 12월말 기준
주) 매출액은 문화체육관광부 기금부과대상 매출임

2) 카지노시설 및 운영현황

(1) 외국인전용 카지노

2009년 말 기준으로 외국인전용 카지노 기구는 총 9종 1,425대이며, 테이블게임 562대, 슬롯머신 369대, 비디오게임 494대를 보유하고 있다. 테이블게임은 바카라가 344대로 가장 높게 나타났으며, 블랙잭 103대, 룰렛 53대, 포커 32대, 다이사이 17대, 빅휠 8대, 카지노워 4대 등을 보유하고 있다.

2009년도 외국인전용 카지노 이용객은 1,676천명으로 전년대비 31.3% 증가하였으며, 2006년부터 2009년까지 평균 30.7%의 증가율을 나타내고 있다.

2009년도 외국인전용 카지노 매출액은 919,620백만원으로 전년대비 22.1% 증가하였으며, 2005년부터 2009년까지 연평균 24.2%의 증가율을 나타내고 있다.

(2) 강원랜드카지노

강원랜드는 강원도 정선군 사북읍 사북리 및 고한읍 고한리 일원에 총 6,438,732㎡ 규모의 카지노 리조트를 조성하였다. 주요 시설물로는 강원랜드 호텔, 하이원호텔, 하이원CC, 하이원 스키장 및 콘도, 하이원 고한사무실, 고한사옥 등을 포함하고 있다.

강원랜드의 카지노시설은 강원랜드 호텔 내 16,770㎡ 공간에 테이블게임 132 대와 머신게임 960대로 구성되어 있다. 테이블게임 기구는 바카라 61대, 블랙잭 49대, 룰렛 10대, 다이사이 4대, 포커 4대, 빅휠 2대, 카지노워 2대 등이며, 머신게임 기구로는 슬롯머신 345대, 비디오게임 615대 등을 보유하고 있다.

2009년의 강원랜드 회계매출액은 1조 1,553억원으로 전년대비 5.3% 증가하였고, 영업매출액은 1조 1,538억원으로 전년대비 8.3% 증가하였다. 강원랜드 회계매출액은 2000년 이후 지속적인 증가추세를 나타내고 있으며, 영업매출액은 2006년 일시 감소한 것을 제외하면 2009년까지 증가추세를 나타내고 있다. 2009 년 강원랜드 1일 평균매출은 3,165백만원으로 전년대비 5.6% 증가하였고, 지속적인 증가추세를 나타내고 있다.

2009년 강원랜드 카지노 입장객은 3,045천명으로 전년대비 4.5% 증가하였다. 입장객은 스몰카지노를 개장한 2000년 209천명에서 2009년 3,045천명으로 증가하였다. 2006년의 일시 감소를 제외하면 2009년까지 지속적인 증가추세를 나타내고 있다. 2009년의 1일 평균 입장객은 8,342명으로 전년대비 4.7% 증가하였고, 9년간 평균 11.2%의 증가율을 나타내고 있다.

3. 카지노업의 허가 등[4]

1) 카지노업 허가의 개요

우리나라 카지노설립의 법적 근거가 된 최초의 법률은 1961년 11월 1일에 제정된 「복표발행현상기타사행행위단속법」으로, 이 법이 1991년 3월에 「사행행위 등 규제 및 처벌특례법」으로 개정됨에 따라 계속적으로 사행행위영업의 일환으로 규정되어 오던 카지노를 1994년 8월 3일 「관광진흥법」을 개정할 때 관광사업의 일종으로 전환 규정하고, 문화체육관광부장관이 허가권과 지도·감독권을 갖

---

4) 조진호 외 3인 공저, 관광법규론(서울 : 현학사, 2013), pp. 192~213.

게 되었다. 다만, 제주도에는 2006년 7월부터 「제주특별자치도 설치 및 국제자유도시 조성을 위한 특별법」이 제정·시행됨에 따라 제주특별자치도에서 외국인전용 카지노업을 경영하려는 자는 제주도지사의 허가를 받도록 하였다.

한편, 2005년에는 「기업도시개발특별법」 개정을 통하여 관광레저형 기업도시 조성시 호텔업을 포함하여 관광사업 3종 이상, 카지노업 영업개시 신고시점까지 미화 3억달러 이상 투자하고 영업개시 후 2년 이내 미화 총 5억달러 이상을 투자할 경우 외국인전용 카지노의 신규허가가 가능하도록 하였다.

또 2009년에는 「경제자유구역의 지정 및 운영에 관한 특별법」 개정을 통하여 경제자유구역에서 외국인 투자금액이 미화 5억달러 이상이고 호텔업을 포함한 관광사업 3종 이상, 카지노 신고시점까지 미화 3억달러 이상을 투자하고 영업개시 이후 2년 이내 총 5억달러를 투자할 경우 외국인전용 카지노 신규허가가 가능하도록 하였다.

2) 카지노업의 허가관청

관광사업 중 카지노업은 허가대상업종이다. 즉 카지노업을 경영하려는 자는 전용영업장 등 문화체육관광부령으로 정하는 시설과 기구를 갖추어 문화체육관광부장관의 허가(중요 사항의 변경허가를 포함한다)를 받아야 한다(관광진흥법 제5조 1항). 다만, 제주도는 2006년 7월부터 「제주특별자치도 설치 및 국제자유도시 조성을 위한 특별법」(이하 "제주특별법"이라 한다)이 제정·시행됨에 따라 제주특별자치도에서 외국인전용 카지노업을 경영하려는 자는 제주도지사의 허가를 받아야 한다(제주특별법 제171조의6).

3) 카지노업의 허가요건 등

(1) 허가대상시설

문화체육관광부장관(제주특별자치도는 도지사)은 카지노업의 허가신청을 받은 때에는 다음 요건의 어느 하나에 해당하는 경우에만 허가할 수 있다(관광진흥법 제21조, 동법시행령 제27조 및 "제주특별법" 제171조의6 제1항).

① 최상등급의 호텔업시설 ─ 첫째, 카지노업의 허가신청을 할 수 있는 시설은 관광숙박업 중 호텔업시설이어야 한다. 둘째, 호텔업시설의 위치는 국제공항 또는 국제여객선터미널이 있는 특별시·광역시·도·특별자치도(이하 "시·도"라 한다)에 있거나 관광특구에 있어야 한다. 셋째, 호텔업의 등급은 그 지역에서 최상등급의 호텔 즉 특1등급이라야 한다. 다만, 시·도에 최상등급의 시설이 없는 경우에는 그 다음 등급(특2등급)의 시설만 허가가 가능하다.

② 국제회의시설업의 부대시설 ─ 국제회의시설의 부대시설에서 카지노업을 하려면 대통령령으로 정하는 요건에 맞는 경우 허가를 받을 수 있다.

③ 우리나라와 외국을 왕래하는 여객선 ─ 우리나라와 외국을 왕래하는 2만톤급 이상의 여객선에서 카지노업을 하려면 대통령령으로 정하는 요건에 맞는 경우 허가를 받을 수 있다.

(2) 허가요건

① 관광호텔업이나 국제회의시설업의 부대시설에서 카지노업을 하려는 경우 허가요건은 다음과 같다(동법시행령 제27조제2항 1호).

　가. 해당 관광호텔업이나 국제회의시설업의 전년도 외래관광객 유치실적이 문화체육관광부장관(제주도지사)이 공고하는 기준에 맞을 것

　나. 외래관광객 유치계획 및 장기수지전망 등을 포함한 사업계획서가 적정할 것

　다. 위의 '나.목'에 규정된 사업계획의 수행에 필요한 재정능력이 있을 것

　라. 현금 및 칩의 관리 등 영업거래에 관한 내부통제방안이 수립되어 있을 것

마. 그 밖에 카지노업의 건전한 육성을 위하여 문화체육관광부장관(제주도
　　지사)이 공고하는 기준에 맞을 것

② 우리나라와 외국 간을 왕래하는 여객선에서 카지노업을 하려는 경우 허가
　요건은 다음과 같다(동법시행령 제27조제2항 2호).

가. 여객선이 2만톤급 이상일 것

나. 외래관광객 유치계획 및 장기수지전망 등을 포함한 사업계획서가 적정
　　할 것

다. 위의 나.목에 규정된 사업계획의 수행에 필요한 재정능력이 있을 것

라. 현금 및 칩의 관리 등 영업거래에 관한 내부통제방안이 수립되어 있을
　　것

마. 그 밖에 카지노업의 건전한 육성을 위하여 문화체육관광부장관(제주도
　　지사)이 공고하는 기준에 맞을 것

(3) 허가제한

　문화체육관광부장관(제주특별자치도는 도지사)이 공공의 안녕, 질서유지 또는
카지노업의 건전한 발전을 위하여 필요하다고 인정하면 대통령령으로 정하는 바
에 따라 카지노업의 허가를 제한할 수 있다(관광진흥법 제21조 2항).

　즉 카지노업에 대한 신규허가는 최근 신규허가를 한 날 이후에 전국 단위의
외래관광객이 60만명 이상 증가한 경우에만 신규허가를 할 수 있되, 신규허가
업체의 수는 외래관광객 증가인원 60만명당 2개 사업 이하의 범위에서만 가능하
다. 이때 문화체육관광부장관은 다음 각 호의 사항을 고려하여 결정한다(동법 시
행령 제27조 3항).

1. 전국 단위의 외래관광객 증가 추세 및 지역의 외래관광객 증가 추세

2. 카지노이용객의 증가 추세

3. 기존 카지노사업자의 총 수용능력

4. 기존 카지노사업자의 총 외화획득실적

5. 그 밖에 카지노업의 건전한 발전을 위하여 필요한 사항

4) 폐광지역에서의 카지노업허가의 특례

(1) 개 요

「폐광지역개발 지원에 관한 특별법」(제정 1995.12.29. 법률 제5089호; 이하 "지원특별법"이라 한다)의 규정에 의거 문화체육관광부장관은 폐광지역 중 경제 사정이 특히 열악한 지역의 1개소에 한하여 「관광진흥법」 제21조의 규정에 의한 허가요건에 불구하고 카지노업의 허가를 할 수 있다. 이 경우 그 허가를 함에 있어서는 관광객을 위한 숙박시설·체육시설·오락시설 및 휴양시설 등(그 시설의 개발추진계획을 포함한다)과의 연계성을 고려하여야 한다(지원특별법 제11조 1항).

그리고 문화체육관광부장관은 허가기간을 정하여 허가를 할 수 있는데, 허가 기간은 3년이다(지원특별법 제11조제4항, 동법시행령 제15조). 그런데 이 '지원특별법'은 2005년 12월 31일까지 효력을 가지는 한시법으로 되어 있었으나, 그 시한을 10년간 연장하여 2015년 12월 31까지 효력을 갖도록 하였다(지원특별법 부칙 제2조, 개정 2005.3.31).

이러한 허가기간의 연장은 「폐광지역개발 지원에 관한 특별법」에 따른 카지 노업 허가와 관련된 「관광진흥법」 적용의 특례라 할 수 있는데, 이 규정에 따라 2000년 10월 강원도 정선군에 내국인도 출입이 허용되는 (주)강원랜드 카지노가 개관되었다.

(2) 내국인의 출입허용

"폐광지역지원특별법"에 의하여 허가를 받은 카지노사업자에 대하여는 「관광 진흥법」 제28조 제1항 제4호(내국인의 출입금지)의 규정을 적용하지 아니함으로 써(지원특별법 제11조 제3항) 폐광지역의 카지노영업소에는 내국인도 출입할 수 있 도록 하였다. 다만, 문화체육관광부장관은 과도한 사행행위 등을 예방하기 위하

여 필요한 경우에는 출입제한 등 카지노업의 영업에 관한 제한을 할 수 있다(지
원특별법 제11조 제3항, 동법시행령 제14조).

(3) 수익금의 사용제한

폐광지역의 카지노업과 당해 카지노업을 영위하기 위한 관광호텔업 및 종합
유원시설업에서 발생되는 이익금 중 100분의 20 이내의 범위에서 대통령령이 정
하는 금액은 폐광지역과 관련된 관광진흥 및 지역개발을 위하여 사용하여야 한
다(지원특별법 제11조 제5항, 동법시행령 제16조 2항).

5) 제주특별자치도에서의 카지노업허가의 특례

(1) 개 요

「제주특별자치도 설치 및 국제자유도시 조성을 위한 특별법」(이하 "제주특별
법"이라 한다)의 규정에 의거하여 제주특별자치도지사는 제주자치도에서 카지노
업의 허가를 받고자 하는 외국인투자자가 허가요건을 갖춘 경우에는 「관광진흥
법」 제21조(문화체육관광부장관의 카지노업 허가권)의 규정에도 불구하고 외국
인전용의 카지노업을 허가할 수 있다. 이 경우 제주도지사는 필요한 경우 허가
에 조건을 붙이거나 외국인투자의 금액 등을 고려하여 둘 이상의 카지노업 허가
를 할 수 있다(제주특별법 제171조의6 제1항). 이에 따라 카지노업의 허가를 받은 자
는 영업을 시작하기 전까지 「관광진흥법」 제23조 제1항의 시설 및 기구를 갖추
어야 한다(제주특별법 제171조의6 제3항).

(2) 외국인투자자에 대한 카지노업허가

① 허가요건 — 제주도지사는 제주자치도에 대한 외국인투자(「외국인투자촉진
법」 제2조제1항제4호의 규정에 의한 외국인투자를 말한다)를 촉진하기 위
하여 카지노업의 허가를 받으려는 자가 외국인투자를 하려는 경우로서 다

음 각호의 요건을 모두 갖추었으면 「관광진흥법」 제21조(허가요건 등)에도 불구하고 같은 법 제5조제1항에 따른 카지노업(외국인전용의 카지노업으로 한정한다)의 허가를 할 수 있다(제주특별법 제171조의6 제1항).

가. 관광사업에 투자하려는 외국인투자의 금액이 미합중국화폐 5억달러 이상일 것

나. 투자자금이 형의 확정판결에 따라「범죄수익은닉의 규제 및 처벌 등에 관한 법률」제2조제4호의 규정에 의한 범죄수익 등에 해당하지 아니할 것

다. 투자자의 신용상태 등이 대통령령으로 정하는 다음 각 호의 사항을 충족할 것

　　1.「신용정보의 이용 및 보호에 관한 법률」제4조에 따라 신용평가업무에 관한 금융위원회의 허가를 받은 2 이상의 신용정보회사 또는 국제적으로 공인된 외국의 신용평가기관으로부터 받은 신용평가등급이 투자적격 이상일 것

　　2. 제주특별법 제171조의6 제2항에 따른 투자계획서에 호텔업을 포함하여 「관광진흥법」 제3조에 따른 관광사업을 3종류 이상 영위하는 내용이 포함되어 있을 것

② 허가신청 ─ 외국인투자를 하려는 자로서 카지노업의 허가를 받으려는 경우 투자계획서 등 도조례가 정하는 서류를 갖추어 도지사에게 허가를 신청하여야 한다(제주특별법 제171조의6 제2항).

③ 영업장소 및 영업시기 ─ 카지노업의 허가와 관련하여 영업의 장소 및 개시 시기 등에 관하여 필요한 사항은 도조례로 정한다(제주특별법 제171조의6 제3항). 한편, 카지노업의 허가를 받은 자는 영업을 시작하기 전까지 「관광진흥법」 제23조 제1항의 시설 및 기구를 갖추어야 한다(제주특별법 제171조의6 제4항).

④ 허가취소 ─ 도지사는 카지노영업허가를 받은 외국인투자자가 다음 각 호

의 어느 하나에 해당하는 경우에는 그 허가를 취소하여야 한다(제주특별법 제171조의6 제5항).

가. 미합중국화폐 5억달러 이상의 투자를 이행하지 아니하는 경우

나. 투자자금이 형의 확정판결에 따라 「범죄수익은닉의 규제 및 처벌 등에 관한 법률」 제2조제4호에 따른 범죄수익 등에 해당하게 된 경우

다. 허가조건을 위반한 경우

⑤ 카지노업운영에 필요한 시설의 타인경영 ─ 외국인투자자로서 카지노영업 허가를 받은 자는 「관광진흥법」 제11조(관광시설의 처분 및 타인경영)에도 불구하고 카지노업의 운영에 필요한 시설을 타인이 경영하게 할 수 있다. 이 경우 수탁경영자는 「관광진흥법」 제22조에 따른 '카지노사업자의 결격사유'에 해당되지 아니하여야 한다(제주특별법 제171조의6 제6항).

(3) 관광진흥개발기금 등에 관한 특례

제주특별자치도가 관광사업을 효율적으로 발전시키고, 관광외화수입 증대에 기여하기 위하여 '제주관광진흥기금'을 설치한 경우, 「관광진흥법」 제30조(관광진흥개발기금의 납부) 제1항의 규정에도 불구하고 카지노사업자는 총 매출액의 100분의 10의 범위에서 일정비율에 해당하는 금액을 제주관광진흥기금에 납부하여야 한다(제주특별법 제171조의7 및 제172조).

6) 카지노사업자의 결격사유

카지노업의 허가를 받기 위해서는 카지노사업자로서의 결격사유가 없어야 한다. 「관광진흥법」에서는 모든 관광사업자에게 일률적으로 적용되는 결격사유와 카지노사업자에게만 특별히 추가하여 적용하는 결격사유를 규정하고 있다. 이는 카지노업이 사행심(射倖心)을 조장하여 공공의 안녕과 질서를 문란하게 하고 국민정서를 해칠 염려가 있어 카지노사업자에 대한 자격요건을 다른 관광사업자보

다 한층 강화할 필요가 있기 때문이다. 이에 따라 「관광진흥법」은 다음 각 호의 어느 하나에 해당하는 자는 카지노업의 허가를 받을 수 없도록 하고 있다(동법 제22조 1항).

1. 19세 미만인 자
2. 「폭력행위 등 처벌에 관한 법률」 제4조에 따른 단체 또는 집단을 구성하거나 그 단체 또는 집단에 자금을 제공하여 금고 이상의 형의 선고를 받고 형이 확정된 자
3. 조세를 포탈(逋脫)하거나 「외국환거래법」을 위반하여 금고 이상의 형을 선고받고 형이 확정된 자
4. 금고 이상의 실형을 선고받고 그 집행이 끝나거나 집행을 받지 아니하기로 확정된 후 2년이 지나지 아니한 자
5. 금고 이상의 형의 집행유예를 선고받고 그 유예기간 중에 있는 자
6. 금고 이상의 형의 선고유예를 받고 그 유예기간 중에 있는 자
7. 임원 중에 제1호부터 제6호까지의 규정 중 어느 하나에 해당하는 자가 있는 법인

7) 카지노업의 시설기준 등

카지노업의 허가를 받으려는 자는 다음과 같은 기준에 적합한 시설 및 기구를 갖추어야 한다(관광진흥법 제23조 1항, 동법시행규칙 제29조 1항).

1. 330제곱미터 이상의 전용 영업장
2. 1개 이상의 외국환환전소
3. 「관광진흥법 시행규칙」 제35조 제1항에 따른 카지노업의 영업종류 중 네 종류 이상의 영업을 할 수 있는 게임기구 및 시설
4. 문화체육관광부장관이 정하여 고시하는 기준에 적합한 카지노 전산시설. 이 전산시설기준에는 다음 각 호의 사항이 포함되어야 한다(동법 시행규칙 제

29조 2항).

가. 하드웨어의 성능 및 설치방법에 관한 사항

나. 네트워크의 구성에 관한 사항

다. 시스템의 가동 및 장애방지에 관한 사항

라. 시스템의 보안관리에 관한 사항

마. 환전관리 및 현금과 칩의 수불관리를 위한 소프트웨어에 관한 사항

8) 카지노업의 허가절차

(1) 신규허가의 신청

카지노업의 허가를 받으려는 자는 카지노업허가신청서(관광진흥법 시행규칙 제6
조관련 별지 제8호서식)에 구비서류를 첨부하여 문화체육관광부장관에게 제출하여
야 하는데, 구비서류의 하나인 사업계획서에는 ① 카지노영업소 이용객 유치계
획, ② 장기수지 전망, ③ 인력수급 및 관리계획, ④ 영업시설의 개요 등이 포함
되어야 한다.

(2) 변경허가 및 변경신고신청

① 변경허가의 대상―카지노업의 허가를 받은 자가 다음 각 호의 어느 하나
  에 해당하는 사항을 변경하려면 변경허가를 받아야 한다.

가. 대표자의 변경

나. 영업소 소재지의 변경

다. 동일구내(같은 건물 안 또는 같은 울 안의 건물을 말한다)로의 영업장소
  위치변경 또는 영업장소의 면적 변경

라. 카지노시설 또는 기구의 2분의 1 이상의 변경 또는 교체

마. 카지노 검사대상시설의 변경 또는 교체

바. 카지노 영업종류의 변경

② 변경신고의 대상—카지노업의 허가를 받은 자가 1) 카지노시설 또는 기구의 2분의1 미만의 변경 또는 교체, 2) 상호 또는 영업소의 명칭 변경을 하려는 경우에는 변경신고를 하여야 한다.

③ 변경허가 및 변경신고절차—카지노업의 변경허가를 받거나 변경신고를 하려는 자는 카지노업 변경허가신청서 또는 변경내역신고서에 카지노업 허가증 또는 변경계획서를 첨부하여 문화체육관광부장관에게 제출하여야 한다. 다만, 변경허가를 받거나 변경신고를 한 후에는 변경내역을 증명할 수 있는 서류를 추가로 제출하여야 한다.

9) 카지노업의 허가취소 및 영업소 폐쇄

(1) 카지노업의 허가취소

① 모든 관광사업자에게 공통적으로 적용되는 결격사유(동법 제7조 1항)에 해당하게 된 때—문화체육관광부장관(제주특별자치도에서는 도지사)은 3개월 이내에 허가를 취소하여야 한다. 다만, 법인의 임원 중 그 사유에 해당하는 자가 있는 경우 3개월 이내에 그 임원을 바꾸어 임명한 때에는 그러하지 아니하다.

② 카지노업의 허가를 받은 자가 카지노사업자의 결격사유(동법 제22조 1항)에 해당하게 된 때—문화체육관광부장관(제주특별자치도에서는 도지사)은 3개월 이내에 카지노업 허가를 취소하여야 한다. 다만, 법인의 임원 중 그 사유에 해당하는 자가 있는 경우 3개월 이내에 그 임원을 바꾸어 임명한 때에는 그러하지 아니하다.

③ 카지노사업자가 관광사업등록 등의 취소사유(동법 제35조 1항)에 해당하게 된 때—문화체육관광부장관(제주특별자치도에서는 도지사)은 허가를 취소하거나 6개월 이내의 기간을 정하여 그 사업의 전부 또는 일부의 정지를 명하거나 시설·운영의 개선을 명할 수 있다(동법 제35조 제1항).

④ 조건부영업허가를 받고 정당한 사유 없이 그 허가조건을 이행하지 아니한
경우－문화체육관광부장관(제주특별자치도에서는 도지사)은 그 허가를
취소하여야 한다(동법 제24조 2항).

(2) 카지노업의 영업소 폐쇄

① 카지노업의 허가를 받은 자가 모든 관광사업자에게 공통적으로 적용되는
결격사유(동법 제7조 1항)의 어느 하나에 해당하면 문화체육관광부장관(제주
특별자치도에서는 도지사)은 그 영업소를 폐쇄하여야 한다.

② 허가를 받지 아니하고 카지노업을 경영하거나 허가의 취소 또는 사업의 정지
명령을 받고 계속하여 영업을 하는 자에 대하여는 그 영업소를 폐쇄한다.

4. 카지노업의 경영 및 관리

1) 카지노업의 영업종류 및 영업방법 등

(1) 카지노업의 영업종류

카지노업의 영업종류는 문화체육관광부령으로 정하는데 「관광진흥법 시행규
칙」 제35조 1항관련 [별표 8]에서 이를 다음과 같이 규정하고 있다(관광진흥법 제26
조 1항 및 동법 시행규칙 제35조 1항).

① 룰렛(Roulette)	② 블랙잭(Blackjack)
③ 다이스(Dice, Craps)	④ 포커(Poker)
⑤ 바카라(Baccarat)	⑥ 다이사이(Tai Sai)
⑦ 키노(Keno)	⑧ 빅휠(Big Wheel)
⑨ 빠이 까우(Pai Cow)	⑩ 판탄(Fan Tan)
⑪ 조커 세븐(Joker Seven)	⑫ 라운드 크랩스(Round Craps)
⑬ 트란타 콰란타(Trent Et Quarante)	⑭ 프렌치 볼(French Boule)
⑮ 차카락(Chuck-A-Luck)	⑯ 슬롯머신(Slot Machine)

⑰ 비디오게임(Video Game)　　⑱ 빙고(Bingo)

⑲ 마작(Mahjong)　　　　　　　⑳ 카지노워(Casino War)

(2) 카지노업의 영업방법 및 배당금관련 신고

카지노사업자는 문화체육관광부령으로 정하는 바에 따라 카지노업의 영업종류별 영업방법 및 배당금 등에 관하여 문화체육관광부장관에게 미리 신고하여야 한다. 신고한 사항을 변경하려는 경우에도 또한 같다.

이 경우 카지노사업자는 「관광진흥법 시행규칙」 제35조 2항 관련 별지 제32호서식의 카지노 영업종류별 영업방법등 신고서 또는 변경신고서에 ① 영업종류별 영업방법 설명서와 ② 영업종류별 배당금에 관한 설명서를 첨부하여 문화체육관광부장관에게 신고하여야 한다.

2) 카지노 전산시설의 검사

(1) 검사기한

카지노사업자는 카지노전산시설에 대하여 다음 각 호의 구분에 따라 각각 해당 기한 내에 문화체육관광부장관이 지정·고시하는 검사기관(이하 "카지노전산시설검사기관"이라 한다)의 검사를 받아야 한다.

　가. 신규로 카지노업의 허가를 받은 경우 : 허가를 받은 날(조건부 영업허가를 받은 경우에는 조건이행의 신고를 한 날)부터 15일

　나. 검사유효기한이 만료된 경우 : 유효기한 만료일부터 3개월

(2) 검사의 유효기간

카지노전산시설의 검사유효기간은 검사에 합격한 날부터 3년으로 한다. 다만, 검사 유효기간의 만료전이라도 카지노전산시설을 교체한 경우에는 교체한 날부터 15일 이내에 검사를 받아야 하며, 이 경우 검사의 유효기간은 3년으로 한다.

3) 카지노기구의 검사

(1) 카지노기구의 규격 및 기준(공인기준) 등 결정

문화체육관광부장관(제주특별자치도에서는 도지사)은 카지노업에 이용되는 기구(機具 : 이하 "카지노기구"라 한다)의 형상(形狀) · 구조(構造) · 재질(材質) 및 성능 등에 관한 규격 및 기준(이하 "공인기준등"이라 한다)을 정한 경우에는 이를 고시하여야 한다.

한편, 문화체육관광부장관(제주특별자치도에서는 도지사)은 문화체육관광부장관이 지정하는 검사기관의 검정을 받은 카지노기구의 규격 및 기준을 공인기준 등으로 인정할 수 있다.

(2) 카지노기구의 검사

카지노사업자가 카지노기구를 영업장소(그 부대시설 등을 포함한다)에 반입 · 사용하는 경우에는 그 카지노기구가 공인기준등에 맞는지에 관하여 문화체육관광부장관이 지정하는 검사기관("카지노검사기관")의 검사를 받아야 한다.

5. 카지노사업자 등의 준수사항

1) 카지노사업자 및 종사원의 준수사항

카지노사업자(대통령령으로 정하는 종사원을 포함한다)는 다음 각호의 어느 하나에 해당하는 행위를 하여서는 아니된다(관광진흥법 제28조 1항). 여기서 카지노업종사원이란 그 직위와 명칭이 무엇이든 카지노사업자를 대리하거나 그 지시를 받아 상시 또는 일시적으로 카지노업에 종사하는 자를 말한다(동법 시행령 제29조).

① 법령에 위반되는 카지노기구를 설치하거나 사용하는 행위

② 법령을 위반하여 카지노기구 또는 시설을 변조하거나 변조된 카지노기구 또는 시설을 사용하는 행위

③ 허가받은 전용영업장 외에서 영업을 하는 행위

④ 내국인(「해외이주법」제2조에 따른 해외이주자는 제외한다)을 입장하게 하는 행위

⑤ 지나친 사행심을 유발하는 등 선량한 풍속을 해칠 우려가 있는 광고나 선전을 하는 행위

⑥ 법으로 규정된 영업종류에 해당하지 아니하는 영업을 하거나 영업방법 및 배당금 등에 관한 신고를 하지 아니하고 영업하는 행위

⑦ 총매출액을 누락시켜 관광진흥개발기금 납부금액을 감소시키는 행위

⑧ 19세 미만인 자를 입장시키는 행위

⑨ 정당한 사유 없이 그 연도 안에 60일 이상 휴업하는 행위

2) 카지노사업자 및 종사원의 영업준칙 준수

카지노사업자 및 종사원은 카지노업의 건전한 육성·발전을 위하여 필요하다고 인정하여 문화체육관광부령으로 정하는 영업준칙(동법 시행규칙 제36조관련 별표 9)을 준수하여야 하는데, 이 경우 그 영업준칙에는 다음 각 호의 사항이 포함되어야 한다(관광진흥법 제28조 2항).

① 1일 최소 영업시간

② 게임테이블의 집전함(集錢函) 부착 및 내기금액 한도액의 표시 의무

③ 슬롯머신 및 비디오게임의 최소배당률

④ 전산시설·환전소·계산실·폐쇄회로의 관리기록 및 회계와 관련된 기록의 유지의무

⑤ 카지노종사원의 게임참여 불가 등 행위금지사항

3) 카지노사업자의 관광진흥개발기금 납부의무

(1) 납부금 징수비율 및 납부액

카지노사업자는 연간 총매출액의 100분의 10의 범위에서 일정비율에 해당하

는 금액을 「관광진흥개발기금법」에 따른 관광진흥개발기금(이하 "기금"이라 한다)에 내야 한다(관광진흥법 제30조 1항).

여기서 총매출액이란 카지노영업과 관련하여 고객으로부터 받은 총금액에서 영업을 통해 고객에게 지불한 총금액을 공제한 금액을 말한다(동법 시행령 제30조 1항). 예를 들어 당해 연도에 고객으로부터 받은 총금액이 800억원이고, 게임을 통해 고객에게 지불한 금액이 500억원이라면 당해 연도의 총매출액은 300억원이 되는 것이다.

관광진흥개발기금 납부금(이하 "납부금"이라 한다)의 징수비율은 다음 각 호의 어느 하나와 같다(동법 시행령 제30조 2항).

① 연간 총매출액이 10억원 이하인 경우 : 총매출액의 100분의 1
   (예 : 총매출액이 10억원일 때 납부금은 10억원의 1% 즉 1천만원)
② 연간 총매출액이 10억원 초과 100억원 이하인 경우 : 1천만원＋총매출액 중 10억원을 초과하는 금액의 100분의 5
   (예 : 총매출액이 100억원일 때 납부금은 4억 6천만원)
③ 연간 총매출액이 100억원을 초과하는 경우 : 4억 6천만원＋총매출액 중 100억원을 초과하는 금액의 100분의 10
   (예 : 총매출액이 200억원일 때 납부금은 14억 6천만원)

(2) 납부금의 보고 및 납부절차
① 재무제표에 의한 매출액 확인

카지노사업자는 매년 3월말까지 공인회계사의 감사보고서가 첨부된 전년도의 재무제표를 문화체육관광부장관에게 제출하여야 한다(동법 시행령 제30조 3항). 이는 객관성과 신뢰성이 높은 외부감사에 의한 회계감사를 의무화한 것이다.

② 납부기한 및 분할납부

문화체육관광부장관은 매년 4월 31일까지 카지노사업자가 납부하여야 할 납부금을 서면으로 명시하여 2개월 이내의 기한을 정하여 한국은행에 개설된 관광진흥개발기금의 출납관리를 위한 계좌에 납부할 것을 알려야 한다. 이 경우 그 납부금을 2회 나누어 내게 할 수 있되, 납부기한은 다음 각 호와 같다(동법 시행령 제30조 4항). 종전에는 납부기한을 6월부터 12월까지의 사이에 4회로 나누어 낼 수 있도록 하던 것을 6월과 9월에 2회로 나누어 낼 수 있도록 납부기한을 변경함으로써 관광진흥개발기금을 조기에 사용할 수 있도록 하였다.

　　가. 제1회 : 해당 연도 6월 말까지

　　나. 제2회 : 해당 연도 8월 말까지

　③ 납부기한의 예외

　카지노사업자는 천재지변이나 그 밖에 이에 준하는 사유로 납부금을 그 기한까지 납부할 수 없는 경우에는 그 사유가 없어진 날부터 7일 이내에 내야 한다(동법 시행령 제30조 5항).

　④ 납부독촉 및 가산금 부과

　카지노사업자가 납부금을 납부기한까지 내지 아니하면 문화체육관광부장관은 10일 이상의 기간을 정하여 이를 독촉하여야 한다. 이 경우 체납된 납부금에 대하여는 100분의 3에 해당하는 가산금(加算金)을 부과하여야 한다(동법 제30조 2항).

　⑤ 미납금 강제징수

　문화체육관광부장관은 카지노사업자가 납부독촉을 받고도 그 기간 내에 납부금을 내지 아니하면 국세체납처분(國稅滯納處分)의 예에 따라 이를 징수한다(관광진흥법 제30조 3항). 국세체납처분은 「국세징수법」의 규정에 의한 강제징수절차에 따라 ① 독촉, ② 재산의 압류, ③ 압류재산의 매각(환가처분), ④ 청산 등의 4단계로 처리되는데, 이 중 압류·매각·청산을 합하여 체납처분이라 말한다.

4) 카지노영업소 이용자의 준수사항

카지노영업소에 입장하는 자는 카지노사업자가 외국인(해외이주법 제2조에 따른 해외이주자를 포함한다)임을 확인하기 위하여 신분확인에 필요한 사항을 묻는 때에는 이에 응하여야 한다.

제3절 관광정보사업

세계는 교통의 발달과 정보통신기술의 비약적인 발전으로 국가 및 개인의 경쟁이 날로 심화되고 있다. 이러한 현상으로 모든 경쟁력이 기술과 지식 등에 의해 결정되는 지식정보사회로 전환되고 있으며 경쟁력 확보에 필요한 정보의 도입과 활용의 중요성이 절대적으로 필요한 추세임을 시사하고 있다.

관광사업체에서도 정보화를 통한 경쟁력 확보는 피할 수 없는 시대적 요구이며 이미 전자상거래와 온라인 상품판매가 많은 관광시장에서 자리잡아 가고 있는 실정이다.

관광정보화의 세계적 환경변화의 요구에 따라 호텔, 항공사, 여행사 등에서는 관광정보 제공과 실시간 예약시스템을 도입함으로써 사업을 활성화하고 있다. 이러한 추세는 관광객의 다양한 욕구와 목적에 맞는 의사결정과 선택행동에 도움을 주는 매우 유용한 기능을 하고 있다.

1. 관광정보의 개념과 의의

1) 정보의 개념

정보(information)의 어원은 그리스어와 라틴어에 뿌리를 두고 있다. 라틴어인 information에서 접두어 in은 within 또는 into에 해당한다. 접미어 tio는 행동

(action)이나 과정(process)을 의미하며, 주로 행동이라는 명사를 구성하는 데 쓰인다. 그리고 가운데 forma는 눈에 띄는 형태, 외향적 모습(outward appearance), 모양의 의미를 지닌다.

일반 커뮤니케이션이나 의사결정이론, 경영학, 경제학 등의 분야에서는 공통적으로 정보를 '불확실성 감소에 필요한 어떤 사실들'로 정의하고 있다. 즉 의사결정행위에 의존하는 모든 대상은 불확실성을 감소시키기 위해 반드시 정보를 필요로 하며, 이 때문에 쓸모 있는 정보란 교환가치와 이용가치를 포함하는 경제적 가치를 의미한다.

이와 같이 정보란 무엇을 안다는 것의 실체로 정의되고, 어떤 사상에 관한 메시지로 개인과 조직의 의사결정에 사용될 수 있는 의미 있는 내용이라고 할 수 있다.

정보의 개념을 좀더 파악하기 위하여 유사개념을 살펴보면, 정보와 유사하게 사용되는 용어로는 데이터, 지식, 메시지, 커뮤니케이션 등이 있다. 데이터는 정보를 구성하는 요소로 정보의 형태로 전환시켜 주는 상징 또는 신호의 형태로서 정보라는 완전한 실체로 구현되기까지 수록되고 검색되는 대상을 의미한다. 이와 같은 의미에서 정보는 아직 체계화되지 않은 데이터와 구분된다(전석호, 1993 : 19).

또한, 정보는 아직 완전한 형태로 축적된 구성체가 아니라는 점에서 지식(knowledge)과 구분되기도 한다. 정보의 형태를 '상징의 집합'(a set of symbols)이라고도 한다.

2) 관광정보의 정의

관광정보는 관광객들이 목적지향적인 선택행동을 하는 데 유용한 일체의 알림 사항이라고 주장건 교수는 시스템 측면에서 강조하고 있다. 이는 관광에 필요한 세부적인 정보를 비롯하여 광범위한 모든 관련정보를 의미한다. 관광체계 내에서 관광정보란 교통수단과 더불어 관광주체인 관광객과 관광객체인 관광대상(관광자원, 관광시설 및 서비스 등)을 연결시켜 주는 관광매체 역할을 하여 관광체험욕구를 충족시키게 된다. 따라서 유용한 관광정보는 관광객의 관광경험을 풍부하게 하고, 매력적인 관광자원의 접근을 용이하게 하며, 관광자원의 훼손을 방지시켜 주고, 관광지의 문화를 보다 폭넓게 이해시켜 주는 역할을 한다.

대중매체의 발달과 인터넷 정보의 성장은 관광수요자들의 관광정보에 대한 접근을 용이하게 하여 관광정보를 제공하고 있다.

관광정보는 연구관점과 영역에 따라 다양하게 정의될 수 있으며 관광정보에 대한 학자들의 정의를 살펴보면 〈표 12-3〉과 같다.

|표 12-3| 관광정보에 관한 학자들의 정의

학자명	정 의
최병길	"국내외의 관광관련 업체에서 관광객 또는 여행자를 위해 제공되는 자료"로 정의하고 있다. 또한 관광정보를 수요와 공급 측면으로 나누어 접근하고 있는데, 수요 측면에서는 관광객의 관광활동을 지원하기 위해 요구되는 관광관련 정보이며, 공급 측면에서는 관광기업의 관점에서 의사결정 때 요구되는 관광관련 정보이다.
박희석	"관광객에게 관광환경과 관련된 관광활동의 특정한 목적을 위하여 가치 있는 형태로 처리, 가공된 자료나 정보원"
김홍운	"관광객의 목적지향적인 행동에 요구되는 유익한 일체의 소식"
이명진	"관광객들이 관광행동을 선택하고 결정하는데 필요로 하는 정보를 제공할 목적으로 관광경험에 관한 정보를 수집하고 가치를 평가하여 이를 근거로 관광지와 관광지 내에서의 여가활동에 대한 정확하고 유익한 정보를 제공하고, 안내 및 해설을 통하여 관광객들의 만족수준을 높임은 물론, 관광지의 관리도 용이하게 하는 것"
김천중	"관광객에게 관광욕구를 충족시키고 관광행동결정에 유익한 정보, 관광사업자와 관광기관에게 관광수요와 공급 그리고 관광객행동에 관한 가치 있는 정보"

자료 : 저자 재구성.

황경진은 "관광대상에 대하여 관광객의 관광욕구충족을 위한 관광행위의 수단으로서 관광객이 얻고자 하는 사전, 사후의 총체적인 지식획득"이라고 정의함으로써 관광을 위해 얻고자 하는 관련 자료의 구독으로서 관광안내정보를 중심으로 언급하고 있다.

교통개발연구원은 관광정보에 대한 광의의 개념을 '관광현상과 직접·간접적으로 관련된 정보'와 '관광객과 관광자원, 관광지, 관광산업 등 수요와 공급에 관한 통계자료와 제시된 자료의 분석결과로서 객관적으로 계량화된 일체의 자료'로 정의하고 시간과 공간, 주제 등의 세 가지 요소로 구성되어 관광객들이 모두 동일하게 이용할 수 있는 자료를 의미하고 있다.

여러 학자들의 정의를 기초로 관광정보의 개념을 정의하면, 관광정보는 관광객과 관광지 및 관광자원, 관광산업 등의 수요와 공급에 관련된 일체의 자료로 인식되며 수요의 측면에서는 관광객의 관광욕구를 충족시키기 위해 요구되는 일련의 관광관련 정보이며 공급측면에서 볼 때 관광자원과 관광지, 관광관련 기업이 의사결정 시 필요한 것을 관광관련 정보라고 할 수 있다.

3) 정보의 특징

커뮤니케이션은 정보의 교환을 의미한다. 정보의 교환은 단절된 시점에서 이루어지는 것이 아니라 상호작용적인 인간관계의 연속적인 순환과정에서 이루어진다. 따라서 커뮤니케이션은 '일종의 특별한 정보처리'(information processing)로 정의하여 두 개념을 동일시하기도 한다. 이와 같은 개념의 정보는 가치를 지니는 하나의 자원으로 인식할 수 있으며, 자원으로서의 정보가 지닌 일반적인 특징은 다음과 같다.

첫째, 정보는 정확성을 가져야 한다. 정보는 사용자가 원하는 바를 정확히 기술하여야 하며, 정확도가 높아야 정보로서의 가치를 갖게 된다.

둘째, 정보의 적시성이다. 정보는 사용자가 필요한 시간대에 제공되고, 원하는 간격만큼 효용을 가질 때 높은 가치를 갖게 된다.

셋째, 정보의 보편타당성이다. 정보는 인간의 모든 분야에 걸쳐 가정이나 사

실적 상황과 관련된 추정할 수 있는 모든 내용에서 유추할 수 있기 때문에 객관
적이고 보편성을 가져야 한다.

넷째, 정보의 접근성이다. 정보는 공간적으로나 물리적으로 쉽게 접근할 수
있어야 하고, 쉽게 전달될수록 높은 가치를 갖게 된다. 데이터를 저장하는 방법
과 데이터를 실행하기 위하여 필요한 부분을 선택하는 기술 등이 접근성에 영향

|표 12-4| 관광객 및 관광자원, 관광지, 관광관련기업에서 필요한 관광정보

분류기준	정보명	특　　　성
정보주기	동태정보	해당 정보의 갱신시기가 일간, 주간, 월간, 연간 등으로 나누어지는 정보
	정태정보	관광지의 소재와 위락시설의 종류 등과 같이 갱신될 수 없거나 그 정도가 약한 정보
제공방식	직접정보	관광기업이나 기관에서 광고나 간행물 등을 통하여 관광객에게 의도적으로 전달하는 정보. 이는 관광객 유치 또는 관광행동을 변화시킬 목적으로 전달
	간접정보	구전, 시나 기행문 등의 일반문헌, 지리, 역사, 경제 등의 학습자료나 잡지, 신문, 라디오, 텔레비전 등 대중매체를 통한 정보로서 관광목적으로 만들어지지는 않았지만 관광객에게 더 큰 영향을 미칠 수 있는 정보
이용주체특성	공공기관정보	관광정책결정에 필요한 공공기관용 자료
	학술정보	관광관련 학술논문, 보고서
	사업정보	연간 투숙률, 평균체재일수, 이용자 수, 참여율 등의 정보
	일반정보	숙박시설 안내와 편의시설 및 관광지 소개 등의 정보
정보소재지	국내정보	국내관광지의 소재지와 국내관광참여율 및 숙박시설 등의 정보
	국외정보	타 국가의 국외관광객 수, 숙박현황, 국외여행경비 등의 정보
관광객 지향성	관광객 지향정보	관광객을 위한 일체의 의도적인 메시지 구성을 의미하며, 해설, 안내책자, 잡지기사, 여행지도 등을 포함하는 관광안내자료
	관광객 비지향정보	관광목적을 위해 제작되거나 유통되지는 않았지만 관광객에게 상당한 영향을 줄 수 있는 형태의 정보

자료 : 유준상 외 2인, 관광의 이해, 대왕사, 2005, pp. 310-331.

을 미친다.

다섯째, 정보의 전환성이다. 정보는 매체의존성을 가지기 때문에 매체와 매체 사이의 정보내용에는 변화가 없고 표현과 형태상의 전환을 갖게 된다.

2. 관광정보의 분류

관광정보의 이용은 날로 증가하고 있으며, 이러한 현상은 관광산업의 발전에 크게 기여하고 있다. 관광객에게 관광지·교통수단·숙박시설 선택과, 서비스· 여행시기·체재기간 등에 관한 지식 및 이러한 관광요소들에 접근하는 방법을 알려주기 때문에 관광객에게 관광정보를 제공하는 것은 매우 중요한 일이다. 또 한 관광자원, 관광지, 관광관련 기업들에게 관광정보를 제공하는 것도 같은 개념 으로 볼 수 있다. 관광자원, 관광지의 개발과 보존을 위해서도 많은 관광정보가 필요하며, 관광관련 기업이 기업을 경영하기 위한 의사결정 시에도 관광정보가 필요하다.

관광객 및 관광자원, 관광지, 관광관련 기업에서 필요한 관광정보는 〈표 12-4〉 와 같이 분류할 수 있다.

3. 관광정보의 기능

1) 직접적 기능

관광정보는 관광객의 관광의사결정을 위해 필요한 자료로써 의사결정에 따른 불확실성을 감소시키고 합리성과 신속성을 제공하게 된다. 또한 관광객에게 의도 적 또는 우연적으로 관광에 관련한 많은 자료를 제공함으로써 잠재된 관광욕구를 환기시키고 동기를 유발하여 결국 잠재관광시장으로부터 수요를 창출하게 된다.

2) 간접적 기능

관광자원이나 관광지 등의 개발이나 관광기업 또는 관광기관들이 기업경영에
필요한 의사결정을 하기 위해서는 다양하고 광범위한 정보가 필요하다. 관광정
보는 관광산업의 경영합리화 및 관광관련 조직의 활성화, 관광지의 개발과 보존
을 위해서도 유용하게 사용될 수 있다.

4. 관광정보의 형태

1) 구 전

관광객의 구전은 관광행동에 큰 영향력을 미치는 정보원 가운데 하나이다. 수
많은 정보를 접하여 선택의 판단이 어려울 때 유용한 선택방법이 될 수 있다.

2) 직접 경험

관광객이 경험했던 과거의 여행경험은 향후 결정하거나 선택할 관광행동에
유용한 정보원이 된다. 즉 이용교통수단의 선택이나 루트결정, 이용하게 될 관광
지의 호텔과 위락시설 등을 평가하고 결정하는 데 있어서 직접적인 경험은 가장
신뢰할 수 있는 정보이다.

3) 인쇄물

관광객이 자신의 관광욕구를 충족시키는 관광행동을 실천하기 위해 관광정보
를 탐색하게 되는데, 인터넷을 통한 자료 이외의 활자화된 각종 인쇄물은 좋은
관광정보가 된다. 인쇄물에는 다음과 같은 종류가 있다.

가. 관광산업 관련업체가 제공하는 관광관련 참고문헌
각종 관광기업인 여행사, 호텔, 유람선, 항공사 등 관광관련 사업체에서 제공

하는 각종 관광정보는 관광객에게 좋은 정보원이 된다. 항공사에서 제공하는 정기항공안내책자(OAG : Official Airline Guide)나 항공 스케줄 인쇄물, 항공운임표(air tariff), 철도시간표, 레일로드, 정기기선 안내책자(OSGI : Official Steamship Guide International), 유람선의 스케줄과 요금표, 호텔과 여행지침서(hotel and travel index) 등이 대표적이다.

① ABC : 영국의 ABC Travel Guide사가 발생하는 월간지이며 적색표지의 Part I은 전 세계 지역 구간의 항공운임과 공항별 이착륙 항공사 및 공항노선을 연결하는 교통수단이 기재되어 있으며, 청색인 Part II에는 전 세계 항공스케줄이 안내되어 있다.

② OAG(Official Airline Guide) : 미국의 Official Airline Guide사가 발생하는 항공전문서적으로 세계판에는 세계 전역의 항공스케줄이 안내되어 있으며 월 1회 발행한다. 북미판은 북미와 남미에 대한 상세한 스케줄이 안내되어 있으며, 월 2회 발행된다.

③ ORG(Official Railway Guide) : 미국의 암트랙과 VIA 스케줄 및 요금이 안내되어 있다.

④ OSGI(Official Steamship Guide International) : World Wide사가 발행한 유람선 스케줄과 요금 안내서이다.

⑤ Hotel & Travel Index : World Wide사가 발행한 호텔안내서로 전 세계 호텔에 대하여 자세하게 안내되어 있다.

나. 브로셔

브로셔(brochure)에는 다양한 관광상품이 설명되어 있어 관광객이나 여행사가 여행지에 대한 정보를 얻을 수 있다. 관광기업들은 관광지, 유람선, 항공기, 숙박시설 등에 관한 정보를 자세하게 담아 제공한다. 이와 같은 브로셔는 관광정보의 유용한 자료로 활용된다.

다. 안내책자

관광안내책자는 관광객의 관광욕구를 충족시키기 위한 좋은 정보원으로 활용된다. 세계 각국의 호텔과 식당을 소개하고 요금을 싣거나 지역의 역사, 문화, 관광 매력물에 대한 정보를 제공하는 미슐랭 가이드(Michelin Guide)와 지도와 숙박시설, 식당 등의 일반정보, 여행상품에 관한 평가를 제공하는 포더가이드(Fodor's Guide), 숙박시설, 식당에 관한 정보 및 관광정보를 제공하는 프로머가이드(Frommer Guide), 베데커가이드(Baedeker Guide) 등이 널리 이용되고 있다.

4) 관광전시회

관광전시회는 관광관련 업체나 관광객들이 한곳에서 짧은 기간에 관광지와 관광교통, 숙박시설, 편의시설 등 많은 정보를 얻을 수 있는 기회를 제공하게 된다.

5) 매체정보 및 업계 간행물

관광기사의 대부분은 관광지 역사와 문화, 정치적 상황 등에 대해 언급하고 있다. 따라서 관광기사를 통하여 관광객들은 관광지에 대한 많은 정보를 획득할 수 있는 정보원으로, 매스미디어 매체정보인 TV · 라디오 · 신문 · 잡지와, 일반매체정보 및 멀티미디어, 비디오, CD, DVD 등이 있다.

업계 간행물로는 ASTA, PATA 등 관광관련 기구에서 여행지에 대한 소개와 더불어 관광동향, 관광산업의 변화, 각종 관광통계 등을 제공하고 있다. 대표적인 것으로는 ASTA Agency Management, Travel Weekly 등이 있다.

6) 인터넷

인터넷을 활용한 정보유형으로서 인터넷활용이 보편화됨에 따라 관광정보를 획득하는 수단으로 가장 큰 역할을 하고 있다. 인터넷은 실시간에 다자간 상호교환이 가능한 정보형태로 여행사와 여행사, 여행사와 고객, 여행사와 관련기관 등 상호작용이 강한 커뮤니케이션 수단이다.

5. 여행정보

1) 여행정보시스템의 의의와 필요성

정보화시대에 기업이 성장할 수 있는 길은 사고의 혁신과 경영혁신을 병행하여 기업의 경쟁력 강화를 위한 시스템 구축에 전력을 기울이는 것이다. 여행사의 여행정보시스템 구축을 통하여 기업 차원에서는 부서별 업무수행의 이중성과 불합리성을 제거하여 합리적인 업무처리를 하고 효율적인 인사관리를 하여 경영관리의 질을 향상시킴으로써 기업이윤을 극대화할 수 있다. 그 외에도 안정된 고객 확보와 고객 서비스를 향상시키고 여행상품의 원가절감은 물론 경영진과 조직원 간의 신속한 의사결정에 의해 각종 정보를 정확하고 적시에 제공하게 한다.

여행정보시스템은 여행사뿐만 아니라 여행관련 기관과의 연계성 확보에도 중요한 수단이 되고 있다. 항공사, 호텔, 렌터카, 지역의 관광지 등과 정보네트워크를 구성하면, 여행사의 업무와 마케팅 정보를 활용할 수 있다. 예를 들면 여행자가 여행지의 기초적인 자료로 기후, 교통편, 항공편, 숙박시설에 대한 정보를 필요로 할 때 여행정보시스템이 운영되게 하는 것이다. 이러한 여행정보시스템은 여행자를 위해 제공되는 정보만을 의미하는 것이 아니라 여행경영과 관련된 모든 정보를 의미한다.

2) 여행정보의 유형

여행사의 경영에서 가장 먼저 선택된 정보시스템은 GDS(Global Distribution System)이다. GDS는 항공사의 CRS를 통한 항공편의 일정이나 좌석예약, 가격조회에 관한 정보기능에서 항공사의 정보 외에 개별 여행사의 상품비교나 호텔, 렌터카 등의 예약, 판매, 정보의 수정 등을 조회할 수 있다. 오늘날 전 세계의 여행사들의 GDS 터미널 이용은 가장 중요한 정보와 예약도구가 되고 있다. 여행사가 이용 가능한 GDS시스템들로는 Sabre, Apollo/Galileo, System One/Amadeus, World Span와 Abacus 등이 있다.

최근에는 미국과 유럽, 아시아의 시스템들이 기술적으로나 지역적으로 상호 호환관계를 구축하여 어느 터미널로든 상호접속이 가능해지고 있다.

유럽에서의 GDS시스템 이용은 늦게 출발하였지만 여행사당 평균적인 터미널의 수는 3개 이상이며, 보편적인 시스템은 Amadeus/System One이다. 전 세계적으로 GDS터미널은 125개국의 98,000지역에서 사용하고 있으며, 약 25만 개의 터미널이 설치되어 있다. 아시아에서는 약 40%의 여행사가 GDS터미널을 사용하고 있다. Abacus는 아시아 여러 국가의 항공사가 공동으로 개발하였기 때문에 아시아에서 가장 보편적으로 사용하는 터미널이다.

3) 여행정보시스템의 구성체계

여행사의 여행정보는 항공사의 항공예약시스템(CRS : Computerized reservation system)을 이용한 항공업무 관련정보와 항공사의 CRS와 기술적 제휴를 한 GDS 터미널을 이용한 비항공업무분야로 나누어 업무내용과 구성체계가 다르다.

가. 항공관련 기능

(1) 항공정보 : 항공일정의 유효성, 일정관리, 항공운임, 운임규칙, 여러 항공사의 비행정보

(2) 고객정보 : PNR의 비행정보, 특별한 서비스 요구사항, 정보를 저장하고 수집정리

(3) 서류작업(paper work) : 티켓의 출력, 항공좌석권과 일정의 인쇄

나. 비항공관련 기능

(1) 렌터카, 호텔, 크루즈, 철도와 단체여행의 예약

(2) 외환업무

(3) 유원시설, 관광지, 극장 및 이벤트 입장권 주문

(4) 관광여행 정보기구와의 연결

(5) TIMATIC을 통한 국제통관업무의 정보 분석

(6) 여행정보와 다른 기초정보를 통한 목적지 정보의 접근

(7) 전자우편과 팩스시설

4) 정보화시대의 여행정보

여행상담은 순수한 의미에서 여행자의 욕구를 분석하여 효율적인 여행의 방법을 제시하는 것이라고 정의할 수 있다. 여기서 상담이란 어떠한 방법론을 제시하는 것이므로 그에 따른 하드웨어나 소프트웨어를 공급하는 것이 아니다. 따라서 여행상담은 일반 비즈니스와 구별되는 가장 큰 특징으로서 상담에 대한 책임의 소재가 없다. 즉 문제를 파악해 주고 그 해결책을 제시하는 자문의 역할만을 담당하는 것이다.

가. 여행상담의 특징

첫째, 전문적인 기술, 경험, 지식을 가진 사람이 필요하다.

둘째, 문제의 해결안이다. 따라서 여행상담은 여행자에게 전문적인 지식, 기술 또는 경험을 가지고 있는 사람 또는 회사가 여행을 하고자 하는 사람의 욕구를 해결하기 위해서 여행자에게 제공하는 서비스라고 정의할 수 있다.

여행자가 상담을 필요로 하는 이유는 어떤 문제를 해결하기 위한 보충설명이 필요하기 때문이다. 일상생활에서 지친 현대인들은 자신의 구체적인 여행에 대한 욕구와 해결책에 대해서 고민한다. 정보화시대의 많은 여행정보는 오히려 여

행자들을 혼란스럽게 하고 있다. 자신의 욕구를 가장 적합하게 해소시켜 줄 방법을 찾아가기가 어렵다.

여행사들은 정보기술력을 바탕으로 여행의 준비부터 여행 후 일정기간에 이르기까지 모든 정보를 수집하여 분석하고 이러한 정보를 토대로 다양한 여행자의 욕구에 대응할 수 있어야 한다. 정보화시대의 여행상품은 단순히 여행과 관련된 정보를 제공하는 것에 한하지 않고 여행자의 문제점을 해결해 주고 처방하는 여행상담(travel counseling)이 필요하다.

또한 상담은 정보흐름이 현대사회에서 매우 중요하며, 특히 여행상담과정에서 보다 더 분명하게 나타난다. 미래의 여행사는 여행정보의 축적을 통하여 효과적인 여행상담의 기능을 제공하여야 한다.

우리나라의 여행업계는 여행정보시스템 구축의 중요성을 재인식하여야 한다. 또한 업무효율성과 경쟁력을 제고하고 구축비용이 과다한 문제를 탈피하기 위하여 각 여행사의 실정에 맞게 마케팅 부문 중심으로 개발에 임하여야 한다. 대형 도매업자로 성장한 후에는 자체 경영정보시스템을 개발하는 것이 효과적일 것으로 판단된다.

나. 정보화시대의 여행상담

여행상담과정을 보면 여행자가 여행에 관한 욕구를 인지하고 이를 실행하기에 앞서 전문적인 조언을 구하고자 여행사를 선택하여 여행사와 접촉을 시도한 순간부터 시작된다고 할 수 있다. 이러한 여행사와의 접촉순간부터 여행상품을 구매하여 실행하기 전까지의 모든 과정에서 여행상담이 이루어진다. 여행의 상담과정은 하나의 여행상품을 구매하기 전까지의 여행자에 대한 조언이나 자문을 해주는 것이다. 그리고 여행자가 구매한 여행상품에 대하여 정확하고 세세한 정보를 제공하고 잘못된 정보에 대해서는 책임감을 가져야 한다.

다. 여행상담과정

(1) 여행자 욕구의 이해

여행자 욕구는 여행을 하게 하는 원동력이다. 인간에게는 다양한 욕구가 있다. 원래 욕구는 기대와 실제의 차이로서 인간이 인지하는 것이다. 여행의 만족을 위해서 여행사는 여행자가 인지하는 욕구를 분명하게 파악해야 한다. 인지하지 못하는 부분의 욕구까지도 인지하도록 유도하여 여행자의 만족을 느낄 수 있게 여정을 설계해 주어야 한다. 따라서 여행상담의 가장 기본적이고 필수적인 것은 여행자에게 필요한 것이 무엇인가를 파악하고 이를 이해하는 것이다.

(2) 여행자의 환경파악

여행자의 욕구를 파악한다고 하더라도 여행자 환경에 대한 파악이 이루어지지 않으면 실현 불가능한 대안을 도출해 오히려 불신을 안겨줄 수 있다. 여행상담은 항상 여행자가 처해 있는 상황, 즉 그들이 지불할 수 있는 경제적·시간적·문화적인 능력 등으로 해결할 수 있는 여정을 제시하여야 한다.

(3) 여행설계의 대안 도출

여행자의 욕구와 환경을 파악한 후에는 그러한 욕구를 충족시킬 수 있는 여러 가지의 대안들을 도출해야 한다. 여행자의 욕구를 충족할 수 있는 대안을 여러 가지 제안함으로써 여행자들이 자유롭게 선정할 수 있도록 자유선택성을 보장해야 한다.

(4) 최적의 대안선택

여행자의 욕구를 충족시켜 줄 수 있는 여러 대안이 도출되면 그 중에서 여행자가 최적의 대안을 선택하도록 조언해야 한다. 이러한 조언은 여러 대안의 장단점들을 비교하여 제안하면 된다. 여행자의 목표를 효과적으로 달성할 수 있는 대안을 채택하도록 도와주어야 한다.

(5) 여행의 보증

최적의 대안이 도출되면 계약된 여정에 대하여 보증을 해주어야 한다. 소비자는 보증된 여정에 피해가 발생할 경우 이에 대한 보상받을 수 있다.

(6) 여행의 평가

여행상담은 여행에 대한 총체적인 결과에 대해 만족을 극대화하고 불만을 최소화하기 위한 것이다. 이러한 관리는 여행상담에 대한 재상담을 할 수 있는 기반이기 때문에 일회적인 상담에 그치지 말고 그 여행자가 진정으로 만족할 수 있는 여행이 되도록 조치하여야 한다.

제 **13** 장

리조트사업

제13장 리조트사업

리조트의 이해

1. 리조트의 개념

1) 사전적 정의

리조트(resort)의 사전적 의미는 "건강, 휴양 등과 관련하여 사람들이 자주 가는 장소" 또는 "대중적인 오락, 레크리에이션의 장소"로 해석되고 있는데, 우리나라의 경우에는 '휴양지', '관광단지' 또는 '종합휴양시설' 등의 개념으로 해석되고 있다.

2) 우리나라 「관광진흥법」에서의 정의

우리나라의 경우, 법률의 규정에는 리조트라는 개념에 정확히 상응하는 규정은 아직까지 없고, 이에 유사한 개념으로 현행 「관광진흥법」에서 규정하고 있는 관광객이용시설업 중 종합휴양업(제1종·제2종)으로 분류되어 있을 따름이다.

「관광진흥법」에서 규정하고 있는 종합휴양업이란 "관광객의 휴양이나 여가선용을 위하여 숙박시설 또는 음식점시설을 갖추고 전문휴양시설 중 두 종류 이상의 시설을 갖추어 관광객에게 이용하게 하는 업이나, 또는 숙박시설 또는 음식점 시설을 갖추고 전문휴양시설 중 한 종류 이상의 시설과 종합유원시설업의 시설을 갖추어 관광객에게 이용하게 하는 업"을 말한다.

3) 일본의 '종합휴양지정비법'에서의 정의

일본에서는 '종합휴양지역정비법'(일명 '리조트법')이 제정되어 있어 여기에서 리조트를 "양호한 자연조건을 가지고 있는 토지를 포함한 상당규모(15ha)의 지역에 있어서 국민이 여가 등을 이용하여 체재하면서 스포츠, 레크리에이션, 교양 문화활동, 휴양, 집회 등 다양한 활동을 할 수 있도록 가능한 중점 정비지역(약 3ha)이 수개소 정도 존재해 그것이 상호간에 연결되어 유기적인 연대를 가지는 일체적인 지역"으로 규정하고 있다. 이 정의에 따르면 리조트는 ① 체재성, ② 자연성, ③ 휴양성(보양성), ④ 다기능성, ⑤ 광역성 등의 요건을 모두 겸비하고 있어야 하는 것으로 해석하고 있다. 따라서 하나의 요건만 만족시켰다고 해서 모두 리조트라고 말할 수 없다는 것이다.

4) 종합적인 정의

이상의 리조트에 관한 정의들을 종합해 보면, 리조트는 사람들을 위해 휴양 및 휴식을 제공할 목적으로 일상생활권을 벗어나 자연경관이 좋은 지역에 위치하며, 레크리에이션 및 여가활동을 위한 다양한 시설을 갖춘 종합단지(complex)를 의미한다고 하겠다. 즉 리조트란 "자연경관이 수려한 일정규모의 지역에 관광객의 욕구를 충족시킬 수 있는 현대적 복합시설이 갖추어진 지역으로서, 인간 심신의 휴양 및 에너지의 재충전을 목적으로 개발된 활동중심의 체류형 종합휴양지"라고 정의하고자 한다.

2. 리조트의 기본시설5)

체재성이 요구되는 리조트는 숙박시설과 이에 부속되는 식음료시설, 문화·위락시설, 스포츠시설, 상업시설 등의 부대시설로 구성된다. 이러한 시설물은 리조트의 입지나 유형에 상관없이 리조트를 운영하는데 필요한 기본적인 시설이며, 입지적인 특징이나 자연환경의 특징에 따라 특별한 활동이나 레크리에이션을 지원하기 위한 별도의 특수시설들이 추가되어지기도 한다.

1) 숙박시설

숙박시설을 구성하는 대표적인 것은 호텔과 콘도미니엄을 들 수 있으며, 리조트 계획시 전체 이미지를 결정짓는 가장 중요한 시설이자 투자가 가장 많이 요구되는 시설이다. 숙박시설은 전체 리조트와 유니트의 형태, 유형 및 질을 결정하는 기준이기 때문에 리조트의 계획 초기단계부터 신중히 다루어져야 한다.

2) 식음료시설

고객들의 식습관과 기호의 변화는 리조트에 있어 식음료시설의 디자인과 운영에 상당한 영향을 주었다. 최근에는 정해진 시설 내의 식당에서 의례적인 식사를 반복하는 것으로부터 멀어져 가는 추세이다. 따라서 다양해진 개인의 선호도에 따라 더 많은 기회가 제공되어야 하며, 그러기 위하여 고려해야 할 사항은 다음과 같다.

(1) 다양한 소규모 식사공간으로 구성된 레스토랑을 만들고 각각 분명한 개성과 분위기를 연출한다.
(2) 숙박객들이 리조트 내의 레스토랑을 쉽게 이용할 수 있도록 계획되어야 한다.

---

5) 김상무외 2인 공저, 최신 관광사업경영론(서울 : 백산출판사, 2011), pp. 298~301.

(3) 호텔, 콘도, 유스호스텔의 투숙객들이 레스토랑, 커피숍, 그릴, 바, 카페, 스낵식당 등을 이용할 수 있도록 배치되어야 한다.

(4) 퐁듀 레스토랑, 바비큐, 토속식당과 같은 전문 레스토랑과 바는 숙박시설과 공동으로 혹은 아웃소싱되어 독립적으로 운영될 수 있으며, 특별한 맛이나 특색있는 음식을 제공한다.

최근에는 하나의 리조트에서 여러 개의 레스토랑을 운영하는데 생기는 어려움을 해소하고, 분산된 주방과 저장시설, 그 밖의 지원시설의 수와 규모를 줄이기 위해 많은 양의 음식을 동시에 조리할 수 있는 대형 메인주방을 배치하여 집중적으로 처리하는 추세이다.

3) 레크리에이션시설

리조트가 도심지호텔과 구별되는 가장 큰 특징 중에 하나는 다양한 스포츠시설을 구비하고 있다는 점이다. 스포츠시설 계획에 있어서 고려되어야 할 사항은 이용객의 유형과 그 지역의 기후조건, 그리고 강조하고자 하는 리조트의 이미지 등이다.

특히 골프, 스키, 테니스, 볼링 등 주요 스포츠시설은 고객의 기호와 선호도에 따라 선정되어야 하며, 수영장이나 각종 수상스포츠시설은 리조트가 위치한 지역의 날씨와 자연환경에 큰 영향을 받는다. 일반적으로 리조트가 갖추어야 할 스포츠시설을 알아보면 다음과 같다.

(1) 운동장

운동장과 잔디밭은 리조트의 개발에 부수적으로 조성되는 경우가 많으며, 어른과 아이들 모두가 이용한다. 이용가능한 스포츠로는 간단한 기구 외에 별도의 시설이 필요 없는 배드민턴, 배구, 농구, 족구 등이 있으며, 그 외에 다양한 용도

(캠프파이어, 야외콘스트, 야외극장, 단체 야외행사장 등)로 사용할 수 있다.

(2) 골프장

골프코스는 규모가 큰 리조트를 제외하면 꼭 필요한 시설은 아니다. 정규홀은 40~60ha의 면적을 필요로 하며, 특히 건조한 지역에서는 경제적으로 운영상 부담이 크고, 낭비적인 공간이 되기도 한다. 하지만 최근 골프인구의 급증에 따른 초과수요 현상의 지속과 그린피 인상 등으로 활황국면을 유지하고 있으며, 국내 리조트기업들도 높은 수익성으로 인한 비수기 타개책과 부유층을 유인하는 매력요인으로 리조트 건설 초기부터 골프장 건설을 추진하고 있다.

(3) 수영장 및 사우나

수영장은 모든 유형의 리조트에서 꼭 필요한 시설이며, 보통 사우나, 마사지룸, 피트니스센터와 복합적으로 구성된다. 산지리조트나 추운 지역에 위치한 리조트의 경우 온수의 제공을 기본으로 하고, 규모가 큰 풀은 수온을 유지하고 날씨에 상관없이 실내화하고, 작은 규모의 풀과 별도의 얕은 수심의 풀은 어린이나 수영을 못하는 이용자의 강습을 위하여 필요하다. 수영장은 단지 스포츠만을 위한 시설이 아니라, 휴식, 일광욕, 오락 같은 많은 행위를 수용할 수 있다. 또한 야외만찬이나 바의 배경무대로 쓰일 수 있다. 그래서 대부분의 리조트에서는 실내ㆍ실외 수영장을 리조트단지 내에 설치하여 운영하고 있다.

(4) 승마장

승마장은 리조트에 인기있는 시설로 외국의 리조트에서는 빠르게 증가하는 추세이며, 여름과 겨울철에 모두 이용이 가능하며 전원지역 리조트에서 증가하고 있는 추세이다. 승마코스는 산책길로서 리조트 주변을 따라 개발되어야 하며, 이를 연장시켜 승마코스나 며칠 간의 승마여행 코스를 개발할 수도 있다. 이를 위해서 목적지마다 별도의 숙박시설 및 코스 상에서 약 30km마다 서비스시설을 마련하여야 한다.

(5) 동계형 스포츠시설

우리나라의 대표적인 관광시즌은 주된 이용시기가 봄, 여름, 가을에 편중되어 있으며, 겨울철에 이용할 수 있는 휴양시설로는 스키리조트 정도이다. 4계절형 리조트로서의 기준을 충족하기 위해서는 관광비수기인 겨울철에도 방문객들이 즐겨 이용할 수 있는 동계형 레저시설을 구비하는 것이 필요하다. 대표적인 동계형 스포츠시설로는 눈썰매장과 스키장시설을 들 수가 있다.

(6) 기타 시설

문화 · 위락 시설에는 위의 시설 이외에도 리조트의 매력을 증가시키기 위하여 또는 기후나 자원의 제약을 극복하기 위한 여러 시설이 있다. 여기에 포함되는 시설로는 축제나 전시회를 위한 다목적 홀, 야외극장, 체육시설, 식물원, 동물원 등을 들 수 있다.

3. 리조트사업의 특성과 유형6)

1) 리조트사업의 특성

현대는 스트레스사회라고 일컬어진다. 리조트는 현대사회가 부과하는 다양한 스트레스에서 벗어나 본래의 자기를 찾고 싶다는 사람들이 증가함에 따라 보급되어 온 기본적 성격을 갖고 있다.

그래서 사회가 점점 근대화하고, 경제적 가치와 합리성이 한층 중시되어져 가는 것이 예상되면서부터 경쟁사회에 있어서 정신과 육체에 대한 정신적 압박감은 점차 커지고, 이로써 리조트에 대한 요구도 높아져 가게 된 것이다. 리조트사

---

6) 김용상외 9인 공저, 관광학(서울 : 백산출판사, 2011), pp. 130~133.

업은 이러한 인간의 정신과 관련되는 사업영역을 갖고 있기 때문에 리조트시설 등의 하드웨어적 요소의 중심만으로는 불충분하다. 서비스와 시스템, 사상, 혹은 리조트를 둘러싼 문화, 자연환경 등의 주변적 요소와 전체적 조화가 리조트로서의 성립에 중요한 의미를 갖고 있다.

정신과 육체의 피로를 푸는 것뿐만 아니라 내일의 활력을 배양하고, 가족 또는 친한 사람들과 즐겁게 한 때를 보내거나, 잃어 버렸던 자연으로 회귀하거나, 혹은 창조적인 활동을 하기 위해서 많은 사람들이 리조트를 찾고 있다고 할 수 있다. 이러한 요구에 대응하는 것이 본래의 의미에서 '리조트'라고 부르는 것이다.

이러한 리조트를 현실의 사업이라는 측면에서 보는 경우, 다른 산업과 비교해 어떠한 특색을 갖고 있는지 살펴보면 다음과 같다.

(1) 생산과 소비의 동시점(同時點)·동지점성(同地點性)
(2) 수요의 불안전성
(3) 막대한 초기투자

이러한 특징의 하나하나를 보면 다른 산업에도 적합한 것이지만, 이러한 3가지 특징을 전부 갖는 것이 리조트사업의 특색이다.

첫째, 생산과 소비의 동시점·동지점성인데, 이것은 서비스업 전반에 걸친 공통적인 특징이다. 다시 말하면 재고(stock)가 없다는 표현이 가능하다. 예를 들면, 리조트지역의 개인용 풀장 주변공간에서 음료를 제공한다는 서비스 제공행위와 음료를 마시면서 일광욕을 하고 시간을 보낸다는 소비행위는 공유하는 시간(동시점)에 공유하는 장소(동지점)를 고려하지 않으면 안된다. 이 때문에 이용자가 많아 의자의 수용량을 상회할 경우에는 자리가 빌 때까지 고객을 기다리게 하지 않으면 안된다(하지만, 기다리고 있는 사이에 기후가 변화하든가, 저녁이 되어서 일광욕을 할 수 없다는 상황도 있을 수 있다). 기다리는 사람이 이용을 단념하지 않게 하기 위하여 공간을 확대한다면(풀 사이드를 넓혀 의자를 증설하고, 숙박시설의 수용량을 올리고, 음료수와 서비스맨의 수를 늘린다), 고객수가 적을 때에는 시설과 노동력이 유효화하게 된다. 이렇듯 리조트사업은 재고가 없기 때문에 안정적인 서비스 제공이 불가능하다. 이것이 경영을 압박하는 원인이 된다.

둘째, 수용의 불안정성이다. 이것은 수요자측에서 볼 때, 리조트가 그들의 생활 가운데에서 얼마만큼의 비중을 갖고 있는가라는 것과 리조트가 시간소비형의 행동이라는 것에 크게 유래하고 있다. 그렇기 때문에 리조트는 대부분의 사람들에게 생활필수는 아니다. 리조트에 대한 수요크기는 경기와 가계의 상황에 크게 좌우되어지는 것이라 생각된다. 더욱이 무슨 일이 있어도 리조트가 생활에 자리잡지 않으면 안된다고 생각하는 사람은 적다. 어차피 리조트에서 시간을 보낸다면, 가능한 한 지내기 쉬운 기후시기와 그 리조트지에서 특정계절에만 있는 것(스키 · 해수욕 등)이 가능한 시기를 선택하고 싶어 한다. 이 때문에 수요가 불안정하다는 것과 함께 전망도 불투명한 것이 리조트경영을 불안정하게 하는 하나의 요소로 존재한다.

셋째, 막대한 초기투자이다. 리조트사업은 일반적으로 거대한 토지취득과 시설건설 및 기반정비에 거액의 선행투자가 필요하다. 특히 일본처럼 지가가 높고 토지이용상의 각종 규제가 많은 나라에서는 넓은 용지를 확보하는 것만으로도 큰 비용이 든다. 리조트사업은 앞에서 본 것처럼 재고가 없고, 수요가 불안정하며, 동시에 리조트의 오퍼레이션에 의한 수익률도 생각처럼 높지 않다. 게다가 초기투자가 크고, 그 중에서도 차입금 변제와 이자지급만으로 경영이 압박받을 가능성이 있다.

2) 한국 리조트의 유형

우리나라 리조트는 고원형이 주종을 이루었으나, 앞으로는 우리나라가 3면이 바다인 지리적 여건으로 해양형 리조트의 개발도 활기를 띨 것으로 전망된다.

관광객들의 휴가철 방문지 선호도에서 바닷가가 단연 1위를 차지하고 있다는 점에서도 개발가능성이 높다고 본다.

〈표 13-1〉 한국 리조트의 유형

문헌기준		국내유형	특 징	유형사례
헬스/스파 (Health/Spa)		온천리조트	헬스보다 온천욕장의 개념, 전국적 고른 분포	수안보, 도고, 온양, 부곡, 유성 등
스포츠	Beach	비치리조트	해수욕장주변 호텔보다 콘도 위주	제주, 해운대, 경포대, 낙산 등
	Golf	골프전용리조트	경기장위주의 골프장	골드훼미리 등
	Ski	스키전용리조트	가장 활발한 개발추세	베어스, 스타힐 등
마리나 (Marina Resort)		마리나리조트	소규모 형태 대중성 부족	충무마리나, 수영만등
관광리조트 (Tourist Resort)		관광리조트	국립공원 주변에 위치	설악산, 지리산, 속리산 주변
휴양촌 (Vacation)		×	전형적 형태 전무	전문휴양촌 개념 전무
생태관광 (Ecotourism)		×	전형적 형태 전무 (자연휴양림과 구별)	휴양림은 개념상 상이
카지노 (Casino)		×	전형적 형태 부족 (호텔 내 도박장 위주)	카지노업장의 단지화 부족
콘퍼런스 (Conference)		×	전형적 형태 전무	부대시설로 존재
테마파크 (Theme Park)		테마파크	대규모(서울근교) 및 소규모(지방) 존재, 체재성 결여	에버랜드, 롯데월드 등
복합리조트 (Multi Resort)		스키+골프	2가지 이상의 복합시설 개발 증가	제주중문단지 경주보문단지 용평리조트 강원랜드 등
		골프+관광+비치		
		골프+관광+테마		
		온천+관광		
		온천+스키		
		카지노+골프+테마		

자료 : 유도재, 리조트경영론(서울 : 백산출판사, 2013), p. 56.

주5일제 근무와 조기 출퇴근제 등 탄력적 근무 분위기 확산에 따라 자유시간이 늘어났고, 국민소득 증가와 승용차 보급의 확대 및 가족단위의 레저생활 등으로 레저 패턴이 단순 숙박 관광형에서 체류·휴양형으로 변화함에 따라 다양한 시설을 구비한 대형 리조트의 필요성이 대두되고, 이러한 레저수요의 확대성향이 대기업들의 활발한 참여 현상으로 이어지고 있다.

리조트는 산악형, 수변형, 임해형, 건강·온천·스포츠형, 위락형으로 나눌 수 있다. 국내 리조트의 유형은 〈표 13-1〉과 같다.

제2절 주요 분야별 리조트사업

현재 우리나라에서 운영 중인 리조트는 산악고원형으로 스키장 중심으로 구성되어 있다. 따라서 다른 경쟁업체들과 비교해서 특별한 시설이나 컨셉을 가지지 않고 차별화되지 못하고 있는데, 이는 좁은 국토에서 기후에 차이가 없고 산지가 많기 때문이다. 또한 운영면에서도 초기투하자본의 조기회수를 위하여 콘도미니엄 분양을 중심으로 이루어지고 있다.

1. 스키리조트

스키리조트는 스키장을 기본으로 다른 레크리에이션시설을 갖춘 종합휴양지를 의미하는데, 특히 4계절이 뚜렷한 우리나라의 경우 비수기 기간이 너무 길어 스키장만을 운영하기보다는 골프장, 콘도미니엄 등을 복합적으로 갖추는 것이 일반적이다.

스키리조트는 눈이라고 하는 천연자원이 가장 핵심적인 상품으로 다른 리조트에 비해 계절성이 강하다. 또한 스키로 활강하기에 적합한 경사도를 확보하기 위해서는 산악지대에 위치하는 것이 가장 큰 특징이다.

〈표 13-2〉 국내 스키리조트 시설현황

위 치	스키리조트	개장일	슬로프	리프트	슬로프 면적(m²)
강원도 (10개소)	용평리조트	1975.12.	29	15	3,436,877
	알프스리조트	1984.12.	6	5	442,036
	비빌디파크	1993.12.	12	10	1,322,380
	휘닉스파크	1995.12.	21	9	1,637,783
	웰리힐리파크	1995.12.	18	9	1,368,756
	엘리시안강촌	2002.12.	10	6	609,674
	한솔오크밸리	2006.12.	9	3	797,695
	하이원리조트	2006.12.	18	10	4,991,751
	오투리조트	2008.12.	19	6	4,799,000
	알펜시아	2009.12.	7	3	671,180
경기도 (6개소)	양지파인	1982.12.	10	6	368,683
	스타힐	1982.12.	4	3	502,361
	베어스타운	1985.12.	7	8	698,181
	서울스키장	1992.12.	4	3	278,182
	지산포레스트	1996.12.	10	5	500,000
	곤지암리조트	2008.12.	13	5	1,341,179
전북	덕유산리조트	1990.12.	34	14	4,037,600
충북	사조리조트	1990.12.	9	4	656,986
경남	에덴밸리	2006.12.	7	3	1,052,012

자료 : 유도재, 리조트경영론(서울 : 백산출판사, 2013), pp.106~109.

'겨울철 스포츠의 꽃'으로 불리는 스키는 1990년대 중반 이후 국민소득 수준의 향상, 자유시간의 증가 등으로 빠르게 보급되고 있다. 1989년 이전까지는 용평, 양지파인, 베어스타운 등 5개소에 불과했으나, 1990년에 무주리조트와 사조마을이 개장해 총 7개소로 늘었다. 그후 1992년에는 서울, 대명홍천이, 1995년에는 현대성우, 휘닉스파크 등이 문을 열어 총 11개소로 늘어났다. 그리고 1996년 지산스키장, 2002년 강촌스키장, 2006년에는 오크밸리 스키장, 하이원리조트, 에덴밸리스키장이 개장하였고, 2008년에는 오투리조트와 곤지암리조트가 개장하였으며, 가장 최근에는 알펜시아리조트가 2009년 12월에 개장하였다.

2012년 기준으로 국내에서 운영중인 스키장은 19개소인데, 스키장의 대부분이 경기도와 강원도에 편중되어 있음을 알 수 있다. 이는 이들 지역이 눈이 많이 내리고 눈의 질이 좋은데다 수도권의 스키어를 유치하는 데 유리하기 때문이다.

2. 골프리조트

골프리조트란 골프장을 기본으로 각종 레크리에이션시설이 부가적으로 설치되어 있는 리조트를 말한다. 일반적으로 골프장은 컨트리클럽과 골프클럽으로 나누고 있다. 컨트리클럽(country club)은 골프코스 외에 테니스장, 수영장, 사교장 등을 갖추고 있으며 회원중심의 폐쇄적인 사교클럽의 성격을 가지고 있다. 이에 대하여 골프클럽(golp club)은 다소 부대시설은 있을 수 있으나 골프코스가 중심이고 회원제이긴 하나 컨트리클럽에 비해 덜 폐쇄적이다.

이용형태에 따라서는 회원제 골프장과 퍼블릭 골프장으로 구분된다. 회원제 골프장(membership course)은 회원을 모집하여 회원권을 발급하고 예약에 의해 이용하게 하는 골프장으로 회원권 분양에 의해 투자자금을 조기에 회수하는 것이 용이한 장점이 있다. 퍼블릭골프장(public course)은 기업이 자기자본으로 코스를 건설하고 방문객의 수입으로 골프장을 경영하는 형태로 누구나 이용할 수 있고 이용요금도 저렴한 편이지만, 투자비 회수에 장기간이 소요된다는 단점이 있다.

현재 우리나라 지역별 골프장 현황은 서울에 인접한 북부지역의 경부고속도로 또는 중부고속도로 인접지역에 대부분 위치하고 있으며, 서울·인천·경기 등 대도시지역에 편중현상이 나타나고 있다. 새로 건설되는 골프장은 수도권이 어느 정도 포화상태를 보임에 따라 주로 강원도와 제주도에 집중될 것으로 예상된다.

〈표 13-3〉 전국 지역별 골프장 현황(2011.1.1.기준)

(단위 : 개소)

구 분		경기	강원	제주	전북	경북	전남	충북	인천	충남	대전	울산	대구	경남	부산	합계
운영중	회원제	79	20	26	4	20	12	15	2	10	1	2	1	16	4	212
	퍼블릭	48	21	14	13	21	16	12	3	7	2	1	1	7	2	168
	군	7	4	-	-	3	1	3	-	3	1	3	2	3	-	30
	합계	134	45	40	17	44	29	30	5	20	4	6	4	26	6	410
건설중	회원제	10	17	3	4	5	3	5	-	2		-	-	7	-	56
	퍼블릭	16	8	2	8	8	7	4	1	9		1	-	10	-	74
	합계	26	25	5	12	13	10	9	1	11		1	-	17	-	130

자료 : 한국골프장경영협회, 2011.

3. 마리나리조트

1) 마리나리조트의 개념

마리나(marina)에 관한 통일적인 정의는 없으나 일반적인 의미로는 다양한 종류의 선박을 위한 외곽시설, 계류시설, 수역시설 및 이와 관련된 다양한 서비스를 갖춘 종합적인 해양레저시설을 말한다.

해양성 레크리에이션에 대한 수요가 점진적으로 더욱 다양화·전문화되어지고 있으므로 수상 및 레크리에이션의 중심시설인 마리나 리조트에 대한 국민의 요청도 함께 증가하고 있다.

최근에는 여가활동이 진행되는 가운데 해양레저 레크리에이션도 다양화되어 해수욕, 선텐, 낚시, 해상유람 등 전통적인 것에 비하여 세일링요트, 모터요트, 수상오토바이, 수상스키, 서핑 등 해양 레저활동의 유형이 다양화되어지고 있다. 이와 같이 해수욕, 보트타기, 요트타기, 수상스키, 스킨다이빙, 낚시, 해저탐사 등과 같은 다양한 해변 레저활동을 즐길 수 있는 체제를 위한 종합적인 레저·레크리에이션 시설 또는 지역을 마리나 리조트(marina resort)라고 말한다.

해양 레저스포츠의 발전을 위하여 마리나의 개발이 세계 각 도시에서 시작된 배경에는 지역에 따라 특성이 다르겠지만, 공통점은 마리나의 개발이 도시조성에 있어서 매력적인 요소가 매우 많다는 점과 대도시 주변에서는 항만의 재개발에 대한 요청이 높아지고 있다는 것이다.

마리나리조트 개발형태는 해변형, 마리나형, 종합휴양형, 기능전환형, 신규개발형으로 분류할 수 있는데, ① 해변형은 해수욕을 중심으로 하며, 주로 해변을 이용하는 해양 레크리에이션을 진흥하는 형태이고, ② 마리나형은 마리나를 중심으로 해양성 레크리에이션 기지화를 목표로 하는 형태이고, ③ 종합휴양형은 장기체재를 염두에 두고 종합적 휴양지 개발을 지향하는 형태이고, ④ 기능전환형은 어항·창고 등을 포함하여 기존기능을 전환시켜 새로운 레크리에이션적 수변이용을 촉구시키는 형태이며, ⑤ 신규개발형은 대규모 인공개발을 통하여 해양성 레크리에이션 공간을 새롭게 조성하는 형태로 타 기능도 포괄적으로 포함하여 개발을 전개하는 형태이다.

2) 국내 주요 마리나리조트[7]

현재 국내에서 운영중인 주요 마리나리조트를 소개하면 다음과 같다.

(1) 부산 수영만 요트경기장 마리나

부산 수영만 요트경기장(Busan Yachting Center)은 1983년 건설되어 1986년 아시안게임과 1988년 서울올림픽 때 요트경기를 개최한 곳이다. 총 규모가 234,573㎡로서 1,390척(해상 364척, 육상 1,000척)의 요트를 계류할 수 있는 세계적인 요트경기장으로 아시아에서는 최대 규모를 자랑하며, 부산의 명물이자 국제적인 관광명소가 되었다.

부산 지하철 2호선 동백역에서 도보로 10분 거리에 위치하며, 인근에 해운대

---

7) 유도재, 리조트경영론(서울 : 백산출판사, 2013), pp. 294~298.

해수욕장과 동백섬 등이 있다. 마리나 단지 내에는 시내마테크와 국제무역전시관도 갖추고 있다. 시내마테크는 1999년 8월 개관한 이후 부산국제영화제 야외상영관으로 활용되는 등 복합 영상문화공간의 역할을 하고 있다. 이 외에도 마리나 내에는 요트학교, 윈드서핑학교, 잠수학교 등 각종 해양레저 강습소와 부산수상항공협회, 스킨다이빙협회, 우주소년단 등 전문단체들이 들어서 있다. 또한 수영만 해역은 요트를 타기에 적합한 자연여건을 갖추고 있어 매년 국내외 요트경기대회가 개최되고 요트 매니아들이 가장 많이 즐겨 찾는 곳이다.

(2) 충무마리나 리조트

민간마리나의 형태로서 경남 통영시에 위치하고 있는 충무마리나 리조트는 한국 최초의 육·해상 종합리조트로서 미개발된 부분을 포함하여 총규모는 14,966㎡이며, 해상 계류장은 통영시로부터 공유수면을 임대하여 사용하고 있다. 계류능력은 130척(육상 40척, 해상 90척)으로서 요트를 포함한 다양한 종류의 해양레저스포츠와 해양관광을 즐길 수 있는 곳이다.

충무 바닷가에 위치한 콘도미니엄은 272실의 객실을 갖추고 있는데, 어느 객실에서나 쪽빛 남해 바다와 아름다운 충무항을 감상할 수 있도록 설계되어 있고, 마리나는 요트전용 항구로서 해양레저스포츠에 대한 강습과 투어 등이 실시된다.

주요 시설은 마리나 시설과 자체에서 보유하고 있는 총 24척의 요트(모터요트 15척, 세일요트 9척)와 요트클럽하우스, 요트수리소, 요트급유소, 요트적치장 등의 복합시설을 갖추고 연중무휴 회원제로 운영하고 있다.

(3) 전곡항 마리나

전곡항은 경기도 화성시 서신면 전곡리에 있는 어항이다. 전곡항마리나는 2009년 11월에 1단계로 113척(해상 60척, 육상 53척)의 요트와 보트를 계류할 수 있는 시설을 갖추고 개장하였다. 수도권에는 3개의 마리나(서울마리나, 김포마리나, 전곡항마리나)가 있는데, 그 중 가장 큰 규모를 자랑하는 마리나가 바로 전곡항마리나이다.

전곡항마리나는 파도가 적고 수심이 3m 이상 유지되는 수상레저의 최적지이다. 밀물과 썰물에 관계없이 24시간 배가 드나들 수 있는 장점을 살려 다기능 테마어항으로도 조성되었다. 또한 전곡항마리나에서는 2008년부터 매년 '경기국제보트쇼'와 '코리아메치컵 세계요트대회'가 개최되면서 전국적으로 알려지게 되었다.

2012년 1월에는 제2마리나시설 확충공사를 마치고 79척의 해상계류시설을 개장하여, 현재는 총 193척(해상 139척, 육상 53척)의 계류시설을 갖추게 되었다. 경기도는 전곡항과 가까운 서신면 제부도항에도 6만 6천여㎡ 규모의 마리나를 2014년 말 완공할 예정이다.

(4) 목포 요트마리나

전남 목포시가 '해양레저의 꽃'으로 불리는 요트산업을 선점하기 위해 삼학도 목포 내항에 2010년 7월 요트마리나 시설을 개장하였다. 서남권의 해양관광 레저산업의 중추 역할을 담당하게 될 '목포 요트마리나' 조성사업은 2006년 첫삽을 뜬 뒤 4년간 70억(국비 35억, 지방비 55억)원의 사업비를 투자해 완공함으로써 국내 요트산업의 발전에 동참하게 되었다. 마리나의 경영은 목포에 위치한 대불대학교에서 위탁경영하고 있다.

목포시는 주5일근무제 정착과 소득향상에 따른 국민의 여가패턴이 육상관광에서 해양관광으로 수요가 변화하는 추세에 맞춰 해양레저산업의 핵심인 요트산업을 서남권에서 선점해 나가겠다는 꿈을 실현한 것이다.

목포 요트마리나는 해상부에 50피트 급 요트 32척이 접안할 수 있는 부유체식 요트계류장이 있으며, 육상부에는 클럽하우스, 요트 인양기, 레포츠교육장, 육상적치장, 주차장 등의 부대시설을 갖췄다. 목포시는 마리나 개장과 함께 10억 5000만원의 예산을 들여 51피트 급 쌍동선 세일링 보트를 건조하였고, 요트마리나 시설에 맞춰 요트조종면허 취득 교육과 체험프로그램 등 요트스쿨도 함께 운영하고 있다.

4. 온천리조트

온천(hot spring)이란 지열로 인해 높은 온도로 가열된 지하수가 분출하는 샘을 말하는 것으로 휴양, 요양의 효과가 크고 주변풍경과 결합되어 관광자원으로서의 가치를 구성한다. 대개 화산대와 일치하는 지역에 주로 분포하고 있는데, 화산국인 일본, 아이슬랜드, 뉴질랜드를 비롯해 미국, 캐나다, 에콰도르, 콜롬비아 등 남북아메리카 화산대와 중부유럽 내륙국가에 많이 산재되어 있다. 이 중에서 세계적으로 유명한 온천은 독일의 바덴바덴(Baden-Baden), 캐나다의 밴프(Banff), 미국의 옐로스톤 공원(Yellowstone Park), 일본의 아타미(熱海) 등을 꼽을 수 있다.

국내 온천의 이용형태는 여관, 호텔, 콘도 등과 같은 숙박시설과 밀접한 관련성을 맺고 있기 때문에 온천리조트는 숙박시설 중심의 관광지가 형성되는 것이 일반적이며, 1980년대 후반까지도 국내 국민관광시설의 상당수가 온천을 중심으로 발달했었다. 그러나 최근까지도 대부분의 국내 온천리조트의 개발유형은 가족단위 여행이나 편리한 교통수단으로 이용객들이 원하는 장소에 쉽게 접할 수 있는 장소에 소규모 숙박시설 하나만으로 시작되는 정체된 개발이 주를 이루고 있는 것이 사실이다.

우리나라 온천리조트는 선진국의 그것에 비해 관광자원으로서 뒤떨어지지 않으며 그 이상의 효용을 가지고 있다. 하지만 온천리조트마다 특성이 없고 획일적인 개발방식과 단순한 이용시설로 인해 건강·보양을 목적으로 하는 체류형보다는 단순한 경유형 숙박관광지로서의 역할밖에는 하지 못하고 있는 곳이 대부분이라 할 수 있다.

온천은 국민의 심신휴양 및 건강증진 등에 크게 기여하고 있는 귀중한 관광자원이다. 따라서 정부는 1981년에 일반 지하수와는 달리 온천자원에 대한 적절한 보호와 효율적인 개발·이용 및 관리를 도모함으로써 공공의 복리증진에 이바지하기 위하여 1981년에 「온천법」을 제정하였던 것이다.

동 법령의 규정에 따라 관할 지방자치단체로 하여금 온천발견 신고·수리, 온천원 보호지구 또는 온천공 보호구역 지정, 온천개발계획 수립·승인, 일일 적정 양수량에 의한 온천수이용허가 절차를 이행하게 하는 등 온천 개발·이용 및 관리 업무를 수행하고 있다.

2011년 12월 말 기준으로 전국 시·도별 온천현황은 다음과 같다.

〈표 13-4〉 시·도별 온천현황

시·도	계	지정면적		개발계획수립 (지구)	이용시설 (개소)	연간이용자 (천 명)
		보호지구 (천 m²)	보호구역 (천 m²)			
서울	10	150	61	-	9	2,279
부산	35	2,967	256	2	74	7,225
대구	14	1,785	63	3	10	1,723
인천	16	4,955	80	-	1	47
광주	3	950	2	1	2	305
대전	1	939	-		58	2,508
울산	11	3,818	723	2	10	1,112
경기	48	23,184	321	10	20	3,629
강원	55	20,972	358	11	31	3,963
충북	21	19,635	48	7	33	1,786
충남	32	11,937	71	8	91	11,636
전북	27	21,757	77	7	4	428
전남	18	13,017	142	7	44	2,528
경북	94	50,748	409	24	79	11,071
경남	51	14,620	320	5	58	6,804
제주	13	6,864	97	1	4	294
합계	449	197,998	3,028	88	528	57,388

자료 : 문화체육관광부, 2011년 기준 관광동향에 관한 연차보고서, p. 270.

관광정책과 관광행정

제**14**장

제14장 관광정책과 관광행정

제1절 **관광정책의 의의와 기본이념8)**

1. 관광정책의 의의

관광정책이란 한 나라가 관광이라는 사회현상에 대해서 강구하는 시정(施政)의 방향과 기본시책을 말한다. 따라서 관광정책은 그때그때의 정부의 관광에 대한 이념 혹은 관계하는 방법에 따라 크게 달라진다. 관광의 보이지 않는 무역적 측면을 중시하는지, 국민의 관광행동을 생활의 질로서 촉진시킬 것인지 혹은 관광을 지역진흥의 수단으로 생각하는지 등에 의해 정책의 중점이 달라진다. 특히 현대에서는 관광과 환경과의 관계, 소비자로서의 여행자의 보호, 관광자원으로서의 문화유산이나 자연환경의 보호 등도 관광정책의 시야에 포함된다. 관광정책은 이념이며 총론을 의미함으로써, 실행이나 각론에 상당하는 행정은 많은 기관에 별도로 맡겨져 있는 것이 현실이다.

관광정책의 개념에 관하여는 학자에 따라, 정책목적이나 관점 그리고 연구방법에 따라 각기 다르게 정의를 내리고 있다. 그동안 여러 학자들에 의하여 정립

---

8) 강덕윤 외 2인 공저, 현대관광학개론(서울 : 백산출판사, 2012), pp. 295~312.

된 학설들을 종합해 보면, 첫째, 관광정책은 그 주체가 개인이나 사적 집단이 아니라 공공기관이라는 점이다. 둘째, 관광정책의 목표는 관광문제에 대한 해결이나 공익을 달성하는 것이다. 셋째, 관광정책은 주로 정치적·행정적 과정을 거쳐서 이루어진다. 넷째, 관광정책은 이루고자 하는 관광목표로서의 성격과 관광에 대한 미래지향적인 성격을 지니고 있다.

이러한 관점에서 볼 때 관광정책이란 "한 나라의 관광행정활동을 종합적으로 조정하고 추진하기 위한 시정(施政)의 기본방향을 명시한 여러 가지 방책"이라고 정의할 수 있다. 그리고 관광정책은 그 대상에 따라 국내관광정책과 국제관광정책으로 나누어 실시되고 있는데, 전자는 한 나라의 정부가 국내관광의 진흥을 위하여 실시하는 각종의 정책이며, 후자는 한 나라의 정부가 국제관광의 진흥을 위하여 실시하는 각종의 정책으로 이해되고 있다.

2. 국제관광과 국내관광

한 지역 또는 한 나라의 국민이 자신이 소속되어 있는 영토 내의 자원이나 시설을 관광하는 행위를 국내관광이라고 말하는데 대응하여, 관광이동이 국경을 넘어가는 것을 국제관광이라고 말한다.

그러나 원래 인위적으로 국경을 넘느냐 안 넘느냐에 따라 관광의 본질적인 차이가 있는 것은 아니다. 다만, 현실적으로 국경의 존재는 출입국수속을 하지 않을 수 없으며, 또 국경 안이냐 밖이냐에 따라 통화 및 언어가 달라지기 때문에 국제관광은 자연히 국내관광과는 다른 양상을 띠게 된다. 더욱이 국제관광과 국내관광을 분류하고 있는 이유는 그것이 경제적 측면에서 실제 이익이 있느냐 없느냐 하는 데서 구별을 필요로 하고 있다.

영국의 오길비(F.G. Ogilvie)는 "관광은 국내적인 것이든 국제적인 것이든 하등 구별할 필요가 없다"고 말했는데, 그같은 구별은 어디까지나 인위적인 것이며, 아무런 실효성이 없는 것으로서, 어느 것이든 국가적인 차원에서 실제 이익만 있으면 된다는 것이다. 다시 말하면 누구이든 간에 한 사람이라도 더 많이 오기만 하면 그것으로 족하다는 것이다. 즉 오는 사람의 국적에 따라서 국제관광이냐, 아니면 국내관광이냐 하고 구별할 필요는 없다는 것이다.

그렇지만 국가적인 입장에서 본다면, 그 양자 사이에는 확실히 차이가 있는 것이다. 특히 국민경제적인 관점에서 본다면 국내관광의 소비가 내화(內貨)의 이동으로만 그치는데 반해, 국제관광에 따른 소비는 관계국 쌍방에 있어서 외화(外貨)의 수입과 지출을 가져오게 한다. 받아들이는 나라의 입장에서는 국제관광은 외화획득의 수단으로 수출무역에 준하는 효과를 가져오고 있으므로 한 나라의 경제적 의의는 자못 크다고 하겠다. 그와 같은 까닭으로 각국은 국제관광과 국내관광을 구별하게 되고 국내관광사업보다 국제관광사업에 더 힘을 기울이게 된다는 것이다.

국제관광을 이와 같은 각도에서 파악하여 외래관광객의 유치를 국가정책으로 중시하는 풍조는 제1차 세계대전 후에 이탈리아, 독일 등에서 먼저 일어났고, 이윽고 다른 나라에도 보급되었다. 관광이 처음 산업적으로 인식되어 획기적인 주목을 받게 된 것은 바로 이 시기였던 것이다.

국제관광은 외화획득의 수단으로서 주로 받아들이는 나라의 관심거리이지만, 거꾸로 내보내는 나라의 입장에서 이를 국가정책으로서 활용하는 경우도 있다. 이를테면, 제2차 세계대전 후 미국이 취한 관광정책을 들 수 있는데, 미국정부는 유럽의 경제부흥을 기획한 이른바 마샬플랜(Marshall Plan)의 하나로 자기 나라 국민의 유럽관광을 권장함으로써 그 소비하는 달러화에 의해서 유럽의 여러 나라들이 경제부흥, 나아가서는 그 나라들의 구매력 증강을 도모했던 것이다.

그리고 또한 실제문제에 있어서 유럽의 여러 나라들은 각 나라의 민족이나 생활풍토가 서로 다르기는 하나 인종적으로는 다같이 아리안 인종에 속하고 그들의 풍속이나 관습 역시 별다른 차이가 없기 때문에, 오길비(F.G. Ogilvie)가 주장하는 바와 같이 양자의 구별은 거의 찾아볼 수가 없다. 다만, 언어는 다르다고 하더라도 같은 가로쓰기 글자인 알파벳을 사용하고 있으므로, 의·식·주의 생활에 있어서나 숙박시설, 심지어 선전 포스터에 이르기까지 내국인을 상대로 하는 것이 그대로 외국인에게도 적용하게 되는 것이다.

그러나 우리나라를 위시해서 대부분의 아시아 국가들은 유럽이나 아메리카의 국가들과는 생활풍습에 있어 너무나도 다르다. 특히 우리나라와 같은 경우는 독특한 민족으로서 언어와 풍속도 특수하고 문화도 다르다.

그러므로 원칙적으로 관광에 있어서 국내관광과 국제관광을 구별하지 않는 것이 이상적인 최선책이라 하겠으나, 선전 및 인쇄물의 외국어 사용과 숙박시설의 이용이 외국인 관광객에게 맞지 않으면 안되는 데에 바로 문제가 있다고 하겠다.

요컨대, 관광은 원칙적으로 국제관광과 국내관광으로 구별할 필요가 없으며, 또한 구별하지 않는 것이 이상적 상태이기는 하나, 각 나라에 있어서 생활풍습의 엄청난 차이가 해소되어 의·식·주의 기본생활이 국제간에 조화적으로 일률화될 때까지, 그리고 국가경제적 요청이 존속할 때까지는 불가피하게 그 구별이 행하여질 수밖에 없다고 본다.

3. 관광정책의 기본이념

1) 관광정책의 기본목적

관광정책의 이념을 설명하기에 앞서 먼저 관광정책의 기본목적에 관하여 기술하려는 것은, 관광정책의 목적이 관광정책의 이념을 실현하기 위해서 설정되어지는 수단이라면 관광정책의 목표는 관광정책의 목적을 보다 구체화한 것이기 때문이다.

관광정책이란 국가나 공공단체가 관광이라는 사회현상에 대하여 강구하는 시정(施政)의 방침을 가리키는 말인데, 즉 관광을 장려하고 진흥시키려는 정책을 의미한다. 그런데 왜 국가나 공공단체는 관광을 장려하고 진흥시키려 하는 것일까.

관광이 관광정책의 대상으로 취급될 수 있었던 것은 제1차 세계대전 이후의 일이며, 유럽 여러 나라의 정부가 관광의 경제적 효과에 주목하게 되면서부터 시작되었다. 즉 외국에서 온 여행자의 소비가 외화획득이 되어 국가경제에 이바지한다는 사실이 인식되면서 나라마다 적극적으로 외국인 관광객의 유치에 나섰던 것이 관광정책의 시작이었던 것이다.

이 당시 관광정책에 관한 연구는 대체로 관광소비의 경제에 관한 문제에 집중되었는데, 그것은 국제관광이 한 나라에 가져다 주는 경제적 이익이 강하게 의식되어 그와 같은 이익의 증대를 위한 여러 가지 방책을 추구하는 것이 관광정책에 부과된 과제였기 때문이다. 이와 같은 사실에 입각하여 고찰해 본다면, 국가나 공공단체가 관광정책을 실시하게 된 목적은 관광사업을 진흥시킴으로써 '외화획득(外貨獲得)'이라는 이념을 실현시키려는 데 있었던 것이다.

외화획득에 의해 국제수지(國際收支)를 개선하는 일은 어떤 나라이건 바라는 바이기 때문에 오늘날에도 각 나라에서는 여러 가지 그러한 관광정책을 실시하고 있는 것이 사실이다. 그렇지만 국제수지 개선만을 위주로 관광정책을 실시한다면 한 나라의 흑자는 다른 나라의 적자를 의미하게 되므로, 결국 관광사업은 각 나라가 외래관광객으로부터 외화를 벌어들이는 것을 의미하게 된다. 이와 같은 관점에 입각해서 본다면, 자기 나라 국민의 해외여행을 가능한 한 억제시키고 어떻게 해서든지 외국인관광객을 유치하는 정책이 되고 만 것이기 때문에, 외화획득에 의한 국제수지의 개선이라고 말하는 관광정책의 이념에는 문제가 있다. 반드시 관광수지가 흑자인 나라만이 훌륭한 나라인 것은 아니기 때문이다. 예를 들어 미국이나 독일의 경우 심한 적자인 때에도 자국민의 해외여행을 권장하고 있는 점을 감안한다면, 관광수지가 흑자인 때에도 해외여행을 허용하지 않는 나라도 그리 자랑스러운 것만은 아니다.

그 나라의 국민이 외국에 여행하여 외화를 쓰더라도 무역이나 문화 등에서 그 이상의 성과를 올린다면 오히려 그 편이 효과가 더 크다고 본다. 그러므로 외화획득만을 관광정책의 이념으로 내세울 수는 없는 것이다.

오늘날 관광은 국제관광이 가져오는 국제수지 외에도 국제친선(國際親善)이라는 효과와 국내관광이 가져오는 국민후생(國民厚生) 등의 효과에도 기여하고 있으므로, 현대에 있어서 관광정책의 이념은 국제간에 상호 이해와 협조를 포함한 국제친선과 보건 및 교육을 포함한 국민후생의 증진에 있다고 하겠다.

더구나 국제관광이 국제친선에 의하여 평화에 이바지한다는 것은 국제연합이 1967년을 "국제관광의 해"로 지정했을 때의 "관광은 평화에로의 패스포트"라는 슬로건에도 명시되어 있는 것처럼, 국제간의 관광왕래가 나라와 나라와의 관계를 시정하여 평화를 유지하는 힘으로써 큰 역할을 하고 있다고 말할 수 있다.

다음으로 국민후생이라는 이념이 외화획득이라는 이념에 비한다면 훨씬 늦게 제기된 것이지만, 이러한 입장을 가장 잘 표현한 것이 소셜 투어리즘(social tourism)이다. 소셜 투어리즘이란 오늘날 관광이 국민후생에 큰 효과를 가지고 있음에 주목하여 정부나 지방공공단체가 관광을 활발하게 하기 위해서 여러 가지의 시책을 취하는 일과 관광을 국민 일반의 것으로 넓혀 나가고자 하는 생각을 말하는 것이다.

그러나 여러 정책 가운데서 국민후생으로서의 관광정책이 필요하다고 인정을 하면서도 다른 정책, 예를 들면 교통정책·주택정책 그리고 문화정책 등과 경합할 경우에 과연 다른 정책을 제쳐놓고 관광정책을 우선적으로 정부나 공공단체가 실시할 것인가? 만약 반대에 부딪쳤을 때 설득할 만한 관광정책의 기본이념이 확립되어져야만 할 것이다.

국가나 공공단체는 관광사업을 진흥시킴으로써 앞에서 말한 국제친선, 국민후생과 같은 관광정책의 이념을 실현하려는 것이나, 관광사업은 그 영향이 관광객의 효용에만 미치는 것이 아니라 사업이 가져올 경제적·사회적 효과에까지 미치는 것이기 때문에, 단지 관광정책의 목적을 관광사업을 진흥시키기 위한 것이라고 말하는 경우에는, 관광의 본래적 목적인 관광객의 효용은 젖혀놓고 관광사업자의 이익만을 가져오게 하는 관광이 될 우려가 있다. 실제 관광사업자 가운데 일부는 이윤추구에 급급한 나머지 본래의 관광목적에 따르지 않은 사람도 없지 않다.

그러므로 관광사업은 본래의 관광목적을 확립시켜, 이에 기여하기 위하여 추진되어야만 한다. 요약컨대, 관광정책의 기본목적은 단지 "관광사업의 진흥"이 아니고 "관광객의 효용을 위한 관광사업의 진흥"이라는 방향에서 고려되어야 한다고 본다.

2) 관광정책의 기본이념

관광정책의 기본목적은 "관광객의 효용을 위한 관광사업의 진흥"이라는 방향에서 고려되어야 한다고 앞에서 설명한 바 있다.

관광객의 효용을 위한 관광사업을 진흥시키기 위해서는 무엇보다도 먼저 관광의 의의와 효과에 대한 올바른 이해가 필요하다고 본다. 관광은 관광행동 자체가 효과를 가지는 것으로, 관광가치에 의하여 생기는 본래의 효과는 관광행동의 주체자인 관광객에게 그 효과가 미치는 것이라야 한다. 사람에게는 관광을 하고자 하는 의욕이 있고, 이것을 만족시키는 데 따라 근로의욕은 증대되고, 문화적 교양도 높아지는 것이다.

그러므로 관광정책의 기본이념은 어떻든 관광객이 느끼는 관광의 효용을 제1의적(第一義的)인 것으로 생각하지 않을 수 없다.

그렇다면 국제관광에 의한 국제수지의 개선을 지나치게 중시하려는 생각은 올바른 것이 못된다고 본다.

국제관광의 경우에는 그 소비금액보다도 그에 의하여 생기는 효과를 주로 생각하여야 한다. 종래의 사고방식에 따른다면, 자기 나라 사람의 외국여행을 될 수 있는 한 제한하고, 외국인 여행자의 유치와 소비에 힘을 써야 한다는 것이었으나, 이러한 생각이 잘못된 생각이라는 것은 이미 앞에서 지적한 바 있다. 자국민의 외국여행도 그에 의해 마음의 편안을 얻고, 새로이 견문을 넓히는 문화적 효과를 올리면서, 거기에다 무역촉진 등의 효과까지도 올린다면 결코 제한할 것은 못된다고 본다.

그럼에도 불구하고 관광경영의 주체인 국가 또는 공공기관에서는 관광정책을 수행하는 과정에서 국제관광을 외화획득에의 수단으로만 지나치게 의식한 나머지 관광소비자가 관광행위를 통하여 근로의욕이 증대되고 문화적 교양을 향상시킨다는 그 본래의 이념을 저버리고 국제관광에 의한 국제수지의 개선만을 중시하는 경향이 있다.

물론 국제관광이 한 나라의 국제수지의 개선에 절대적인 요소인 것은 부인할 수 없는 사실이다. 그러나 이것은 어디까지나 관광왕래에 의하여 나타나는 효과이지 외화획득이 국제관광의 절대적인 요소일 수만은 없다.

그러므로 국제관광정책의 기본이념은 관광객의 관광효용과 그러한 관광행동으로부터 파생되는 효과를 그의 본질로 해야 한다. 여기에서 관광객의 관광효용이라 함은 관광행동에 의한 관광객 자신의 유익성 곧 관광객의 만족도를 말하며, 관광행동으로부터 파생되는 효과라는 것은 관광객의 소비활동에 따라 생기는 경제적·사회적 영향, 즉 외화획득에 의한 국제수지의 개선, 관광왕래에 의한 국제친선의 증진 및 보건의 증진, 고용의 증대 및 사회간접자본의 개발을 통한 국내산업의 발전 등으로 국민소득향상과 조세수입 증대에 미치는 국가적 효용성을 말한다. 그러므로 관광정책을 수행하는 과정에서 국제관광에 의한 국제수지의 개선만을 내세워 그것을 중요시하는 것은 관광정책의 근본적인 이념에 어긋나는 것이다.

그러나 현실적으로 국제수지의 균형이 불안정한 개발도상국에서는 국제관광이 국제수지개선의 유일한 수단이 되고 있음은 잘 알려진 사실이다. 전래적으로 관광의 과도기 상태에서는 어느 나라를 막론하고 자기 나라의 외화절약상 가급적 해외여행을 통제하고 있다. 때문에 국제관광 하면 으레 인바운드(inbound)만을 생각하기 쉽고 아웃바운드(outbound)는 거의 생각지 않는 것이 일반적인 것 같다. 자기 나라 사람의 해외여행도 관광으로 인하여 견식을 넓히고, 또한 상호인적(人的)인 교류나 문화적인 교류를 통하여 국제간의 이해증진과 국제친선 및 대외무역의 촉진 등의 효과를 생각한다면 자국인의 해외여행을 결코 억제해서는 안 될 것이다.

국제관광에 있어서 국내인의 해외여행효과가 외국관광객의 국내유치 그것에 비해 훨씬 유리하다는 것을 생각하면 자국민의 해외여행 개방이 국제관광에 있어 오히려 이상적이고 또 그것이 합리적인 경영방법인지도 모른다. 미국이나 영국, 일본 등과 같은 선진국에서는 관광수지면에서 계속 적자를 면하지 못하고 있음에도 불구하고 자국민의 외국여행을 독려하여 관광객을 송출하는 정책을 지향하고 있다. 그 이유는 자국민이 해외여행을 통해서 얻는 효과가 관광유치면에서 외화수입이 차지하는 그것과 비교하여 훨씬 더 크기 때문이다.

그러므로 국제관광정책은 관광유치에 의한 외화획득 그 자체보다도 그로 말미암아 간접적으로 나타나는 파급적인 효과를 그의 본질적 이념으로 해야 할 것이다. 곧 국제관광정책을 수립함에 있어서는 외국관광객 유치에 의한 경제적 효과에만 집착하는 소극적인 정책을 지양하고 한 걸음 더 나아가서 자국민의 해외여행을 통하여 외국에서 자국을 널리 선전함으로써 국위선양에 기여할 수 있는 보다 적극적인 대외관광정책이 요망된다고 하겠다.

따라서 외래관광객의 수용면에 있어서도 외화획득이라는 효과보다도 자국을 외국인에게 널리 이해시킨다는 국제관광 본래의 효과를 위주로 해야 할 것이다. 물론 외국인 관광객을 유치하기 위하여 때로는 막대한 설비투자에도 불구하고 그 반대급부적인 외화수입이 오히려 저조하다면 그 또한 문제가 되지 않을 수 없겠으나, 국제관광정책의 근본이념은 어디까지나 국제친선이 주된 목적이 되어야 한다고 본다.

한편, 국내관광정책의 근본이념은 국민후생이 주된 목적이 되어야 한다. 소셜투어리즘이나 관광의 대중화라고 말하는 것은 관광정책 가운데서 가장 중요한 부분을 차지하는 것이라고 말할 수 있겠다.

4. 우리나라 관광정책의 변천과정

1) 1950년대의 관광정책

8·15해방 직후의 대혼란을 거쳐 1948년에 정부가 수립되었으나, 미처 관광행 정체제가 확립되기도 전에 1950년 6·25전쟁이 발발하여 전국의 관광시설이 전화(戰禍)로 전부 파괴되었던 것이다. 부산으로 피난을 간 정부는 1950년 12월에 교통부 총무과 소속으로 '관광계'를 신설하여 철도호텔업무를 관장케 하였으며, 그후 1954년 2월 10일 대통령령 제1005호로 교통부 육운국에 '관광과'로 승격시켜 관광사업에 대한 행정적인 체제를 마련하기 시작하였다.

1957년 11월에는 교통부가 현 세계관광기구(UNWTO)의 전신인 국제관설관광 기구(IUOTO)에 정회원으로 가입하게 됨으로써 우리나라도 세계관광의 흐름에 편승하는 계기가 되었다.

1958년 3월에는 '관광위원회'의 규정(規程)을 제정하여 교통부장관의 자문기관 으로 중앙관광위원회를, 도지사의 자문기관으로 지방관광위원회를 각각 설치하 여 다소나마 관광행정기능을 보강하였으나, 실질적으로는 관광행정이 이루어지 지 못하였다.

2) 1960년대의 관광정책

1960년대는 우리나라 관광사업의 기반조성과 국제관광객 유치를 위한 체제정 비의 시기였다고 할 수 있다.

1961년 8월 21일 제정·공포된 「관광사업진흥법」은 우리나라 관광의 획기적인 발전을 위한 최초의 법률이 되었으며, 이어서 1962년 4월 24일 제정·공포된 「국 제관광공사법」에 의하여 국제관광공사(현 한국관광공사의 전신)가 설립되어 한 국관광의 해외선전, 관광객 편의제공, 관광객 유치업무를 수행하기 시작하였다.

1963년 8월에는 교통부직제를 개정하여 관광과를 '관광국'으로 승격시켰는데,

이와 같이 관광의 중앙행정기관으로 신설된 관광국은 관광에 관한 종합적인 정책의 수립과 조정업무를 담당함과 동시에 시·도 관광업무의 감독기능을 수행케 함으로써 처음으로 통일되고 일관성 있는 관광행정을 집행할 수 있게 되었다. 또 1963년 3월에는 「관광사업진흥법」 제48조에 의거 대한관광협회(현 한국관광협회중앙회의 전신)가 설립되면서 도쿄와 뉴욕에 해외선전사무소를 최초로 개설하였다.

1965년 3월에는 대통령령 제2038호로 '관광정책심의위원회 규정'을 제정·공포하고, 이를 근거로 국무총리를 위원장으로 하는 '관광정책심의위원회'를 발족하였는데, 여기서 관광정책에 관한 주요 사항을 심의·의결케 함으로써 이 기구의 법적 지위를 높이는 한편 기능을 강화하였다.

1965년에는 관광부문의 국제회의인 제14차 아시아·태평양관광협회(PATA) 연차총회를 한국에 유치하여 각국 관광업계 대표들에게 한국관광 전반에 대해 알릴 수 있는 계기를 마련하기도 하였으며, 관광업계 종사원의 양성·배출을 위해 1962년 통역안내원시험 실시에 이어 1965년부터 관광호텔종사원 자격시험제도를 실시하였다.

1966년에는 외국관광전문가에게 한국관광지 전반에 관한 연구를 의뢰하였는데, 그 연구보고서(일명 Kauffman보고서)에는 한국관광사업의 밝은 전망이 제시되었다.

1967년은 '국제관광의 해'로 정하여 국제친선과 외래관광객의 방한을 촉진하였으며, 같은 해 3월에는 「공원법」이 제정됨에 따라 국내 최초로 지리산이 국립공원으로 지정되었다.

3) 1970년대의 관광정책

1970년대에 들어와서 정부는 관광사업을 경제개발계획에 포함시켜 국가의 주요 전략산업의 하나로 육성함과 동시에 관광수용시설의 확충, 관광단지의 개발 및 관광시장의 다변화 등을 적극 추진하여 1978년에는 역사상 처음으로 외래관광객 100만명을 돌파하는 성과를 거두었다.

이러한 관광진흥정책의 적극적인 추진에 의해 우리나라 관광이 규모와 질적인 면에서 크게 성장함에 따라 종래의 관광법규를 재정비함과 아울러 관광행정조직도 강화할 필요성을 느끼게 되었다.

그래서 1972년 12월 29일 제정된 「관광진흥개발기금법」에 따라 정책금융으로 관광진흥개발기금을 설치하였고, 1975년 4월에는 「관광단지개발촉진법」이 제정되어 경주보문관광단지와 제주중문관광단지 등과 같은 국제수준의 관광단지개발을 촉진하여 관광사업발전의 기반을 조성하는 데 기여하였다.

그리고 1975년 12월 31일에는 우리나라 최초의 관광법규인 「관광사업진흥법」을 발전적으로 폐지함과 동시에 폐지되는 법의 성격을 고려하여 「관광기본법」과 「관광사업법」으로 분리제정하였다. 특히 「관광기본법」은 우리나라 관광법규의 모법(母法)이며 근본법(根本法)의 성격을 갖는데, 이 법은 우리나라 관광진흥의 방향과 시책에 관한 사항을 규정함으로써 국제친선의 증진과 국민경제 및 국민복지의 향상을 기하고 건전한 국민관광의 발전을 도모하는 것을 목적으로 제정되었다.

한편, 우리나라 관광사업이 양적으로 확대되자 1972년 8월에는 교통부직제를 개정하여 '관광국'의 업무과를 폐지하고 기획과, 지도과, 시설과를 신설하여 관광행정기구를 보강함과 동시에 지방자치단체인 서울, 부산, 강원, 제주도에는 '관광과'를, 기타 7개 도에는 관광운수과 내에 '관광계'를 두어 관광업무를 관장케 함으로써 관광진흥을 위한 보다 강력한 행정력이 뒷받침되기에 이르렀다.

더욱이 1979년 9월에는 관광국을 '관광진흥국'과 '관광지도국'으로 확대 개편하고, 관광지도국 내에 '국민관광과'를 신설하여 관광지의 지도 및 개발은 물론, 국민관광에 대한 본격적인 정책수립의 입안이 시행되기에 이르렀다.

4) 1980년대의 관광정책

1980년대는 우리나라 관광이 도약한 시기라 할 수 있다. 즉 건전한 국민관광의 조성과 관광시장구조의 다변화 등 국제관광과 국민관광의 조화 있는 발전을 이루는 성장과 도약의 시기였다고 할 수 있다.

1980년 1월 5일에는 야간통행금지가 해제되고, 1981년부터는 국민관광지를 개발하기 시작하여 전략적 국제관광단지로서 경주보문관광단지 및 제주중문관광단지 개발에 이어 1983년에 충남도남관광단지와 1984년에는 남원관광단지 개발을 추진하기 시작하였다.

한편, 1983년 ASTA총회 및 교역전 서울 유치, 1985년 IBRD/IMF총회, 1986년 ANOC총회 및 86아시안게임, 1988년 서울올림픽 등 대규모 국제행사를 성공적으로 개최함으로써 관광산업의 비약적인 발전을 가져왔으며, 1988년에는 외래관광객 200만명을 돌파하는 성과를 거두기도 했다.

또한편, 1970년대 후반기에 들어서서 1인당 국민소득이 약 1,000달러에 이르러 국민관광의 여건이 조성되자, 이제까지의 국제관광 우선정책에서 벗어나 국민관광과의 병행발전정책으로 전환하게 됨으로써 새로이 발생하는 관광수요에 능동적으로 대처하기 위해 관광법규의 전면적인 개편이 필요하게 되었다.

이에 따라 1986년 5월 12일 「올림픽대회 등에 대비한 관광숙박업 등의 지원에 관한 법률」이 제정되었는데, 이 법은 제10회 서울아시아경기대회(1986년 개최)와 제24회 서울올림픽대회(1988년 개최)를 원활히 개최하도록 하기 위하여 올림픽이 끝나는 1988년 12월 31일까지만 유효한 한시법(限時法)으로 제정되었다. 또 1986년 12월 31일에는 「관광진흥법」이 제정되었는데, 이 법은 관광여건을 조성하고 관광자원을 개발하며 관광사업을 육성하여 관광진흥에 이바지하는 것을 목적으로 한다.

5) 1990년대의 관광정책

1990년대는 2000년 ASEM회의 개최 준비, 2001년 한국방문의 해 사업 준비, 2002년 한·일월드컵축구대회 준비 등 다가오는 21세기 관광선진국을 대비한 재도약의 시기라고 할 수 있다.

1991년에는 외국인 관광객이 300만명을 넘어섰고, 아르헨티나에서 개최된 제9차 세계관광기구(UNWTO) 총회에서 우리나라가 UNWTO 집행이사국으로 선출되어 국제관광협력의 기반을 다진 한해였다.

1993년에는 대전엑스포를 성공리에 개최하였으며, 엑스포 전후 기간 중에는 일본인 관광객에게 무사증 입국을 허용함으로써 일본인 관광객 유치 증대에 크게 기여하였다.

1994년에는 서울정도 600주년을 기념하여 우리의 전통문화를 세계에 널리 알리고 한국관광의 재도약과 세계화의 계기로 삼기 위해 추진한 "한국방문의 해(Visit Korea)" 사업을 성공적으로 추진하였으며, 아시아·태평양관광협회(PATA)의 연차총회, 관광교역전 및 세계지부회의 등 국제행사를 유치 개최하였다.

한편, 제도면에서는 종래 「사행행위등 규제 및 처벌특례법」에서 사행행위영업의 일환으로 지방경찰청에서 관리해오던 카지노업을 1984년 8월 3일 「관광진흥법」을 개정하여 관광사업의 일종으로 전환 규정하고 문화체육부장관이 허가권을 갖게 되었다.

1996년 12월에는 대규모 관광수요를 유발하는 국제회의산업을 관광과 연계하여 발전할 수 있도록 하기 위하여 「국제회의산업 육성에 관한 법률」을 제정하였으며, 1997년 1월에는 관광숙박시설의 확충을 위해 「관광숙박시설지원 등에 관한 특별법」을 제정하였다. 그리고 이 해에는 우리나라가 세계에서 29번째로 OECD(경제협력개발기구)에 가입함으로써 서방선진국의 관광정책기구들과 협력할 수 있는 체계를 마련하기도 했다.

1998년 2월 28일에는 정부조직의 개편으로 문화체육부가 문화관광부로 그 명칭이 바뀌었는데, 이 과정에서 "관광(觀光)"이라는 단어가 정부부처 명칭에 처음으로 들어가게 됨으로써 정책입안 및 그 추진에 있어 관광산업에 높은 비중을 부여하게 되었던 것이다.

6) 2000년대의 관광정책

2000년대는 뉴 밀레니엄을 맞이하여 21세기 관광선진국으로서의 힘찬 도약을 준비하는 시기라고 할 수 있다.

2000년도에는 국제관광교류의 증진과 국내관광 수용태세 개선에 주력했다. 제1회 APEC 관광장관회의와 제3차 아시아·유럽정상회의(ASEM)를 성공적으로 개최하여 국제적 위상을 한층 제고하였다.

2001년에는 동북아 중심의 허브공항 구축의 일환으로 인천국제공항이 개항하였으며, '2001년 한국방문의 해' 사업을 통해 관광의 선진화를 위한 제반 사업이 수행되었다. 또 관광산업의 국제화를 위하여 제14차 세계관광기구(UNWTO) 총회를 성공적으로 개최하였다.

2002년에는 '한국방문의 해'를 연장하고, 한·일월드컵 축구대회 및 부산아시안게임의 성공적인 개최로 국가이미지는 한층 높아져 외래관광객의 방한욕구를 증대시켰다. 또한 관광진흥확대회의의 정기적인 개최로 법제도 개선, 유관부처의 협력모델을 도출하고 관광수용태세 개선에 만전을 기하였다.

2003년은 동북아경제중심국가 건설을 위한 원년으로 아시아 관광허브 건설기반 구축과 개발중심의 관광정책에서 문화예술 및 생태적 가치지향의 관광정책으로의 전환과 국제적 관광인프라 확충을 추진하는 데 중점이 주어졌다. 그러나 연초부터 전 세계적으로 확산된 사스(SARS)와 이라크전쟁 등의 영향으로 전 세계적으로 관광시장이 위축된 한해이기도 하였다. 외래관광객 1천만명 유치와 국민관광시대의 실현을 목표로 한 '참여정부 관광정책 18대과제'가 수립되었다.

2004년은 '관광진흥5개년계획(2004~2008)'이 수립되었으며, 주5일근무제의 확산, 고속철도(KTX)시대의 도래 등 관광환경이 변화되었으며, 제주에서 개최된 제53차 아시아·태평양관광협회(PATA) 연차총회는 참가인원면에서 역대 최대의 성과를 거두기도 하였다.

2005년 4월과 6월 속초와 안동에서 각각 '종합관광안내정보 서비스 개통식'을 열고 관광과 첨단 IT기술의 만남, 유-트레블(U-Travel)시대의 개막을 선포하였다. 또 2005년 5월 12일부터 14일까지 부산에서 제4차 APEC 관광포럼이 개최되었는데, 2005년 11월 부산에서 개최되는 APEC 정상회의에 앞서 'APEC 관광의 점검, 미래에 대한 준비'를 주제로 논의되었다. 또한 2005년 5월 22일부터 26일까지 속초에서 동남아국가연합(ASEAN) 10개국과 한·중·일 3국이 참여하는 ASEAN+3NTO(정부관광기구) 회의가 개최되었다. 그리고 2005년 7월에는 문화, 관광 그리고 스포츠산업을 우리나라의 새로운 성장동력산업으로 만들기 위한 청사진인 'C-Korea 2010'이 수립·발표되었으며, 2005년 9월 6일과 7일에는 광주에서 OECD 국제관광회의가 개최되었다.

한편, 2005년 8월부터는 저소득 중소기업체 근로자들을 위한 '여행바우처'제도가 시행되었는데, 관광진흥개발기금 20억원을 활용해 시행되는 여행바우처 제도는 외국인근로자를 포함하여 월소득 250만원 이하의 중소기업체 근로자 1,500만명 내외에게 여행경비의 40%를 15만원 이내에서 지원하고 있다.

2006~2007년에는 외래관광객 입국이 낮은 증가세를 보임에 따라 관광수지 적자가 심화되면서 정부차원에서 관광수지 적자 개선을 위한 대책 마련에 정책 역량을 집중하였다. 따라서 2006년 12월 관광산업 경쟁력 강화대책에서는 관광산업에 대한 조세부담 완화, 신규투자 및 창업촉진을 위한 제도 개선, 해외 관광시장의 획기적 확대 여건 조성, 국민 국내관광 활성화, 관광자원의 품격과 부가가치 제고 등 다섯 개 분야에 걸쳐 총 62개 과제 추진 등 획기적인 범정부적 대책을 발표하였다.

정부는 이와 같이 매년 관광수지 적자가 지속적으로 심화되고 있는 점을 감안하여 2007년 4월에는 한국 고유의 관광브랜드 'Korea, Sparkling'을 선포하고 홍보를 다각화하는 한편, 가격은 낮고 품질은 높은 중저가 숙박시설인 '굿스테이 (Goodstay)'와 중저가 숙박시설 체인화 모델인 '베니키아(BENIKEA)' 체인화 사업 운영을 위한 기반을 구축하였다. 또 중국인 관광객 확보를 위해 비자제도를 개선하고, 국내관광 인식 개선을 위한 '대한민국 구석구석 캠페인'을 강화하는 등 해외 관광수요의 국내 전환과 국내관광 활성화를 위한 여건을 개선하였다.

한편, 정부는 남북관광 교류협력사업을 지속적으로 확대하여 남북을 단일 관광권으로 조성하고 동북아 관광의 중심지로 발전시키기 위한 기반을 마련하였다. 2007년 5월에는 경의선 및 동해선의 남북철도연결구간 열차 시범운행이 이루어졌고 6월부터 내금강 관광길이 개통되면서 남북교류의 분위기가 조성되었다.

2007년 10월 남북정상회담에서는 남북 간 사회문화 분야 교류 협력의 일환으로 금강산관광에 이어 직항로를 통한 백두산관광에 대한 협력을 추진하기로 합의하였다. 이와 관련하여 2007년 11월에는 민·관 전문가 그룹으로 구성된 현지 실사단이 북한을 방문하여 백두산 삼지연 공항의 활주로와 공항시설 및 직항로 개설을 위한 인프라를 점검하였다. 또 2007년 12월 5일부터는 고려의 옛 도읍인 개성시내와 박연폭포를 관람할 수 있는 당일코스의 개성관광이 본격적으로 시작되어 남북관광의 새로운 전기가 마련되었다.

2008년도에 들어와 정부는 관광산업의 국제경쟁력 강화를 위해서 2008년을 '관광산업 선진화 원년'으로 선포하고 '서비스산업 경쟁력 강화 종합대책' 등 범정부 차원의 대책을 본격적으로 추진하였다. 동년 3월과 12월의 2차례에 걸친 관광산업 경쟁력 강화회의를 비롯하여, 2008년 4월에는 서비스산업선진화(PROGRESS-1) 방안의 일환으로 「관광진흥법」, 「관광진흥개발기금법」, 「국제회의산업 육성에 관한 법률」 등 이른바 관광3법상의 권한사항을 제주특별자치도지사에게 일괄 이양하기로 결정하는 등 적극적이고 지속적인 노력이 추진되었다.

이밖에 2008년에는 민간주도로 3년간 추진되는 '2010~2012 한국방문의 해'를 선포하고, 경제발전, 환경복원, 문화 등이 조화된 한국형 녹색뉴딜사업으로 '문화가 흐르는 4대강 살리기' 사업추진 계획을 발표하였다. 또 정부는 2008년 12월

'2단계 관광산업 경쟁력 강화대책'에서 MICE, 의료관광 등 고수익 관광산업의 전략적 육성을 위한 방안을 발표하였다.

이와 같이 정부는 2008년을 '관광산업 선진화 원년'으로 선포하였고, 이를 위한 일련의 계획들을 2009년에도 지속적으로 추진하였다. 특히 2008년도가 관광산업 선진화를 위한 계획연도라고 한다면 2009년도는 이를 가시화하고 지역관광 활성화 방안을 집중적으로 추가 발굴(2009.7.21)하여 추진한 해라 할 수 있다.

2009년도 정부의 관광산업의 경쟁력 강화와 지역관광 활성화 방안의 세부 추진방향은 '혁신적인 규제완화 및 제도개선'과 '고부가가치 관광산업 육성' 그리고 '시장친화적 민간투자 및 신규시장 확대'로 구분될 수 있는데, 이러한 과제들은 2009년도에 가능한 모두 추진 완료하였으며, 중장기적 추진이 필요한 과제들의 경우는 2010년에 지속 추진하기로 하였다.

이 결과 전 세계 대다수 국가의 관광산업이 침체상태를 면치 못하였으나 우리나라는 환율효과 등 외부적 환경을 바탕으로 삼아 적극적 관광정책 추진으로 관광객이 증가하여 9년 만에 관광수지 흑자로 전환하는 데 성공하였다. 가장 큰 성과로는 관광산업 정책여건 개선 및 도약의 밑거름이 되었다는 점에 있다. 특히 가시적 성과로는 2011년 UNWTO 총회 유치(2009.10), 의료관광 활성화 법적 근거 마련(2009.3), MICE · 의료 · 쇼핑 등 고부가가치 관광여건을 개선하였으며, 문화가 흐르는 4대강 살리기 사업, 생태녹색관광, 이야기가 있는 문화생태탐방로 등 저탄소 녹색관광 활성화의 기반을 마련하였다.

제2절 관광행정조직과 관광기구[9]

1. 우리나라 관광행정의 전개과정

우리나라 관광행정의 역사를 살펴보면, 1950년 12월에 교통부 총무과 소속으로 '관광계'를 설치함으로써 교통부장관이 관광에 관한 행정업무를 관장하기 시작하였고, 그 후 1954년 2월에는 교통부 육운국 '관광과'로 승격시켰으며, 1963년 8월에는 육운국 관광과를 '관광국'으로 승격시켜 관광행정조직을 강화함으로써 우리나라 관광이 발전할 수 있는 기틀을 마련하였다.

1994년 12월 23일에는 정부조직 개편에 따라 그동안 교통부장관이 관장하고 있던 관광업무가 문화체육부장관으로 이관됨으로써 우리나라 관광행정의 주무관청은 문화체육부장관이었으나, 1998년 2월 28일 다시 정부조직의 개편으로 문화체육부가 문화관광부로 개칭(改稱)되면서 '관광(觀光)'이라는 단어가 정부부처 명칭에 처음으로 들어가게 되었고, 2005년 3월 31일에는 관광레저도시추진기획단 직제를 신설하였다.

2008년 2월 29일에는 「정부조직법」 개정으로 문화관광부가 문화체육관광부로 명칭이 바뀌었고, 관광레저도시추진기획단장이 관광레저도시기획관으로 변경되었으며, 2009년 4월 17일에는 관광레저도시기획관이 관광레저기획관으로 변경되어 현재에 이르고 있다.

이에 따라 문화체육관광부는 산하의 관광산업국이 중심이 되어 외래관광객의 유치증대와 관광수입증대, 관광산업에 대한 외국자본의 유치증대 등을 통한 경제사회 발전에의 기여 및 국민관광의 균형발전을 통한 복지국가 실현이라는 목표를 설정하고 각종 관광산업육성정책을 의욕적으로 추진하고 있다.

---

9) 조진호 외 3인 공저, 관광법규론(서울 : 현학사, 2013), pp. 68~86, pp. 252~268.

2. 중앙관광행정조직

1) 서 설

국가의 중앙관광행정기관은「헌법」및 그에 의거한 국가의 일반중앙행정기관에 대한 일반법인「정부조직법」그리고 관광에 관한 특별법인「관광기본법」,「관광진흥법」,「관광진흥개발기금법」등에 의하여 설치된다.

「헌법」과 법령에 의거한 국가의 중앙관광행정기관을 개관하면, 국가원수이자 정부수반인 대통령이 중앙관광행정기관의 정점이 되고, 그 밑에 심의기관인 국무회의가 있고, 그리고 대통령의 명을 받아 문화체육관광부를 포함한 각 행정기관을 통할하는 국무총리가 있다. 국무총리 밑에는 관광행정의 주무관청인 문화체육관광부장관이 있다.

2) 대통령

대통령은 외국에 대하여 국가를 대표하는 국가원수로서의 지위와 행정부의 수반으로서의 지위 등 이중적 성격을 갖는다.

대통령은 행정부의 수반으로서 중앙관광행정기관의 구성원을「헌법」과 법률의 규정에 의하여 임명하고, 관광행정에 관한 최고결정권과 최고지휘권을 가진다. 또한 관광행정에 대한 예산편성권 기타 재정에 관한 권한을 가진다. 또한 대통령은 관광에 관련한 법률을 제안할 권한을 가지며, 국회가 제정한 관광관계법을 공포하고 집행한다. 그리고 그 법률에 이의가 있으면 법률안거부권을 행사할 수 있다.

한편, 대통령은 관광관련 법률에서 구체적으로 범위를 정하여 위임받은 사항과 그 법률을 집행하기 위하여 필요한 사항에 관하여 대통령령을 제정할 수 있는 행정입법권을 가진다. 대통령령으로 제정된 관광관련 행정입법으로는「관광진흥법 시행령」,「관광진흥개발기금법 시행령」,「한국관광공사법 시행령」등이 있다.

3) 국무회의

우리 헌법상 국무회의는 정부의 권한에 속하는 중요한 정책(관광정책을 포함)을 심의하는 행정부의 최고 심의기관이다. 국무회의는 대통령(의장)을 비롯한 국무총리(부의장)와 문화체육관광부장관 등을 포함한 15인 이상 30인 이하의 국무위원으로 구성된다.

국무회의에서는 관광에 관한 법률안 및 대통령령안, 관광관련 예산안 및 결산 기타 재정에 관한 중요한 사항, 문화체육관광부의 중요한 관광정책의 수립과 조정, 정부의 관광정책에 관계되는 청원의 심사, 국영기업체인 한국관광공사의 관리자의 임명, 기타 대통령·국무총리·문화체육관광부장관이 제출한 관광에 관한 사항 등을 심의한다.

국무회의는 의결기관이 아니고 심의기관에 불과하기 때문에 그 심의결과는 대통령을 법적으로 구속하지 못하며, 대통령은 심의내용과 다른 정책을 결정하고 집행할 수 있다.

4) 국무총리

국무총리는 최고의 관광행정관청인 대통령을 보좌하고, 관광행정에 관하여 대통령의 명을 받아 문화체육관광부장관 뿐만 아니라 행정각부를 통할한다. 또한 국무회의 부의장으로서 주요 관광정책을 심의하고, 대통령이 궐위되거나 사고로 인하여 직무를 수행할 수 없을 때에는 그 권한을 대행한다.

국무총리는 관광행정의 주무관청인 문화체육관광부장관의 임명을 대통령에게 제청하고, 그 해임을 대통령에게 건의할 수 있다. 또한 국무총리는 국회 또는 그 위원회에 출석하여 관광행정을 포함한 국정처리상황을 보고하거나 의견을 진술하고, 국회의원의 질문에 응답할 권리와 의무를 가진다.

국무총리도 관광행정에 관하여 법률이나 대통령령의 위임이 있는 경우 또는 그 직권으로 총리령을 제정할 수 있다.

5) 문화체육관광부장관

(1) 지위와 권한

문화체육관광부장관은 정부수반인 대통령과 그 명을 받은 국무총리의 통괄 아래에서 관광행정사무를 집행하는 중앙행정관청이다.

「정부조직법」제30조에 의하면 "문화체육관광부장관은 문화·예술·영상·광고·출판·간행물·체육·관광에 관한 사무를 관장한다"고 규정하고 있으므로 문화체육관광부장관이 관광행정에 관한 주무관청이 된다.

문화체육관광부장관은 국무위원의 자격으로서 관광과 관련된 법률안 및 대통령령의 제정·개정·폐지안을 작성하여 국무회의에 제출할 수 있으며, 관광행정에 관하여 법률이나 대통령령의 위임 또는 직권으로 부령을 제정할 수 있다. 현재 관광과 관련하여 문화체육관광부령으로 제정된 부령으로는 「관광진흥법 시행규칙」과 「관광진흥개발기금법 시행규칙」 등이 있다.

그리고 문화체육관광부장관은 관광행정사무를 통괄하고 소속 공무원을 지휘·감독하며 관광행정사무에 관하여 지방행정기관의 장을 지휘·감독한다. 그리고 관광행정사무에 관하여 정책을 수립·운영하며 중앙관서의 장으로서 관광에 관한 각종의 재정에 관한 권한을 가진다.

(2) 보조기관 및 분장업무

문화체육관광부장관의 관광행정에 관한 권한행사를 보조하는 것을 임무로 하는 보조기관으로는 문화체육관광부 제1차관 및 관광산업국장이 있다. 개정된 「문화체육관광부와 그 소속기관 직제」에 따르면 관광산업국장 밑에는 관광레저기획관을 두며, 관광산업국에는 관광정책과·관광진흥과·국제관광과·녹색관광과·관광레저도시과 및 새만금개발과를 둔다. 관광레저기획관은 녹색관광과·관광레저도시과 및 새만금개발과의 소관사무에 관하여 관광산업국장을 보좌한다.

(3) 관광산업국장은 다음 사항을 분장한다.

1. 관광산업진흥을 위한 종합계획의 수립 및 시행
2. 관광개발기본계획의 수립 및 권역별 관광개발계획의 협의·조정
3. 관광산업 정보화 및 통계
4. 남북관광 교류 및 협력
5. 국내 관광진흥 및 외래관광객 유치
6. 관광분야 전문인력 양성
7. 카지노업, 여행업, 관광숙박업, 관광객이용시설업, 국제회의업, 유원시설업 및 관광편의시설업의 육성
8. 문화·예술·민속·레저·생태·전통음식 및 문화관광축제 등 관광자원의 관광상품화
9. 관광지, 관광단지 및 관광특구의 개발·육성
10. 관광진흥개발기금의 조성과 운용
11. 국제관광기구 및 외국정부와의 관광 협력
12. 관광안내체계의 개선 및 편의 증진
13. 관광레저형 기업도시 개발·육성
14. 국내외 관광 투자유치 촉진 및 지방자치단체의 관광 투자유치 지원
15. 새만금 관광단지 개발
16. 4대강 유역 관광자원 개발과 활성화

3. 지방관광행정조직

1) 국가의 지방행정기관

국가의 지방행정기관은 그 주관사무의 특성을 기준으로 보통지방행정기관과 특별지방행정기관으로 나누어진다. 전자는 해당 관할구역 내에 시행되는 일반적인 국가행정사무를 관장하며, 사무의 소속에 따라 각 주무부장관의 지휘·감독

을 받는 국가행정기관을 말한다. 반면에 후자는 특정 중앙관청에 소속하여 그 권한에 속하는 사무를 처리하는 기관을 말한다. 관광행정에 관한 특별행정기관은 없다.

현행법상 보통지방행정기관은 이를 별도로 설치하지 아니하고 지방자치단체의 장인 특별시장, 광역시장, 특별자치시장, 도지사, 특별자치도지사와 시장·군수 및 자치구의 구청장에게 위임하여 행하고 있다(지방자치법 제102조). 따라서 지방자치단체의 장은 국가사무를 수임·처리하는 한도 안에서는 국가의 보통지방행정기관의 지위에 있는 것이며, 지방자치단체의 집행기관의 지위와 국가보통행정관청의 지위를 아울러 가진다. 그러므로 지방관광행정조직은 지방자치단체의 조직과 같다고 할 수 있다.

2) 지방자치단체의 관광행정사무

(1) 지방자치단체의 종류 및 성질

우리나라 지방자치단체는 국가공공단체의 하나로서 국가 밑에서 국가로부터 존립목적을 부여받은 일정한 관할구역을 가진 공법인(公法人)을 말한다. 현행 「지방자치법」의 규정에 따르면 지방자치단체는 ① 특별시, 광역시, 도, 특별자치도와 ② 시, 군, 구의 두 종류로 구분하고 있다(동법 제2조). 여기서 지방자치단체인 구(이하 "자치구"라 한다)는 특별시와 광역시의 관할구역 안의 구만을 말한다.

특별시, 광역시, 도, 특별자치도(이하 "시·도"라 한다)는 정부의 직할하에 두고, 시는 도의 관할구역 안에, 군은 광역시나 도의 관할구역 안에 두며, 자치구는 특별시와 광역시의 관할구역 안에 둔다(지방자치법 제3조).

(2) 지방자치단체의 관광행정사무

지방자치단체는 그 관할구역 안의 자치사무와 위임사무를 처리하는 것을 목적으로 한다. 여기서 자치사무(自治事務)란 지방자치단체의 존립목적이 되는 지방적 복리사무를 말하고, 위임사무(委任事務)란 법령에 의하여 국가 또는 다른 지방자치단체의 위임에 의하여 그 지방자치단체에 속하게 된 사무를 말한다. 또한 위임사무는 지방자치단체 자체에 위임되는 단체위임사무(團體委任事務)와 지방자치단체의 장 또는 집행기관에 위임되는 기관위임사무(機關委任事務)로 구분된다.

관광행정은 국가사무이기 때문에 주로 기관위임사무이며, 이 사무를 처리하는 지방자치단체는 국가의 행정기관이 된다.

지방자치단체가 관광과 관련하여 행하는 사무로는 첫째, 국가시책에의 협조인데, 지방자치단체는 관광에 관한 국가시책에 필요한 시책을 강구하여야 한다(관광기본법 제6조). 둘째, 공공시설 설치사무로서, 지방자치단체는 관광지 등의 조성사업과 그 운영에 관련되는 도로, 전기, 상·하수도 등 공공시설을 우선하여 설치하도록 노력하여야 한다(관광진흥법 제57조). 셋째, 입장료·관람료 및 이용료의 관광지등의 보존비용 충당사무이다. 지방자치단체가 관광지등에 입장하는 자로부터 입장료를, 관광시설을 관람 또는 이용하는 자로부터 관람료 또는 이용료를 징수한 경우에는 관광지등의 보존·관리와 그 개발에 필요한 비용에 충당하여야 한다(관광진흥법 제67조 3항).

(3) "제주특별법"상 관광관련 특례규정

「제주특별자치도 설치 및 국제자유도시 조성을 위한 특별법」에 따르면 국가는 제주자치도가 자율적으로 관광정책을 시행할 수 있도록 관련 법령의 정비를 추진하여야 하며, 관광진흥과 관련된 계획을 수립하고 사업을 시행할 경우 제주자치도의 관광진흥에 관한 사항을 고려하여야 한다. 이에 따라 제주자치도는 자율과 책임에 따라 지역의 관광여건을 조성하고 관광자원을 개발하며 관광사업을 육성함으로써 국가의 관광진흥에 이바지하여야 하는데, 이를 위한 관광진흥관련 특례규정을 살펴보면 다음과 같다.

가) 국제회의산업 육성을 위한 특례(제주특별법 제170조)

문화체육관광부장관은 국제회의산업을 육성·지원하기 위하여 「국제회의산업 육성에 관한 법률」 제14조에도 불구하고 제주자치도를 국제회의도시로 지정할 수 있다.

나) 카지노업의 허가 등에 관한 특례(제주특별법 제171조)

관광사업의 경쟁력 강화를 위하여 외국인전용 카지노업에 대한 허가 및 지도·감독 등에 관한 문화체육관광부장관의 권한을 제주도지사의 권한으로 하고, 그와 관련된 허가요건·시설기준을 포함하여 여행업의 등록기준, 관광호텔의 등급결정 등에 관한 사항을 도조례로 정할 수 있도록 하였다.

다) 관광숙박업의 등급 지정에 관한 특례(제주특별법 제171조의2)
   ① 「관광진흥법」 제19조제1항(관광숙박업의 등급)에 따른 문화체육관광부장관의 권한은 제주도지사의 권한으로 한다.
   ② 「관광진흥법」 제19조제2항(우수숙박시설 지정)에서 대통령령으로 정하도록 한 사항은 도조례로 정할 수 있다.

라) 외국인투자의 촉진을 위한「관광진흥법」 적용의 특례(제주특례법 제171조의6)
제주도지사는 카지노업의 허가를 받으려는 자가 외국인투자를 하려는 경우로서 일정한 요건을 갖추었으면「관광진흥법」 제21조(카지노업의 허가요건등)에도 불구하고 같은 법 제5조제1항에 따른 카지노업(외국인전용의 카지노업으로 한정한다)의 허가를 할 수 있다.

마) 관광진흥개발기금 등에 관한 특례(제주특별법 제171조 1항, 제172조)
   ① 「관광진흥법」 제30조제2항(기금의 납부)에 따른 문화체육관광부장관의 권한은 제주도지사의 권한으로 한다.
   ② 「관광진흥법」 제30조제4항(총매출액, 징수비율등)에서 대통령령으로 정하도록 한 사항은 도조례로 정할 수 있다.

③ 「관광진흥개발기금법」 제2조제1항(기금의 설치 및 재원)에도 불구하고 제주자치도의 관광사업을 효율적으로 발전시키고, 관광외화수입의 증대에 기여하기 위하여 제주관광진흥기금을 설치한다.

바) 관광진흥 관련 지방공사의 설립 · 운영(제주특별법 제173조)

제주자치도는 관광정책의 추진 및 관광사업의 활성화를 위하여 「지방공기업법」에 따른 지방공사를 설립할 수 있도록 하였다.

4. 관광기구

1) 한국관광공사

(1) 설립근거 및 법적 성격

한국관광공사(KTO : Korea Tourism Organization)는 관광진흥, 관광자원개발, 관광산업의 연구개발 및 관광요원의 양성 · 훈련에 관한 사업을 수행하게 함으로써 국가경제발전과 국민복지증진에 이바지하는 데 목적을 두고 「한국관광공사법」에 의하여 설립된 특수법인으로 「공공기관의 운영에 관한 법률」의 적용을 받는 정부투자기관이다. 당초에는 1962년 4월 24일 제정된 「국제관광공사법」에 의하여 1962년 6월 26일에 국제관광공사라는 명칭으로 설립되었으나, 1982년 11월 29일 「국제관광공사법」이 「한국관광공사법」(이하 "공사법"이라 한다)으로 바뀜에 따라 공사명칭도 한국관광공사(이하 "공사"라 한다)로 바뀌어 오늘에 이르고 있다.

한국관광공사는 2012년 1월 현재 경영본부, 마케팅본부, 경쟁력본부, 정책사업본부의 4개 본부에 13개 실 · 뷰로 · 단, 38 팀 · 센터, 5개 국내지사, 4개 권역별 협력단, 19개국 28개 해외지사 조직과 총 574명의 정원으로 구성되어 있다.

(2) 주요 사업과 활동

① 주요 사업

  1. 국제관광진흥사업

    가. 외국인 관광객의 유치를 위한 홍보

    나. 국제관광시장의 조사 및 개척

    다. 관광에 관한 국제협력의 증진

    라. 국제관광에 관한 지도 및 교육

  2. 국민관광진흥사업

    가. 국민관광의 홍보

    나. 국민관광의 실태 조사

    다. 국민관광에 관한 지도 및 교육

  3. 관광자원개발사업

    가. 관광단지의 조성과 관리, 운영 및 처분

    나. 관광자원 및 관광시설의 개발을 위한 시범사업

    다. 관광지의 개발

    라. 관광자원의 조사

  4. 관광산업의 연구·개발사업

    가. 관광산업에 관한 정보의 수집·분석 및 연구

    나. 관광산업의 연구에 관한 용역사업

  5. 관광관련 전문인력의 양성과 훈련사업

  6. 관광사업의 발전을 위하여 필요한 물품의 수출입업을 비롯한 부대사업으로서 이사회가 의결한 사업

한국관광공사는 위의 사업 중 필요하다고 인정하는 사업은 이사회의 의결을 거쳐 타인에게 위탁하여 경영하게 할 수 있다. 여기서 '타인'이라 함은 공공단체·공익법인 또는 문화체육관광부장관이 인정하는 단체를 말한다.

② 주요 활동

한국관광공사는 '매력있는 관광한국을 만드는 글로벌 공기업'을 비전으로, 관광산업의 발전을 통한 국가경제 발전에 기여하기 위해 다양한 사업을 수행하고 있다. 외국인 관광객 유치와 관광수입 증대를 위하여 의료관광, 크루즈관광, 한류관광 등 다양한 고부가가치 한국관광상품을 개발·보급하고 있으며, 해외마케팅 전진기지인 19개국 28개 지사를 중심으로 해외관광시장을 개척함과 동시에 지방자치단체와 관광업계의 관광마케팅 활동을 지원하고 있다. 또한 국제회의 및 인센티브 단체 유치·개최 지원, 국제기구와의 협력활동 등을 통하여 대표적 고부가가치 상품인 MICE 산업을 종합적으로 지원하고 있다.

한국관광공사의 주요 활동내용을 요약해보면 다음과 같다.

1. 해외시장의 개척
2. 국제회의 유치·지원 및 국제협력
3. 마케팅 지원활동
4. 지방자치단체 및 업계와의 협력강화와 이벤트 관광상품 개발
5. 관광의식 선진화 및 관광수용태세 개선
6. 남북관광개발전략 수립 및 남북관광협력사업의 단계별 시행방안 추진
7. 종합적인 관광정보서비스 및 관광안내 편의 제공
8. 관광단지 개발
9. 지방자치단체 관광개발 킨설팅 지원
10. 관광개발분야에 대한 투자유치활동
11. 관광전문인력 양성
12. 판매사업관리 등

(3) 정부로부터의 수탁사업

우수숙박시설의 지정 및 지정취소에 관한 권한, 관광종사원 중 관광통역안내사, 호텔경영사 및 호텔관리사 자격시험, 등록 및 자격증의 발급업무 등을 위탁

받아 처리하고 있다. 다만, 자격시험의 출제, 시행, 채점 등 자격시험의 관리에 관한 업무는「한국산업인력공단법」에 따른 한국산업인력공단에 위탁함에 따라 이를 위한 기본계획을 수립한다.

2) 한국문화관광연구원

(1) 법적 성격

한국문화관광연구원(KCTI: Korea Culture & Tourism Institute : 이하 "연구원"이라 한다)은 관광, 문화예술 및 문화산업분야를 포괄하는 문화체육관광부 산하 연구기관으로서, 관광과 문화분야의 조사·연구를 통하여 체계적인 정책개발 및 정책대안을 제시하고 문화·관광산업의 육성을 지원함으로써 국민의 복지증진 및 국가발전에 기여할 목적으로 문화체육관광부장관의 허가를 받아 설립된 재단법인으로 공법인(公法人)의 성격을 갖추고 있다.

그런데 이 연구원은 2007년 2월 7일 종전의 (재)한국문화관광정책연구원(2002. 12.4. 개원)의 명칭을 변경한 것이다.

(2) 조직과 인원

한국문화관광연구원은 2011년 12월 말 기준으로 연구기획조정실, 문화예술연구실, 문화산업연구실, 관광정책연구실, 관광산업연구실, 융합연구실 및 행정실 등 7개 실과 각 실의 업무를 효율적으로 분장·수행하기 위한 관광서비스 R&D센터, 민간투자관리센터, 정책정보통계센터, 국제교류교육센터 등 4개 센터와 연구기획팀, 총무회계팀, 홍보출판팀 등 3개 팀으로 구성되어 있다.

연구원의 정원은 기관장 포함 총 78명이며, 2011년 12월 말 현재 현원은 원장, 연구직 45명을 비롯하여 행정직 8명, 전문직 9명, 사무직 9명 등 총 71명의 인력으로 이루어져 있다.

(3) 주요 기능

연구원의 주요 기능은 다음과 같다.

1. 문화 · 관광발전을 위한 정책개발연구
2. 문화산업, 관광산업, 관광자원 육성 · 개발을 위한 조사 · 연구
3. 문화복지, 문화환경, 예술진흥, 전통문화진흥을 위한 조사 · 연구
4. 남북한 문화 · 관광교류 및 북한 문화예술 · 관광연구
5. 국민관광, 국민여가생활, 관광서비스 관련 조사 · 연구
6. 문화 · 관광 관련 연구용역의 수탁 및 위탁
7. 문화 · 관광 정보화 개발 및 정보서비스
8. 문화 · 관광 관련 자료의 조사 · 발간 · 서비스
9. 문화 · 관광 정책개발관련 사업 및 행사
10. 정부기관 및 문화체육관광부장관이 위탁하는 사업
11. 기타 연구원의 목적에 부합하는 학술연구 · 사업 및 위 각 호에 부대되는 사업

(4) 주요 활동

한국문화관광연구원은 기본연구사업과 수탁연구사업, 종합관광정보시스템 운영사업, 관광I&I사업, 국제협력사업 및 연구지원사업 등 다양한 연구활동을 수행하고 있다.

3) 경북관광개발공사

경북관광개발공사(KIDC: Kyongbuk Tourism Development Corporation: 이하 "공사"라 한다)는 정부투자기관인 한국관광공사가 100% 투자한 정부재투자기업으로써 경북지역의 주요 관광지를 운영관리하고 관광자원을 개발하기 위하여 활동하는 정부산하 공공기업이다.

이 공사는 1974년 1월 정부와 IBRD(국제부흥개발은행) 간에 체결한 보문관광단지 개발사업을 위한 차관협정에 따라 1975년 8월 1일 당시 「관광단지개발촉진법」(이 법은 1986년 12월 「관광진흥법」에 흡수·폐지되었다)에 의거하여 설립된 '경주관광개발공사'를 모태로 한다. 그 뒤 경북 유교문화권(안동시 일대) 개발사업을 담당해야 할 필요에 의하여 1999년 10월 6일 경북관광개발공사로 이름을 바꾸어 확대·개편하였다.

4) 경기관광공사

경기관광공사(Gyeonggi Tourism Organization : 이하 "공사"라 한다)는 「지방공기업법」 제49조에 의하여 2002년 4월 8일 경기도조례로 설치된 지방공사로서 공법상의 재단법인이다. 특히 공사는 지방화시대에 부응하여 우리나라에서는 최초로 지방자치단체가 설립한 지방관광공사이다.

경기도는 공사설립을 위하여 제정한 경기도관광공사 설립 및 운영조례(2002.4.8. 제3178호) 제4조 제1항의 규정에 의하여 공사의 자본금을 전액 현금 또는 현물로 출자하였는데, 2002년 5월 11일 경기도관광공사 정관을 제정하여 출범하게 된 것이다.

한편으로 공사의 운영을 위하여 필요한 경우에는 자본금의 2분의 1을 초과하지 아니하는 범위 안에서 다른 기관·단체 또는 개인이 출자할 수 있게 하여(지방공기업법 제53조 제2항 및 조례 제4조 제1항) 지방자치단체인 경기도가 오너(owner)로서 외부참여도 가능하도록 개방하고 있다.

5) 인천관광공사

인천관광공사(INCHEON Tourism Organization; 이하 "공사"라 한다)는 「지방공기업법」 제49조에 의하여 2005년 11월 「인천광역시관광공사 설립과 운영에 관한 조례」로 설립된 지방공사로서 공법상의 재단법인이다. 특히 지방자치단체

가 설립한 지방관광공사로는 경기관광공사에 이어 두 번째이다. 공사는 「인천광
역시관광공사 정관」을 제정하여 2006년 1월 1일부터 출범하게 된 것이다.

6) 제주관광공사

제주관광공사(JTO: Jeju Tourism Organization: 이하 "공사"라 한다)는 「제주특
별자치도 설치 및 국제자유도시 조성을 위한 특별법」(제173조), 「지방공기업법」
(제49조)과 「제주관광공사 설립 및 운영조례」(이하 "조례"라 한다)로 설립된 지방
공사로서 공법상의 재단법인이다. 2008년 7월 2일 제주관광공사 정관에 따라 출
범한 제주관광공사는 지방자치단체가 설립한 지방관광공사로는 경기관광공사와
인천관광공사에 이어 세 번째로 설립되었다.

5. 관광사업자단체의 관광행정

관광사업자단체는 관광사업자가 관광사업의 건전한 발전과 관광사업자들의
권익증진을 위하여 설립하는 일종의 동업자단체라 할 수 있다. 관광사업자들은
관광사업을 경영하면서 영리를 추구하고 있지만, 관광의 중요성에 비추어 볼 때
관광사업이 순수한 사적(私的)인 영리사업만은 아니라고 보며, 관광사업자는 국
가의 주요 정책사업을 수행하는 공익적(公益的)인 존재라고도 할 수 있다. 따라
서 관광사업자단체는 이러한 공공성 때문에 사법(私法)이 아닌 공법(公法)인 「관
광진흥법」의 규정에 의하여 설립하는 공법인(公法人)으로 하고 있다.

1) 한국관광협회중앙회

(1) 설립목적 및 법적 성격

한국관광협회중앙회(KTA: Korea Tourism Association; 이하 "중앙회"라 한다)
는 지역별 관광협회 및 업종별 관광협회가 관광사업의 건전한 발전을 위하여 설

립한 임의적인 관광관련단체이며, 우리나라 관광업계를 대표하는 단체이다.

중앙회는 관광사업자들이 조직한 단체이므로 사단법인에 해당되며, 영리가 아닌 사업을 목적으로 하므로 비영리법인에 해당한다. 또 '중앙회'는 「관광진흥법」이라는 특별법에 의하여 설립되므로 일종의 특수법인이라 할 수 있다. 따라서 '중앙회'에 관하여 「관광진흥법」에 규정된 것을 제외하고는 「민법」 중 사단법인(社團法人)에 관한 규정을 준용한다.

(2) 회 원

'중앙회'의 회원은 「관광진흥법」 제45조에 의하여 설립된 지역별 관광협회 및 업종별 관광협회와 동법 제2조 제2호에 의한 관광사업자(업종별위원회)로 하며, 관광관련 기관 및 유관기관·단체와 이와 유사한 성질의 법인 또는 개인(외국법인 또는 개인을 포함한다)은 특별회원이 될 수 있다. 현재 '중앙회' 산하에는 16개 시·도 관광협회와 업종별 협회를 회원으로 두고 있다.

(3) 주요 업무
가) 목적사업

'중앙회'는 그 목적을 달성하기 위하여 다음의 업무를 수행한다.

1. 관광사업의 발전을 위한 업무
2. 관광사업 진흥에 필요한 조사·연구 및 홍보
3. 관광통계
4. 관광종사원의 교육과 사후관리
5. 회원의 공제사업
6. 국가나 지방자치단체로부터 위탁받은 업무
7. 관광안내소의 운영
8. 위의 1호부터 7호까지의 규정에 의한 업무에 따르는 수익사업

나) 정부로부터의 수탁사업

① 관광종사원 중 국내여행안내사 및 호텔서비스사의 자격시험, 등록 및 자격증의 발급업무와 ② 관광진흥법 시행령 제66조 제1항의 규정에 의하여 호텔업의 등급결정권을 문화체육관광부장관으로부터 위탁받아 등급결정을 하고 있다.

2) 한국일반여행업협회

(1) 설립목적

한국일반여행업협회(KATA : Korea Association Travel Agents)는 1991년 12월 「관광진흥법」 제45조의 규정에 의하여 설립된 업종별 관광협회로서, 관광사업의 건전한 발전과 회원 및 여행종사원의 권익증진을 위한 사업, 여행업무에 필요한 조사·연구 및 통계, 홍보활동, 여행업무 종사자에 대한 지도·연수, 관광진흥을 위한 국제관광기구의 참여 등 대외활동을 통하여 여행업의 건전한 발전에 기여하고 관광진흥과 회원의 권익증진을 목적으로 하고 있다.

(2) 주요 사업

한국일반여행업협회는 다음의 사업을 행한다.

1. 관광사업의 건전한 발전과 회원 및 여행업종사원의 권익증진
2. 여행업무에 필요한 조사·연구·홍보활동 및 통계업무
3. 여행자 및 여행업체로부터 회원이 취급한 여행업무와 관련된 진정(陳情) 처리
4. 여행업무종사원에 대한 지도·연수
5. 여행업무의 적정한 운영을 위한 지도
6. 여행업에 관한 정보의 수집·제공
7. 관광사업에 관한 국내외단체 등과의 연계·협조
8. 관련기관에 대한 건의 및 의견 전달

9. 정부 및 지방자치단체로부터의 수탁업무

10. 장학사업업무

11. 관광진흥을 위한 국제관광기구에의 참여 등 대외활동

12. 관광안내소 운영

13. 공제운영사업(일반여행업에 한함)

14. 기타 협회의 목적을 달성하기 위하여 필요한 사업 및 부수되는 사업

3) 한국관광호텔업협회

(1) 설립목적

한국관광호텔업협회(KHA: Korea Hotel Association)는 「관광진흥법」 제45조의 규정에 의하여 1996년 9월 12일에 문화체육관광부장관의 설립허가를 받은 업종별 관광협회이다. 이 협회는 관광호텔업을 위한 조사·연구·홍보와 서비스 개선 및 기타 관광호텔업의 육성발전을 위한 업무의 추진과 회원의 권익증진 및 상호친목을 목적으로 하고 있다.

(2) 주요 사업

한국관광호텔업협회는 다음의 사업을 행한다.

1. 관광호텔업의 건전한 발전과 권익증진

2. 정부로부터의 수탁사업으로서 호텔업에 대한 등급결정업무

3. 관광진흥개발기금의 융자지원업무 중 운용자금에 대한 수용업체의 선정

4. 관광호텔업 발전에 필요한 조사연구 및 출판물간행과 통계업무

5. 국제호텔업협회 및 국제관광기구에의 참여 및 유대강화

6. 관광객유치를 위한 홍보

7. 관광호텔업 발전을 위한 대정부건의

8. 서비스업무 개선

9. 종사원교육 및 사후관리

10. 정부 및 지방자치단체로부터의 수탁업무

11. 지역간 관광호텔업의 균형발전을 위한 업무

12. 위 사업에 관련된 행사 및 수익사업

4) 한국종합유원시설업협회

(1) 설립목적

한국종합유원시설업협회는 1985년 2월에 설립된 유원시설사업자단체로서 「관광진흥법」 제45조의 적용을 받는 일종의 업종별 관광협회이다. 유원시설업체간 친목 및 복리증진을 도모하고 유원시설 안전서비스 향상을 위한 조사·연구·검사 및 홍보활동을 활발히 전개하며, 유원시설업의 건전한 발전을 위한 정부의 시책에 적극 협조하고 회원의 권익을 증진보호함을 목적으로 한다.

(2) 주요 사업

이 협회는 다음의 사업을 수행한다.

1. 유원시설업계 전반의 건전한 발전과 권익증진을 위한 진흥사업

2. 정기간행물 홍보자료 편찬 및 유원시설업 발전을 위한 홍보사업

3. 국내외 관련기관 단체와의 제휴 및 유대강화를 위한 교류사업

4. 정부로부터 위탁받은 유원시설의 안전성검사 및 안전교육사업

5. 유원시설에 대한 국내외 자료조사 연구 및 컨설팅사업

6. 신규 유원시설 및 주요 부품의 도입 조정시 검수사업

7. 유원시설업 진흥과 관련된 유원시설 제작 수급 및 자금지원

8. 시설운영 등의 계획 및 시책에 대한 회원의 의견 수렴·건의 사업

9. 기타 정부가 위탁하는 사업

5) 한국카지노업관광협회

(1) 설립목적

한국카지노업관광협회는 1995년 3월에 문화체육관광부장관으로부터 카지노 분야의 업종별 관광협회로 허가받아 설립된 사업자단체로서 한국관광산업의 진흥과 회원사의 권익증진을 목적으로 하고 있다.

(2) 주요 업무

이 협회의 주요 업무로는 카지노사업의 진흥을 위한 조사·연구 및 홍보활동, 출판물 간행, 관광사업과 관련된 국내외 단체와의 교류·협력, 카지노업무의 개선 및 지도·감독, 카지노종사원의 교육훈련, 정부 또는 지방자치단체로부터 수탁받은 업무 수행 등이다.

2010년 말 기준으로 전국 17개(2005년도에 신규로 3개소 개관)의 카지노사업자와 종사원을 대변하는 한국카지노업관광협회는 이용고객의 편의를 증진시키기 위해 카지노의 환경개선과 시설확충을 실시하는 한편, 카지노사업이 지난 30여년간 국제수지 개선, 고용창출, 세수증대 등에 기여한 고부가가치 관광산업으로의 중요성을 홍보하여 카지노산업의 위상제고와 대국민 인식전환을 추진하고 있다. 또한 회원사간에 무분별한 인력 스카우트 등 부작용 방지를 위한 협회차원의 대책강구와 함께 경쟁국가의 현황 등 카지노산업에 대한 정보제공 등으로 카지노 홍보활동을 강화하고 있다.

6) 한국휴양콘도미니엄경영협회

(1) 설립목적

한국휴양콘도미니엄경영협회는 휴양콘도미니엄사업의 건전한 발전과 콘도의 합리적이고 효율적인 운영을 도모함과 동시에 건전한 국민관광 발전에 기여함을 목적으로 1998년에 설립된 업종별 관광협회이다.

(2) 주요 업무

협회의 주요 업무로는 콘도미니엄업의 건전한 발전과 회원사의 권익증진을 위한 사업, 콘도미니엄업의 발전에 필요한 조사·연구와 출판물의 발행 및 통계, 국제콘도미니엄업 및 국제관광기구에의 참여와 유대강화, 관광객유치를 위한 콘도미니엄의 홍보, 콘도미니엄의 발전에 대한 대정부 건의, 관광정책 등 자문, 콘도미니엄업 종사원의 교육훈련 연수, 유관기관 및 단체와의 협력증진, 정부 및 지방자치단체로부터 위탁받은 업무 등이다.

7) 한국외국인관광시설협회

(1) 설립목적

한국외국인관광시설협회는 1964년 6월 30일에 설립된 업종별 관광협회로서 주로 미군기지 주변도시 및 항만에 소재한 외국인전용유흥음식점을 회원사로 관리하며, 정부의 관광진흥시책에 적극 부응하고 업계의 건전한 발전과 회원의 복지증진 및 상호 친목도모에 기여함을 목적으로 하고 있다.

(2) 주요 업무

협회의 주요 업무로는 회원업소의 진흥을 위한 정책자문, 회원이 필요로 하는 물자 구입 및 공급, 주한 미군·외국인 및 외국인 선원과의 친선도모, 외국연예인 공연관련 파견사업 등 외화획득과 국위선양을 위해서 노력하는 것 등이다.

또한 전국 지부소속 회원사에서는 고객서비스 향상, 외국인 및 외국 연예인에 대한 한국소개와 지역 특성에 맞는 문화유적관광 프로그램 제공으로 한국 이미지 제고에 역점을 두고 사업을 시행하고 있다. 협회의 분야별 추진업무는 회원업소 육성사업, 한미친선사업, 외화획득사업, 실천적 선도사업 등이다.

8) 한국컨벤션이벤트산업협회

한국컨벤션이벤트산업협회는「관광진흥법」제45조의 규정에 의거 2003년 8월에 설립되어 컨벤션·이벤트 기관 및 업계의 의견을 종합 조정하고, 유기적으로 국내외 관련기관과 상호 협조·협력활동을 전개함으로써 컨벤션·이벤트 업계의 진흥과 회원의 권익 및 복리증진에 이바지하고, 나아가서 국제회의산업 육성을 도모하여 사회적 공익은 물론 관광업계의 권익과 복리를 증대시키는 것을 목적으로 하고 있다.

이 협회는 2004년 9월「국제회의산업 육성에 관한 법률」상의 국제회의 전담조직으로 지정되어, 국제회의 전문인력 교육 및 수급, 국제회의 관련 정보를 수집하여 배포하는 등 국제회의산업 육성과 진흥에 관련된 업무를 진행하고 있다.

9) 한국MICE협회

한국MICE협회는「관광진흥법」제45조의 규정에 따라 2003년 8월에 설립되어 컨벤션 기관 및 업계의 의견을 종합조정하고, 유기적으로 국내의 관련기관과 상호 협조·협력활동을 전개함으로써 컨벤션업계의 진흥과 회원의 권익 및 복리증진에 이바지하고, 나아가서 국제회의산업 육성을 도모하여 사회적 공익은 물론 관광업계의 권익과 복리를 증진시키는 것을 목적으로 하고 있다.

또한 2004년 9월에는「국제회의산업 육성에 관한 법률」상의 국제회의 전담조직으로 지정되어 국제회의 전문인력의 교육 및 수급, 국제회의 관련 정보를 수집하여 배포하는 등 국제회의산업 육성과 진흥에 관련된 업무를 진행하고 있다.

10) 한국관광펜션업협회

한국관광펜션업협회는 주5일근무제의 본격적 시행과 더불어 가족단위 관광체험 숙박시설의 확충이 필요함에 따라 관광펜션 지정제도를 만들어 이의 활성화를 위해「관광진흥법」제45조의 규정에 의거 2004년 5월에 설립된 업종별 관광협회이다.

관광펜션은 기존 숙박시설과는 차별화된 외형과 함께 자연을 체험할 수 있는 자연친화 숙박시설로 앞으로 많은 관광객들이 이용하게 될 가족단위 중저가 숙박시설로 육성할 계획이다.

한국관광펜션업협회는 관광펜션업의 차별화를 위해 현 관광펜션업의 문제점을 파악하고 관광펜션업의 활성화를 위해 관광펜션 예약망 구축, 경영관리, 교육훈련지원, 홍보마케팅, 관광펜션과 연계된 관광프로그램 개발 등 다양한 대안사업을 적극 추진하고 있다.

11) 한국골프장경영협회

한국골프장경영협회는 「체육시설의 설치·이용에 관한 법률」 제37조에 의하여 1974년 1월에 설립된 골프장사업자단체로서 한국골프장의 건전한 발전과 회원골프장들의 유대증진, 경영지원, 종사자교육, 조사연구 등을 목적으로 하고 있다.

특히 협회의 부설연구기관으로 한국잔디연구소를 설립하여 친환경적 골프장 조성과 관리운영을 위한 각종 방제기술 연구·지도와 병충해예방·친환경적 골프코스관리기법연구 등을 수행, 환경경영에 앞장서고 있는 것은 물론, 1990년부터 '그린키퍼학교'를 운영하여 전문성을 갖춘 유자격골프코스관리자를 배출하고 있다. 현재의 골프장은 골프채·골프회원권·골프대회·골프마케팅 등 골프산업의 중심축에 자리하고 있으며, 협회는 스포츠산업 및 레저산업을 선도하는 업종으로 그 기능을 충실히 수행하고 있다.

골프장업종에 대한 불합리한 규제의 개선을 통한 경영환경개선, 건전한 골프문화 조성을 위한 대국민 홍보, 불우이웃돕기와 장학금지원 및 골프장개방 등 지역사회와 함께하여 국민대중 속의 친화적 골프장으로 자리매김하도록 적극 추진하고 있다.

12) 한국스키장경영협회

한국스키장경영협회는 스키장사업의 건전한 발전과 친목을 도모하며 스키장사업의 합리적이고 효율적인 운영과 스키를 통한 건전한 국민생활체육활동에 기여하고자 함을 목표로 한다.

한국스키장경영협회는 스키장경영의 장기적 발전을 위한 사계절 종합레저를 모색하고, 스키장경영의 경영활성화를 위한 개선책을 강구하며, 스키장경영의 정보교환 및 상호발전을 도모하기 위해 노력하고 있다. 또 협회는 스키장사업과 관련되는 법적·제도적 규제완화 또는 철폐를 건의하고, 스키장사업의 각종 금융, 세제 및 환경관리제도 개선을 위한 연구·용역을 시행하는 등 스키장사업의 지속적 발전을 위한 다양한 사업을 추진하고 있다.

또한 협회는 스키장 설치 및 운영에 관한 조사연구 및 정보교환, 스키장종사자에 대한 교육훈련 및 연수사업, 스키장사업에 관한 지도·감독·홍보 등 회원사의 권익증진과 발전을 위해 노력하고 있다.

13) 한국공예문화진흥원

한국공예문화진흥원은 「민법」 제32조에 의거 2000년 4월 1일 설립된 재단법인으로 공예문화에 대한 기초자료 조사·연구, 우수공예문화상품 디자인 개발 및 효율적 유통구조 창출 등 공예기술 저변확대를 통한 공예산업진흥에 기여함을 목적으로 하고 있다.

한국공예문화진흥원은 2002년 한·일월드컵대회 기념 우수공예품 미국순회전 등 전시사업을 비롯하여 디자인 및 포장개발 지원과 국내외 공예관련 각종 자료 DB化 및 정보제공 등을 수행하는 공예문화종합센터를 설립·운영하고 있고, 2003년도부터는 예산 및 각종 프로그램을 대폭 보강하여 공예산업을 21세기 고부가가치 국가핵심 전략산업의 하나로 집중 육성하기 위한 구심기구로서의 역할을 수행해 나갈 것으로 본다.

6. 국제관광기구

관광산업의 진흥을 효과적으로 달성하기 위해선 국가간 협력 또는 국제관광 기구에의 참여와 이를 통한 적극적인 활동이 절실히 요청되고 있다. 더욱이 오늘날과 같이 개방화 및 국제화된 시대에 있어서 국제협력의 중요성은 아무리 강조해도 지나치지 않을 것이다. 특히 관광분야에서의 국제적인 협력은 국가간의 상호이해를 증진하고 국제친선을 도모함으로써 관광교류를 촉진하는 계기가 되므로 각국은 이를 위해 많은 경비와 인력을 투입하고 있다.

우리나라는 세계관광의 흐름을 파악하고 이에 능동적으로 대처하고자 각종 국제기구에 가입하여 활발한 활동을 전개해 오고 있는데, 그 중에서 대표적인 것으로 세계관광기구(UNWTO), 경제협력개발기구(OECD), 아시아·태평양경제협력체(APEC), 아세안+3(ASEAN+3), 아시아·태평양관광협회(PATA), 미주여행업협회(ASTA), 아시아컨벤션뷰로협회(AACVB), 국제회의전문가협회(ICCA), 세계청소년학생교육관광연맹(WYSETC), 세계여행관광협의회(WTTC) 등이다.[10]

1) UNWTO(세계관광기구)

세계 각국의 정부기관이 회원으로 가입되어 있는 정부간 관광기구인 세계관광기구(UN World Tourism Organization: UNWTO)[11]는 국제관광연맹(IUOTO: International Union of Official Travel Organization)이 1975년에 정부간 관광협력기구로 개편되어 설립된 기구이다. 현재 세계 154개국 정부기관이 정회원으로, 350개 관광유관기관이 찬조회원으로 가입되어 있으며, 격년제로 개최되는 총회

---

10) 문화체육관광부, 2011년 기준 관광동향에 관한 연차보고서, pp. 81~90.
11) 세계관광기구(World Tourism Organization : WTO)는 1975년 설립된 이래 줄곧 WTO라는 명칭을 사용하고 있었으나, 1975년 1월 1일 세계무역기구(World Trade Organization : WTO)가 출범함에 따라 두 기구간에 혼란이 빈번하게 발생하게 되었다. 이에 따라 유엔총회는 이러한 혼란을 피하고 유엔전문기구로서 세계관광기구의 위상을 높이기 위해 2006년 1월부터 WTO라는 명칭을 UNWTO라는 명칭으로 변경하게 된 것이다.

와 6개 지역위원회를 비롯하여 각종 회의 및 세미나를 개최하고 있다. 본부는 스페인의 마드리드에 두고 있다.

UNWTO는 공신력을 가진 각종 통계자료 발간을 비롯하여 교육, 조사, 연구, 관광편의 촉진, 관광지 개발, 관광자료 제공 등에 역점을 두고 활동하고 있으며, 관광분야에서 UN 및 전문기구와 협력하는 중심역할을 수행하고 있다.

우리나라는 IUOTO의 회원이었던 교통부(현재는 문화체육관광부)가 1975년 자동적으로 정회원으로 가입하였고, 한국관광공사는 1977년 찬조회원으로 가입했다. 북한은 1987년 9월 제7차 총회에서 정회원으로 가입하였다.

우리나라는 1980년~1983년 기간 중 집행이사국으로 처음 선임되었고, 1991년~1983년 기간 중에는 집행이사국을 역임하였으며, 1995~1999년 기간 중 사업계획조정위원회(Technical Committee for Program and Coordination)의 위원국이 되었다. 또 2004년부터 2007년까지 집행위원회 상임이사국으로서 활동하였으며, 2005년에는 처음으로 집행이사회 의장국으로 선임되어 남아시아 지진·해일 피해 당시 긴급 집행이사회를 소집, 주재하여 UNWTO 푸켓액션플랜을 채택하여 실천하였고, 6월 집행이사회에서는 차기 사무총장 선출, ST-EP재단 설립 정관안 확정 등의 성과를 거두는 등 국제 관광계의 새로운 리더로서 역할을 수행하였다.

한편, 2007년 11월 콜롬비아에서 개최된 제17차 총회에서 2008~2011 상임이사국으로 연임이 확정되었으며, 2008년 6월 제주도에서 제83차 집행이사회를 개최함으로써 관광외교역량을 강화하고 우리나라 관광의 국제적 인지도를 드높이는데 기여하였다. 또 2009년 5월에는 제3차 한-UNWTO 협력사업의 일환으로 '아태지역 관광정책에 관한 고위공무원 연수'를 몰디브에서 개최하였으며, 동 사업은 다음해에도 지속될 예정이다.

2) OECD(경제협력개발기구)

OECD(Organization of Economic Cooperation and Development; 경제협력개

발기구)는 유럽경제협력기구를 모체로 하여 1961년 선진 20개국을 회원국으로 설립되었다. 회원국의 경제성장 도모, 자유무역 확대, 개발도상국 원조 등을 주요 임무로 하고 있으며, 현재 30개 회원국으로 구성되어 있고, 프랑스 파리에 본부를 두고 있다.

　조직구성은 의사결정기구인 이사회, 보좌기구인 집행위원회 및 특별집행위원회를 두고 있으며, 실질적 활동을 수행하는 26개의 분야별 위원회가 있다. 이 중에서 관광위원회는 관광분야에 대한 각국의 정책연구 및 관광진흥정책연구 등을 주요 기능으로 하고 있으며, 위원회 산하에 통계작업반을 두고 있다.

　우리나라는 1994년 6월 관광위원회에 대한 옵서버 참가자격이 부여되어 1995년부터 관광위원회 회의 및 통계실무작업반회의에 참가하여 주요 선진국의 관광정책 및 통계기법 등을 습득하고 있으며, 1996년도부터는 정회원으로 활동 중이며, 1998년에는 OECD 관광회의를 서울에서 개최한 바 있고, OECD 권고사업의 하나인 관광위성계정(TSA) 개발을 세계 5번째로 완료하였다. 또한 2003년 9월에는 스위스에서 개최된 OECD 관광회의에 참가하여 관광산업의 구조개혁 프로젝트 조종위원회에 선정되었고, 2005년 9월에는 광주에서 'OECD-Korea 국제관광회의'를 개최하여, '세계관광의 성장:중소기업의 기회'라는 주제로 급변하는 산업구조 속에서 관광중소기업들의 새로운 역할 및 협력방안을 모색한 바 있다.

　2007년 11월에는 프랑스에서 개최된 제80차 OECD 관광회의에 참가하여 'Culture, Tourism and Attractiveness of the Location' 프로젝트의 일환으로 추진한 남이섬 한류관광 사례를 발표하였으며, 2008년 4월에는 제81차 관광회의에 참가하여 한국의 템플스테이 사례를 발표하였다. 또한 2008년 10월에는 OECD 관광위원회 최초로 이탈리아 리바델가르다에서 개최된 장관급 회의에 참석하여, '문화자원을 통한 관광목적지의 독특성 증진' 방안에 대한 발제에서 템플스테이, 한식 등을 소개하였다.

　한편, 2009년에는 OECD 회원국간 문화와 관광 접목의 성공사례 공유를 위해 제작된 '관광에 있어서의 문화의 영향력(The Impact of Culture on Tourism)' 간행물에 한국 문화관광 우수사례인 '템플스테이'를 수록하였다. 가장 주목할 만한 성과 중의 하나는 2009년 4월에 발표된 '한식 세계화 추진계획'의 전략 중 '우리 식문화 홍보'를 통해 관광자원으로서의 한식의 중요성을 인식시킨다는 목표를 세우고, 우리 관광의 견인차 역할을 한식에 부여하기 위한 한식 세계화(Global-ization of Korean Cuisine) 사업을 OECD 차원에서 진행시킨 것이다.

3) APEC(아시아 · 태평양경제협력체)

APEC(Asia Pacific Economic Cooperation; 아시아 · 태평양경제협력체)은 1989년 호주의 캔버라에서 제1차 각료회의를 개최함으로써 발족하였으며, 정상회의를 개최하는 등 역내 경제협력관계 강화의 구심점이 되고 있다.

APEC은 11개 실무그룹(Working Group)을 두고 있는데, 관광실무그룹회의는 1991년 하와이에서 회의를 가진 이후 역내 관광발전을 저해하는 각종 제한조치의 완화, 환경적으로 지속가능한 관광개발 등의 주제를 수행하고 있으며, 2005년 5월까지 총 26회 개최되었다.

우리나라는 1998년 11월 말레이시아 콸라룸푸르에서 개최된 APEC 정상회의에서 김대중 전대통령이 APEC 국가간 관광활성화를 제창한 바 있으며, 이에 대한 후속사업으로 1999년 5월 멕시코에서 개최된 제14차 관광실무그룹회의에서 APEC 관광장관회의 창설이 합의되어 2000년 7월 서울에서 제1차 APEC 관광장관회의가 개최되었다.

우리나라는 2000년 제7차 APEC TWG(관광실무그룹)에서 제안, 2001년 5월 APEC BMC(예산운영위원회)에서 최종 승인된 3개 사업인 "APEC 회원국들의 중소관광기업에 대한 전자상거래 전략의 적용에 관한 연구", "지속가능한 개발을 위한 정책개발자의 교육훈련", "지속가능한 관광을 위한 민 · 관 협력방안 연구"를 수행한 바 있으며, 2004년도에는 제22차, 23차에서 제안, 2003년 7월 APEC BMC에서 최종 승인된 "관광투자촉진을 위한 민관 파트너십", "중소관광기업의 전자상거래 적용 모범사례연구" 등 2건의 사업을 추진하였다.

우리나라는 1998년 제주도에서 제12차 APEC 관광실무그룹회의를, 2004년 5월 경남 진주에서 제24차 APEC 관광실무회의를 개최하였으며, 2005년 5월에는 부산에서 제4차 관광포럼 및 제26차 APEC 관광실무그룹회의를 성공적으로 치렀으며 한국관광홍보 및 APEC 내 관광외교 강화에 기여했다. 제26차 회의에서는 2005 APEC 정상회의 국가로서 수임하게 된 TWG 의장직을 성공적으로 수행했으며, 정상회의 개최국으로서 주도적으로 추진 중인 '재난관리대응(Emergency Preparedness) 관련' 이슈를 회원국에 주지시키고 APEC 차원의 결속과 협력방안을 도출해내는 등 역내 관광분야 리더십을 발휘하는 계기가 되었다.

4) PATA(아시아 · 태평양관광협회)

PATA(Pacific Asia Travel Association; 아시아 · 태평양관광협회)는 아시아 · 태평양지역의 관광진흥활동, 지역발전 도모 및 구미관광객 유치를 위한 마케팅활동을 목적으로 1951년에 설립되었다. 태국 방콕에 본부를 두고 있으며 북미, 태평양, 유럽, 중국, 중동에 각각 지역본부가 있다.

주요 활동으로는 연차총회 및 관광교역전 개최, 관광자원 보호활동, 회원들을 위한 마케팅 개발 및 교육사업, 각종 정보자료 발간사업 등이 있다. 현재 73개국 1,000여개 관광기관 및 업체가 회원으로 가입되어 있으며, 전 세계에 39개 지부가 결성되어 있다.

우리나라에서는 문화체육관광부, 한국관광공사 등 총 34개 관광관련 기관 및 업체가 PATA 본부회원으로 가입되어 있으며, 매년 연차총회 및 교역전에 참가하여 세계여행업계 동향을 파악하고 한국관광 홍보 및 판촉상담활동을 전개하고 있다. PATA 한국지부에는 총 120개 기관 및 업체가 회원으로 가입되어 있으며, 지부총회 개최, 관광전 참여, 관광정보 제공 등의 활동을 하고 있다.

우리나라는 PATA 관련 국제행사로 1965년, 1979년, 1994년, 2004년 PATA총회 및 이사회, 1987년 PATA 관광교역전, 1998년 PATA 이사회를 개최한 바 있다. 특히 2004년 제주 PATA총회에서는 제주도를 세계적인 관광지로 부각시키고자 적극적으로 국내외 홍보를 추진하였으며, 그 결과 PATA 총회 사상 최대인 48개 국 2,145명이 참가한 성공적인 행사로 평가받았다. 그리고 2005년도에는 우리나 라가 관광포스터와 마케팅 부문에서, 2007년도에는 마케팅미디어 비디오 부문에 서, 2009년에는 마케팅 캠페인 부문과 가이드북 부문에서 PATA Gold Awards를 수상했다.

5) ASEAN(동남아연합)

아세안은 1966년 8월 제3차 ASA(Association of Southeast Asia: 동남아연합) 외 무장관회의에서 ASA의 재편 필요성이 제기되어, 1967년 말리크 인도네시아 외 무장관이 태국 측과 아세안 창립선언 초안을 마련하였다. 1967년 8월 인도네시 아, 태국, 말레이시아, 필리핀, 싱가포르 5개국 외무장관회담을 개최, 아세안 창 립선언을 통하여 결성되었다.

아세안은 창립 당시 5개국으로 구성되었으나, 1975년 월남전 종결을 계기로 동남아 평화 및 자유·중립지대 구상과 '동남아 우호협력조약'의 대상범위를 인 도차이나반도 3개국(베트남, 캄보디아, 라오스) 및 미얀마를 포함한 지역으로 확 대하는 구상이 대두되었고, 이후 브루나이(1984년), 베트남(1995년), 라오스와 미 얀마(1997년), 캄보디아(1998년)가 차례로 가입하여 현재는 총 10개국의 회원국 으로 구성되어 있다.

아세안은 1993년 아세안 자유무역지대(AFTA: ASEAN Free Trade Area)를 결성 함으로써 국제적인 교섭력이 한층 강화되기 시작했다. 역내 무역활성화와 공동 산업 프로젝트 등을 통해 산업경쟁력 역시 커질 것으로 예상되어 세계시장에서 차지하는 비중이 점점 커질 전망이다.

또한 21세기 세계 관광목적지로 아시아·태평양 지역의 중요성이 커지면서

한·중·일과 아세안의 관광협력을 논의하는 '한·중·일＋아세안' 회의가 개최 되었고, 이를 통해 우리나라 및 주변국과 아세안 지역의 관광협력 방안 논의가 활발히 진행 중이기도 하다. 특히 2005년 5월 26일에는 강원도 속초에서 제7차 ASEAN＋3NTO(한·중·일＋아세안)회의가 개최되어, 우리나라와 아세안 국가 와의 관광협력 체계를 한층 더 공고히 하였고, 아세안에서 한국의 위상을 제고한 것으로 평가받았다. 연 2회 정기적으로 관광장관회의 및 NTO회의를 개최하여 아세안 및 한·중·일간 관광부문 공동마케팅 방안모색 및 각국의 관광현안과 관련한 의견교류 등 활발한 교류·협력을 구축해 가고 있다. 한-아세안 행동계획 (Korea-ASEAN Action Plan)의 후속조치로 2006년 필리핀에서 개최된 제5차 ASEAN＋3 관광장관회의에서 아세안 지도의 한국어판을 2만부 제작하여 배포하 였으며, 아세안 측의 공동요청사항인 아세안 관광가이드에 대한 한국문화·한국 어 교육을 2006년부터 지속적으로 시행함으로써 아세안 지역에 있어 우리나라의 관광 외교역량을 확대하고 우리나라 관광객의 편의 제고를 위해 노력하고 있다.

6) ASTA(미주여행업협회)

미주지역 여행업자의 권익보호와 전문성 제고를 목적으로 1931년에 설립된 ASTA(American Society of Travel Agents; 미주여행업협회)는 미주지역이라는 거 대한 시장을 배경으로 세계 140개국 2만여 회원을 거느린 세계 최대의 여행업협 회이다.

회원들의 전문성 제고와 판촉기회를 확대하기 위하여 연례행사로 연차총회 및 트레이드쇼, 크루즈페스트 등을 실시하여 각국 NTO와 관광업계의 판촉활동 의 장을 마련하고 업계동향에 대한 세미나 개최 등 유익한 교육프로그램을 제공 한다.

1973년 한국관광공사가 준회원으로 가입되었으며, 1979년 ASTA 한국지부가 설립되어 운영되고 있다. 우리나라는 미주시장 개척의 기반을 다지기 위하여 동기구 내 홍보활동을 지속적으로 추진해 오고 있으며, 매년 연차총회 및 트레이드 쇼에 업계와 공동으로 한국대표단을 파견하여 판촉 및 정보수집활동을 전개하고 있다. 1983년에는 총회 및 교역전을 서울에 유치하여 대형 국제회의 개최능력을 전 세계에 홍보한 바 있다. 또한 2007년 ASTA 제주 총회(3.25~29, ICC제주)를 성공적으로 개최하면서 미주 관광시장에 대한 동북아 관광거점 확보 기틀을 마련하였고, 회의 개최지인 제주도의 국제관광 이미지가 제고되었다는 평가를 받고 있다.

7) WTTC(세계여행관광협의회)

WTTC(World Travel and Tourism Council)은 전 세계관광 관련 가장 유명한 100여개 업계 리더들이 회원으로 가입되어 있는 대표적인 관광 관련 민간기구이다. 1990년에 설립되었으며 영국 런던에 본부를 두고 있다. 주요 활동은 관광잠재력이 큰 지역에 대한 관광자문 제공 및 협력사업 전개, "Tourism For Tomorrow Awards" 주관, 세계관광정상회의(Global Travel and Tourism Council) 개최 등이다. 특히 매년 5월 개최되는 관광정상회의는 개최국의 대통령, 국무총리를 비롯 각국의 관광장관, 호텔 및 항공사 CEO 등이 대거 참석하여 관광현안을 논의하는 권위 있는 회의로 정평이 나 있다. 세계 관광산업과 관련된 모든 이슈를 다루며, 고용인원 2.4억명, 세계 GNP의 9.2%를 차지하는 관광산업에 대한 인식을 높이기 위한 활동을 하고 있다. 한국관광공사는 지난 2006년부터 정상회의에 참가하여 세계관광 인사와의 네트워킹 및 최신 관광 트렌드 습득에 힘쓰고 있다.

참고문헌
REFERENCE

국내문헌

강덕윤 외 2인, 현대관광학개론, 백산출판사, 2012.

김광근 외 4인, 관광학의 이해, 백산출판사, 2011.

김기홍 외 2인, 관광학개론, 2009.

김미경 외 3인, 신관광학, 백산출판사, 2010.

김봉규, 한국관광학원론, 학서당, 1997.

김상무 외 2인, 최신관광사업경영론, 백산출판사, 2011.

김상원, 관광학, 대왕사, 2007.

김성혁, 관광학원론, 형설출판사, 2009.

김용상 외 9인, 관광학, 백산출판사, 2011.

김정만, 관광학개론, 형설출판사, 2005.

김정옥, 관광자원관리론, 대왕사, 2009.

김종은, 관광학원론, 현학사, 2007.

문화체육관광부, 관광동향에 관한 연차보고서, 2008, 2009, 2010, 2011.

박시범 외 8인, 관광의 이해, 학문사, 2001.

사행산업통합감독위원회, 2009 사행산업백서, 2010.

심재설 외 2인, 관광의 이해, 도서출판 대경, 2003.

양영근, 신관광학의 이해, 백산출판사, 2007.

오수철 외 3인, 최신카지노경영론, 백산출판사, 2012.

우경식 외 1인, 관광경영학, 현학사, 2004.

유도재, 리조트경영론, 백산출판사, 2013.

유준상 외 2인, 관광의 이해, 대왕사, 2005.

이광원, 관광학의 이해, 기문사, 2007.

이교종, 여행업실무, 백산출판사, 2008.

이선희, 여행업실무론, 대왕사, 2002.

이장춘, 최신관광자원학, 대왕사, 2004.

정익준 외 3인, 관광학의 이해, 형설출판사, 2000.

조명환 외 13인, 관광학의 이해, 기문사, 2008.

조진호 외 3인, 관광법규론, 현학사, 2013.

한국문화관광연구원, 한국관광정책, 2008/Winter No. 34.

한국문화관광연구원, 한국관광정책, 2009/Winter No. 38.

한국문화관광연구원, 한국관광정책, 2010/Autumn No. 41.

한국문화관광연구원, 한국관광정책, 2010/Spring No. 39.

한승엽 외 3인, cre-biz시대의 관광학, 현학사, 2004.

한영권, 관광학개론, 미학사, 2007.

홍기운, 최신외식산업개론, 대왕사, 2008.

국외문헌

Albrecht, K. & L.J. Bradford, The Service Advantage, Homewood, III : Dow Jones-
     Irwin, 1990.

AMA, Marketing News, March 1, 1985.

Anand, M.M., Tourism and Hotel Industry, Prentice-Hall of India, 1976.

Beavis, J.R.S. & Medlick, A Manual of Hotel Reception, 3rd edition, Heinaman, 1987.

Berry, L.L. et al. eds., Energing Perspectives of Services Marketing, Chicago, III :
     AMA, 1983.

Boella, M.J., Working in an Hotel, Batsford, 1979.

Bommer, L.W., Hotel Management, 2nd, NY : Harper, 1931.

Braham, B., Hotel Front Office, Hutchinson, 1985.

Burkart, A.T. & Medlik, S., Tourism : Past, Present and Future Heiemarln, 1987.

Carlzon, J., Moments of Truth, Cambridge, Mass : Ballinger, 1987.

Christopher W. L., Hart and David A., Strategic Hotel / Motel Marketing, East Lansing : MI, 1986.

Collier, D.A., Service Management-Operating Decisions, Englewood Cliffs, NJ : Prentice-Hall, 1987.

Coltman, M.M., Tourism Marketing, NY : Van Nostrand Reinhold, 1989.

Congram, C.A. & M.L., Friedman, eds., Handbook of Services Marketing, NY : AMACON, 1990.

Cowell, D., The Marketing of Service, Heineman, 1984.

Craus, R., Recreation and Leisure in Modern Society, Prentice-Hall, 1972.

Curran Patrick, J.T., Principles and Procedures of Tour Management, CBI, 1978.

Czepiel, J.A., The Service Encounter, Lexington, 1984.

Davis, S.M., Managing Corporate Culture, Cambridge : Ballinger, 1985.

Dilt, J.C. & E.G., Prough, Travel Agent Perceptions and Responses in a Deregulated Travel Environment, Journal of Travel Research, 1991.

Donnelly, J.H.Jr. & W.R. George, Marketing of Service, FL. AMA, 1981.

Edgell, D.L., International Tourism Policy, Van Nostrand Reinhold, 1990.

Europe2009, travel.cosmostours.com.au

Gartner, A. & F. Reissman, The Service Society and the New Consumer Vangard, Harper and Row, 1974.

George, W.R. & C.E., Marshall, Developing New Services, AMA, 1984.

Gilbert, D.C., Relationship Marketing and Airline Loyalty Schemes, Tourism Management, Vol. 17, No. 8, 1996.

Goodal, B. & G. Ashworth, Marketing in the Tourism Industry : The Promotion of Destination Regions, Routledge, 1988.

Gronroos, C., Service Management and Marketing-Managing the Moments of Truth in the Service Competition, Lexington books, 1990.

Gunn, Clare. A., Tourism Planning, Crame Russak, 1979.

Hawkins, D.E., Tourism Marketing and Management Issues, George Washington Univ., 1980.

Howell, D.W., Passport : An Introduction to the Tavel and Tourism Industry, South-Western Publishing Co., 1989.

Hrushk, Harald, Computer-Assisted Travel Counseling, Annals of Tourism Research, Vol. 17, 1990.

Hudmarn, L.E. & Hawkins, D.E.H., Tourism In Contempory Society : An Introductory Test, Prentice-Hall, 1989.

Hugues, G.D., Marketing Management, Addison-Wesley Publishing Company Inc., 1978.

Industry, Journal of Travel Research, Vol. 20, No. 2, 1981.

Inskeep, E., Tourism Planning, Van Nostrand Reinhold, 1991.

Jefferson, A. & L. Lickrish, Marketing Tourism : A practical Guide, Longman Group UK Limited, 1988.

Johnson, E.M., E.E. Scheuing & K.A. Gaida, Profitable Service Marketing, Homewood, Ⅲ : Dow Johnes-Irwin, 1986.

Johnston, R. ed., The Management of Service Operations, IFS Publications, 1988.

Kadt, E., Tourism : Passport to Development, Oxford University Press, 1979.

Kotler, P. & G. Amstrong, Marketing Professional Services, Prentice-Hall, 1984.

Kotler, P., Marketing Management-Analysis, Planing and Control, 4th, Prentice-Hall, 1980.

Kotler, P., Principles of Marketing, 3rd, Prentice-Hall Inc., 1986.

Lawson, F. & M. Baud-Bovy, Tourism and Recreational Development, Peter Lang, 1971.

Levitt, T., Marketing Imagination, The Free Press, 1983.

Lovelock. C.H., Managing Services Marketing, Operations, and Human Resources, Englewood Cliffs, NJ : Prentice-Hall, 1998.

Lundberg, D.E., The Tourism Business, Cohners Publishing Co., 1974.

Maslow A.M., Motivation and Personality, Harper and Row Publisher Inc., 1954.

Mathieson, A. & G.W. Wall, Tourism : Economic, Physical and Social Impacts, London : Longman, 1982.

Mayo, E. & Lance, P. Jarvis, The Psychology of Leisure Travel, CBI, 1981.

Mayo, E.J. and L.P. Jarvis, The Psychology of Leisure Travel : Effective Marketing and Selling of Travel Services, MS, Boston : CBS, 1981.

McIntosh, R.W. & Goldner, C.R., Tourism : Principles, Practices, Philosophies, John Wiley & Sons Inc., 1986.

Metelka, C.J., The Dictionary of Tourism, Albany : Delmar, 1986.

Mill, R.C. & Morison, A.M., The Tourism Marketing System : An Introductory Text, Prentice-Hall Inc., 1985.

Mill, R.C. & Morrison, A.M., The Tourism System, Englewood Cliffs, 1985.

Mills, P.K., Manging Service Industries : Organizational Practices in a Post-industrial Economy, Ballinger, 1986.

Murphy, P.E., Tourism : A Community Approach, Metherln, 1987.

Neumeyer, M.H. and E.S. Neumeyer, Leisure and Recreation : A. S. Baranes and Co., 1936.

Normann, R., Service Management, NY : John Wiley, 1984.

Paige, G. and J. Paige, Book-keeping and Accounts for Hotel and Catering Studies, Avon. England : The Free Press, 1983.

Paige, G. and J. Paige, The Hotel Receptionist, 2nd, England : Mackays of Chatham LTP, 1977, 1984.

Peters, T. & Austin, N., A Passion for Excellence : Random House, 1985.

Porter, M.E., Competitive Strategy, The Free Press, 1980.

Rathmell, J.R., Marketing in the Service Sector, Cambridge, Mass : Winthrop, 1974.

Reilly, Robert, A., Marketing in the Hospitality Industry, NY : Van Nostrand, 1988.

Tim, Knowles, Transport : The Strategic Importance of CRS's in the Airline Industry, EIU Travel & Tourism Analyst, No. 4, 1994.

Truitt, Lawrence J., Victor B. Teye & Martin T. Farris, The Role of Computer Reservations Systems-International Implications for the Travel Industry, Tourism Management, Vol. 12, No. 1(March), 1991.

Wahab, S., Tourism Management, Tourism International Press, 1975.

Wahab, S., Wahab on Tourism Management, London : Tourism International Press, 1975.

Wahab, S.L.J. Crampon and L.M. Rothfield, Tourism Marketing, London : Tourism International Press, 1976.

Walton, P., Modern Financial Accounting in the Hospitality, Hutchinson, 1983.

WTO(World Tourism Organization) Seminar, "Testing the Effectiveness of Promotional Campaigns in International Travel Marketing", Ottawa, 1975.

Zeithaml, V.A., Defuning and Relating Price, Perceived Quality, and Perceived Value, Cambridge, Mass : Marketing Science Institute, 1987.

저자약력

함봉수(咸鳳壽)

인하공과대학 기계공학과 졸업(공학사)
연세대학교 경영대학원 경영학과 수료(경영학 석사)
경기대학교 대학원 관광경영학과 수료(경영학 박사)
전) 삼성그룹 모기업인 제일제당(현 CJ)에서 25년간 기획실 · 품질관리팀(TOC 추진본부) · 기획조사팀,
　　감사팀, 분부산 판매부, 종합연구소 연구관리실, 심사부, 사무개선팀 등 부서장 역임
대웅제약(주) (기획 · 인사 · 교육)담당 상무이사
한국능률협회 품질경영전문위원
국가품질경영대상 표준화심사위원
교육과학기술부 · 전문대학 교육역량 강화사업, 대표브랜드 평가위원
고용노동부 · 전문대학취업지원역량 인증제 구축사업, 현장 평가위원
교육과학기술부 장관상 수상(국가교육발전 기여)
대통령표창장 수상(국가산업발전 기여)
수원과학대학 항공관광과 학과장, 사회과학부장, 교수
현) 수원과학대학 항공관광과 명예교수

저서 및 논문

현장에서 건져 올린 전문대학 자기혁신(2008), 삼성경제연구소
서비스기업 인적자원관리(2009), 공저, 백산출판사
항공사 인적자원관리(2012), 공저, 백산출판사
연구 인력의 동기부여에 관한 연구(석사학위 논문, 1985)
한국 관광호텔의 경영평가에 관한 연구(박사학위 논문, 1992)

전약표(全若杓)

부산외국어대학 영어학과 졸업(인문학사)
Canada Concordia University Aviation(MBA)
경기대학교 대학원 관광경영학과 수료(경영학 석사)
경주대학교 대학원 관광학과 수료(관광학 박사)
전) 아시아나항공 지점장
　　Star Alliance 한국지역 마케팅 회장
　　항공사 대표자 협의회 사무총장
현) 수원과학대학 항공관광과 조교수
　　수원과학대학 국제교육원장

저서 및 논문

글로벌 항공 예약 실무(2012), 새로미
항공사 전략적 제휴의 형성 요인별 성과 연구(석사학위 논문, 2003)
국내 저가항공사의 서비스품질 경쟁력이 경영성과에 미치는 영향 연구(박사학위 논문, 2013)

나인호(羅仁浩)

경기대학교 관광경영학과 졸업(경영학사)
경기대학교 서비스경영대학원 관광관리 전공 수료(경영학 석사)
순천대학교 조리과학과(이학박사과정 수료)
전) 1992 세비야 EXPO 한국참관단 기획컨설팅
1997 말레이시아 관광교류전 한국대표
2000년 하노버 EXPO행사 한국대표
문경대학, 수원과학대학, 대림대학 겸임교수
현) (주)헤토스투어 대표이사

신관광학개론

2013년 11월 5일 초판 1쇄 인쇄
2013년 11월 10일 초판 1쇄 발행

저 자 함 봉 수 · 전 약 표
        나 인 호

발행인 寅製진 욱   상

저자와의
합의하에
인지첩부
생략

발행처 📖 백산출판사

서울시 성북구 정릉3동 653-40
 등록 : 1974. 1. 9. 제 1-72호
 전화 : 914-1621, 917-6240
 FAX : 912-4438
http://www.ibaeksan.kr
editbsp@naver.com

값 23,000원
ISBN 978-89-6183-805-4